"做学教一体化"课程改革系列教材

亚龙集团校企合作项目成果系列教材

电梯实训60例

主　编	李乃夫	陈传周
副主编	周伟贤	陈昌安
参　编	曾文钰	何文中
	陈碎芝	岑伟富　曾国通
	杨鹏远	张　立　李　宁
	罗恒年	梁永波
主　审	曾伟胜	

U0158267

机械工业出版社
CHINA MACHINE PRESS

本书是机械工业出版社"做学教一体化"课程改革系列教材,主要围绕亚龙 YL-7 系列电梯教学装置所开设的 60 个实训任务,以理实一体的教学方法介绍电梯实训教学的主要内容。这 60 个实训任务基本涵盖了中职电梯安装与维修专业的主要实训项目,以及自 2012 年以来全国和各地区、行业职业院校技能大赛中职"电梯维修与保养"赛项的竞赛内容。本书可作为中职"电梯结构与原理""电梯维修与保养""电梯安装与调试"和"自动扶梯运行与维保"等专业课程的实训教学配套用书,或作为参加技能竞赛的备赛指导书,也可用作职业技能培训及从事电梯技术工作人员的学习参考用书。

图书在版编目(CIP)数据

电梯实训 60 例/李乃夫,陈传周主编. —北京:机械工业出版社,2016. 12 (2024. 2 重印)
"做学教一体化"课程改革系列教材
ISBN 978-7-111-55196-6

Ⅰ.①电… Ⅱ.①李… ②陈… Ⅲ.①电梯-中等专业学校-教材 Ⅳ.①TH211

中国版本图书馆 CIP 数据核字(2016)第 249192 号

机械工业出版社(北京市百万庄大街 22 号 邮政编码 100037)
策划编辑:高 倩 责任编辑:赵红梅 责任校对:刘怡丹
封面设计:张 静 责任印制:郜 敏
北京富资园科技发展有限公司印刷
2024 年 2 月第 1 版第 11 次印刷
184mm×260mm · 18.25 印张 · 445 千字
标准书号:ISBN 978-7-111-55196-6
定价:49.80 元

电话服务 网络服务
客服电话:010-88361066 机 工 官 网:www.cmpbook.com
　　　　　010-88379833 机 工 官 博:weibo. com/cmp1952
　　　　　010-68326294 金 书 网:www.golden-book.com
封底无防伪标均为盗版 机工教育服务网:www.cmpedu.com

在落实《国家中长期教育改革和发展规划纲要（2010—2020年）》新时期职业教育的发展方向、目标任务和政策措施的时候，教育部制定了《中等职业教育改革创新行动计划（2010—2012）》（以下简称《计划》）。《计划》中指出，以教产合作、校企一体和工学结合为改革方向，以提升服务国家发展和改善民生的各项能力为根本要求，全面推动中等职业教育随着经济增长方式转变"动"，跟着产业结构调整升级"走"，围绕企业人才需要"转"，适应社会和市场需求"变"。

中等职业教育的改革，着力解决教育与产业、学校与企业、专业设置与职业岗位、课程教材与职业标准不对接，职业教育针对性不强和吸引力不足等各界共识的突出问题，紧贴国家经济社会发展需求，结合产业发展实际，加强专业建设，规范专业设置管理，探索课程改革，创新教材建设，实现职业教育人才培养与产业，特别是区域产业的紧密对接。

《计划》中关于推进中等职业学校教材创新的计划是：围绕国家产业振兴规划、对接职业岗位和企业用人需求，创新中等职业学校教材管理制度，逐步建立符合我国国情、具有时代特征和职业教育特色的教材管理体系，开发建设覆盖现代农业、先进制造业、现代服务业、战略性新兴产业和地方特色产业，苦脏累险行业，民族传统技艺等相关专业领域的创新示范教材，引领全国中等职业教育教材建设的改革创新。2011—2012年，制订创新示范教材指导建设方案，启动并完成创新示范教材开发建设工作。

在落实该《计划》的背景下，亚龙智能装备集团股份有限公司与机械工业出版社共同组织中等职业学校教学第一线的骨干教师，为先进制造业、现代服务业和新兴产业类的电气技术应用、电气运行与控制、机电技术应用、电子技术应用、汽车运用与维修等专业的主干课程、方向性课程编写"做学教一体化"系列教材，探索创新示范教材的开发，引领中等职业教育教材建设的改革创新。

多年来，中等职业学校第一线的教师对教学改革的研究和探索，得到了一个共同的结论：要提升服务国家发展和改善民生的各项能力，就应该采用理实一体的教学模式和教学方法。以项目为载体，工作任务引领，完成工作任务的行动导向；让学生在完成工作任务的过程中学习专业知识和技能，掌握获取资讯、决策、计划、实施、检查、评价等工作过程的知识，在完成工作任务的实践中形成和提升服务国家发展和改善民生的各项能力。一本体现课程内容与职业资格标准、教学过程与生产过程对接，符合中等职业学校学生认知规律和职业能力形成规律，形式新颖、职业教育特色鲜明的教材；一本解决"做什么、学什么、教什么？怎样做、怎样学、怎样教？做得怎样、学得怎样、教得怎样？"问题的教材，是中等职业学校广大教师热切期盼的。

承载职业教育教学理念，解决"做什么、学什么、教什么？怎样做、怎样学、怎样教？做得怎样、学得怎样、教得怎样？"问题的教学实训设备，同样是中等职业学校广大教师热切期盼的。亚龙智能装备集团股份有限公司秉承服务职业教育的宗旨，潜心研究职业教育。在源于企业、源于实际、源于职业岗位的基础上，开发"既有真实的生产性功能，又整合学习功能"的教学实训设备；同时，又集设备研发与生产、实训场所建设、教材开发、师资队伍建设等于一体的整体服务方案。

广大教学第一线教师的期盼与亚龙智能装备集团股份有限公司的理念、热情和真诚，激发了编写"做学教一体化"系列教材的积极性。在亚龙智能装备集团股份有限公司、机械工业出版社和全体编者的共同努力和配合下，"做学教一体化"系列教材以全新的面貌、独特的形式呈现在中等职业学校广大师生的面前。

"做学教一体化"系列教材是校企合作编写的教材，是把学习目标与完成工作任务、学习内容与工作内容、学习过程与工作过程、学习评价与工作评价有机结合在一起的教材。呈现在大家面前的"做学教一体化"系列教材，有以下特色：

一、教学内容与职业岗位的工作内容对接，解决做什么、学什么和教什么的问题

真实的生产性功能、整合的学习功能，是亚龙智能装备集团股份有限公司研发、生产的教学实训设备的特色。根据教学设备，按中等职业学校的教学要求和职业岗位的实际工作内容设计工作项目和任务，整合学习内容，实现教学内容与职业岗位、职业资格的对接，解决中等职业学校在教学中"做什么、学什么、教什么"的问题，是"做学教一体化"系列教材的特色。

职业岗位做什么，学生在课堂上就做什么，把职业岗位要做的事情规划成工作项目或设计成工作任务；把完成工作任务涉及的理论知识和操作技能，整合在设计的工作任务中。拿职业岗位要做的事，必需、够用的知识教学生；拿职业岗位要做的事来做，拿职业岗位要做的事来学。做、学、教围绕职业岗位，做、学、教有机结合、融于一体，"做学教一体化"系列教材就这样解决做什么、学什么、教什么的问题。

二、教学过程与工作过程对接，解决怎样做、怎样学和怎样教的问题

不同的职业岗位，工作的内容不同，但包括资讯、决策、计划、实施、检查、评价等在内的工作过程却是相同的。

"做学教一体化"系列教材中工作任务的描述、相关知识的介绍、完成工作任务的引导、各工艺过程的检查内容与技术规范和标准等，为学生完成工作任务的决策、计划、实施、检查和评价并在其过程中学习专业知识与技能提供了足够的信息。把学习过程与工作过程、学习计划与工作计划结合起来，实现教学过程与生产过程的对接，"做学教一体化"系列教材就这样解决怎样做、怎样学、怎样教的问题。

三、理实一体的评价，解决评价做得怎样、学得怎样、教得怎样的问题

企业不是用理论知识的试卷和实际操作考题来评价员工的能力与业绩，而是根据工作任务的完成情况评价员工的工作能力和业绩。"做学教一体化"系列教材根据理实一体的原则，参照企业的评价方式，设计了完成工作任务情况的评价表。评价的内容为该工作任务中各工艺环节的知识与技能要点、工作中的职业素养和意识；评价标准为相关的技术规范和标准，评价方式为定性与定量结合，自评、小组与老师评价相结合。

全面评价学生在本次工作中的表现，激发学生的学习兴趣，促进学生职业能力的形成和提升，促进学生职业意识的养成，"做学教一体化"系列教材就这样解决做得怎样、学得怎样、教得怎样的问题。

四、图文并茂，通俗易懂

"做学教一体化"系列教材考虑到中等职业学校学生的阅读能力和阅读习惯，在介绍专业知识时，把握知识、概念、定理的精神和实质，将严谨的语言通俗化；在指导学生实际操作时，用图片配以文字说明，将抽象的描述形象化。

用中等职业学校学生的语言介绍专业知识，图文并茂的形式说明操作方法，便于学生理解知识、掌握技能，提高阅读效率。对中等职业学校的学生来说，"做学教一体化"系列教材是非常实用的教材。

五、遵循规律，循序渐进

"做学教一体化"系列教材设计的工作任务，有操作简单的单一项目，也有操作复杂的综合项目。由简单到复杂，由单一向综合，采用循序渐进的原则呈现教学内容、规划教学进程，符合中等职业学校学生认知和技能学习的规律。

"做学教一体化"系列教材是校企合作的产物，是职业院校教师辛勤劳动的结晶。"做学教一体化"系列教材需要人们的呵护、关爱、支持和帮助，这样才能使其健康发展，有生命力。

亚龙智能装备集团股份有限公司　陈继权

浙江温州

前　言

本书主要围绕亚龙 YL-7 系列电梯教学装置所开设的 60 个实训任务，以理实一体的教学方法介绍电梯实训教学的主要内容。这 60 个实训任务基本涵盖了中职电梯安装与维修专业的主要实训项目，以及自 2012 年以来全国和各地区、行业职业院校技能大赛中职"电梯维修与保养"赛项的竞赛内容。

本书在编写理念上，注意符合当前职业教育教学改革和教材建设的总体目标，符合职业教育教学规律和技能型人才成长规律，体现职业教育教材特色。改变了传统教材仅注重课程内容组织而忽略对学生综合素质与能力培养的弊病，在理实一体教学过程中，在传授知识与技能的同时注意融入对学生职业道德和职业意识的培养。让学生在完成学习任务过程中，学习工作过程知识，掌握各种工作要素及其相互之间的关系（包括工作对象、设备与工具、工作方法、工作组织形式与质量要求等），从而达到培养关键职业能力和促进综合素质提高的目的，使学生学会工作、学会做事。

鉴于以上特点，本书可作为中职"电梯结构与原理"、"电梯维修与保养"、"电梯安装与调试"和"自动扶梯运行与维保"等专业课程的实训教学配套用书，或作为参加技能竞赛的备赛指导书，也可用于职业技能培训及从事电梯技术工作的人员学习参考用书。

本书由李乃夫、陈传周任主编，周伟贤、陈昌安任副主编。具体编写分工如下：温州市瓯海职业中专集团学校陈碎芝编写任务 1.4～任务 1.7，广州市土地房产管理职业学校何文中编写任务 2.1～任务 2.6、任务 2.9～任务 2.12、任务 2.14～任务 2.17，广州市轻工职业学校周伟贤编写任务 2.7、任务 2.8、任务 2.13、任务 2.18，广州市机电技师学院梁永波编写任务 3.1～任务 3.2（部分），广州市土地房产管理职业学校张立编写任务 3.3～任务 3.10，广州市机电技师学院曾国通编写任务 4.1～任务 4.8，罗恒年编写任务 4.9～任务 4.12（部分），广州市珠江医院曾文钰、广州市轻工职业学校岑伟富、淄博信息工程学校李宁编写任务 5.3～任务 5.13，其余部分由李乃夫编写。亚龙公司陈东红、陈昌安、杨鹏远帮助整理了有关资料。全书由李乃夫、陈传周、周伟贤统稿。本书由广州市特种设备行业协会曾伟胜主审。亚龙公司有关部门和李波、陈晨、曾晓敏等对本书的编写工作给予了指导，并提供了相关技术资料，在此一并表示衷心感谢！

欢迎教材的使用者及同行对本书提出意见或给予指正！

编　者

目　录

项目1

电梯实训教学及安全操作规范

项 目 概 述

本项目为"电梯实训教学及安全操作规范",共7个学习任务,主要包括电梯实训教学的一些通用的基本要求与注意事项,电梯实训教学安全操作规程;并介绍了电梯的基本概念、分类,基本结构与功能;以及电梯实训教学中必须遵循的一些基本操作规范,包括机房的基本操作、盘车操作和进出轿顶与底坑的操作。通过本项目的学习,学生应对电梯的分类、型号和基本结构与功能有整体的认识与初步的了解;对电梯实训的基本要求、基本操作规程有正确的认识,养成规范操作的良好习惯。为进入电梯安装、维修与保养的专业实训教学打下良好的基础。

任务 1.1

【任务目标】

应知

1. 了解电梯专业实训教学的基本要求;了解学校电梯专业实训室的基本配置和管理制度。

2. 掌握电梯的安全操作规程。

应会

会按照电梯安全操作规程,进行各项操作。

【建议学时】

2学时。

【任务描述】

通过本任务的学习,了解电梯专业实训教学的基本要求,熟悉学校电梯专业的实训教学场地和管理制度;学会安全使用电梯,掌握电梯的日常管理方法。为进入电梯专业实训教学做好准备。

【知识准备】

一、电梯实训预备知识

（一）实训教学的目的

实训教学是专业课程教学的重要组成部分，通过实训教学，应达到以下主要目的：

1. 培养知识应用的能力

在实训中，无论是领会实训任务、掌握各个实训环节的操作步骤，或是对发生的现象与情况进行分析、判断，还是对测量的数据和实训的结果进行记录、归纳整理，都需要综合运用所学的理论知识，培养发现问题、分析问题、解决问题的能力，也有助于培养独立思考与工作的能力和自学能力。

2. 培养操作技能

通过实训，要能够掌握电梯使用、维修、保养、安装调试等方面的基本操作技能，包括常用工具、仪表与器材的使用，电梯常见故障的诊断与排除，电梯的日常维护保养，以及电梯的安装与调试等。

3. 培养归纳总结的能力

在实训结束后，需要对实训的过程与步骤、发生的情况及处理的方法、测量的数据及结果的分析进行记录，运用理论知识对其进行归纳总结，以撰写实训报告。从而养成随时搜集、记录和及时整理技术资料的良好习惯，培养撰写技术文件的能力。

4. 培养良好的工作习惯和职业道德素养

（1）遵章守纪，规范操作，注意安全，珍惜自己和他人的生命。这在电梯专业的实训操作中尤为重要。

（2）爱护环境、工具、设备和器材，节约能源和材料。

（3）团结协作的团队精神。

（4）严肃认真、实事求是的科学态度，严谨、细致、一丝不苟的工作作风和善始善终的工作习惯。

（5）创新精神和创造能力。

（二）实训教学要求

1. 在实训前进行预习

所有的实训都应该进行预习，预习的基本方法和要求是：认真阅读实训指导书，事先了解实训的基本内容、原理和步骤方法、注意事项；根据需要绘制好实训中电路接线的草图；做好实训前的一些准备工作，如查阅有关手册、资料等。经验证明，做好预习对保证实训效果、提高工作效率、防止事故发生有着极其重要的作用。做好预习还能起到事半功倍的效果。因此应引起充分重视，教师应进行预习的布置，并提出具体要求（如要求写好预习报告），并应在实训开始前进行检查（可抽查），没有预习的学生应不具备参加实训的资格。

2. 实训前的准备工作

（1）了解实训教室的规章制度，特别是第一次进行实训，应认真听取老师讲解实训室的制度和操作规程、安全规则。

（2）观察实训教室的布置，如实验桌上电源的类型、仪表的种类、电源开关的位置等。

（3）核对实训教室所提供的实训设备、器材是否齐全及符合要求。

3. 实训操作与记录

（1）要按照规定的实训步骤进行操作，特别是一些操作要严格按照规范的要求，这是保证安全、保证实训效果、降低设备故障和实训中事故发生率的前提，也有助于培养科学的工作作风和严格认真的工作态度。

（2）实训操作应循序渐进，不要急于求成。注意掌握操作方法，并培养工作的条理性。

（3）要遵守安全操作规程，注意规范操作。在安装、接线和测量时，一般应切断电源再操作；如需要带电操作（如带电测量），应避免接触带电的部位，保证人身与设备的安全；在安装接线完毕或改变接线后，应仔细检查并经老师检查允许后才接通电源；每次通、断电均应告知相关人员。在实训中如果发生异常情况，应立即切断电源并报告指导老师。

（4）应注意随时做好实训记录，包括测量数据、观察到的现象，以及在实训中出现的问题和处理的方法。这也是培养实践能力很重要的一个方面。

（5）在实训操作过程中，应注意与同组同学的合作，做到合理分工，相互协助，这有助于保证工作质量和提高工作效率，并且培养团结合作的精神。

4. 做好实训的结束工作

（1）检查是否已完成实训的内容，实训的记录是否完整、合理，有无错漏。

（2）整理好工具设备、搞好清洁，由指导教师检查，经老师签名认可后才能离开实训教室。

做好实训的结束工作是一个工程技术人员必须具备的基本素质，不要轻视，应从每一细节开始逐步培养。

5. 完成实训报告

完成实训后，应及时整理实训记录，撰写实训报告。对实训报告的基本要求是：

（1）实训目的和原理。对本次实训涉及的基础理论、工作原理可进行简单的、概括性的叙述。

（2）实训设备。应详细记录实训中实际使用的设备、器材的型号、规格、数量。

（3）实训内容和步骤。包括对实训过程、数据、现象，发生问题和解决方法的记录，还包括实训的电路图、接线图等。

（4）对实训结果的分析和问题讨论，一般包括：

1）对实训结果（数据、现象）的分析；

2）在实训中发生问题、处理方法的分析，经验教训的总结；

3）回答问题（如实训指导书中的思考题），应注意结合所学的专业理论知识，并将在实训中获得的感性认识进行理论上的分析探讨，以求上升到理性认识的高度；

4）对本次实训的总体认识、体会、有无意见和建议等。

写好实训报告，不仅是保证实训教学效果的基本要求，而且对于今后在工作中提高整理技术资料、总结工作经验、撰写科研论文的能力很有帮助。在撰写实训报告时，应做到内容完整、叙述清楚、计算正确、资料齐全、书写工整、文字和做图规范。还应该本着实事求是的科学态度，如有引用的理论依据、计算公式或一些系数的选取等，应注明其出处。如果是来自实训中的结果或本人的见解，也应予以注明。

（三）实训教学方法建议

（1）在教学中应注意理论教学与实践教学的内容紧密结合，条件具备的一般都应实现（理论与实训）一体化教学。

（2）预习和撰写实训报告这两个环节都不在教学时间与教学现场内进行，但却是实训教学重要的组成部分，对学生基本素质和能力的培养有着不可替代的作用，教学双方都应予以重视。

（3）在实训教学活动中，应始终坚持以学生为主体，让学生充分发挥自主性和创造性。

教师的作用主要体现在组织、协调、引导、检查，以及技术上的指导把关和解决一些疑难问题上面。因此，讲解时间不宜过多，教学过程安排不要过死。要提倡"多思少问"的学风；要善于利用讨论和小结引导学生；要注意因材施教，在保证基本教学要求的前提下，允许学生差异化发展，对学习能力较差的学生进行个别辅导，同时放手让学习能力较强的学生充分发挥其潜力。本书的一些"任务拓展"可作为选做项目，供学有余力的学生选做。

二、电梯的安全使用知识

可阅读相关教材中有关电梯安全使用知识的内容，如：

"电梯结构与原理"学习任务 10.1[①]；

"电梯维修与保养"学习任务 2；

"自动扶梯运行与维保"项目二。

【多媒体资源】

演示内容：1. 电梯的安全使用方法和有关规定。2. 亚龙 YL-777 型电梯。

【任务实施】

实训设备

1. 亚龙 YL-777 型电梯安装、维修与保养实训考核装置（以下简称"亚龙 YL-777 型电梯"）。

2. 学校的电梯专业实训室。

实训步骤

步骤一：实训准备

1. 先由指导教师简单介绍：

（1）电梯专业课程实训教学的要求，本校电梯专业实训室的基本配置。

（2）电梯的使用与管理规定。

2. 带领学生参观学校的电梯专业实训室，在参观过程中进行讲解，并逐间教室讲解其管理制度与要求。

步骤二：学习使用电梯

学生以 3~6 人为一组，在指导教师的带领下认识使用电梯的各个部分，了解各部分的功能作用，并认真阅读《电梯使用管理规定》或《乘梯须知》等，能正确使用和操作电梯。然后根据所乘用电梯的情况，将学习情况记录于表 1-1 中（也可自行设计记录表格）。

注：《电梯结构与原理》李乃夫　ISBN：978-7-111-46632-1

　　《电梯维修与保养》李乃夫　ISBN：978-7-111-46524-9

表 1-1　电梯使用学习记录表

序号	学习内容	相关记录
1	识读电梯的铭牌	
2	电梯的额定载重量	
3	电梯的使用管理要求	
4	其他记录	

注意：操作过程要注意安全（如进出轿厢的安全）。

步骤三：讨论和总结

学生分组讨论：

1. 学习电梯使用的结果与记录。

2. 叙述学校电梯专业实训教学场地的配置和基本管理制度。

3. 叙述所观察的电梯的基本组成和操作方法。

4. 交换角色，反复进行。

【阅读材料】

阅读材料 1-1　电梯实训室管理规定（例）

1. 进入实训室教学时，要穿好工作服、扣好工作服纽扣，衬衫要系入裤内，不得穿凉鞋、拖鞋、湿鞋、背心进入实训室，女同学不得穿裙、高跟鞋和戴围巾。

2. 严禁在实训室内进食零食饮料、追逐、打闹、喧哗、玩手机、阅读与实训无关的书刊、收听广播和音响等。

3. 实训时要严格遵守有关电梯、电气安全技术操作规程和各规章制度。

4. 不能湿手接触带电部分，不要用绝缘层已破的工具或量具进行电路检修。

5. 实训期间如果发现所使用工具出现安全隐患时应立即停止使用，及时反映给带班的实训指导教师，更换后方可继续实训。

6. 未经教师同意，学生不能擅自操作实训室各种设备及进入电梯轿厢。

7. 要正确合理使用测量工具及注意保养维护。

8. 爱护设备、工具、仪表和器材等，实训完毕后，应按要求将设备、器材等放好。

9. 爱护公物，对实训室的器材设备不得故意损坏，未经允许不能乱拆动各种零部件。

10. 实训时要集中精神。有事要先请假，未到下课时间和未经老师批准不得擅自离开实训室。

11. 人离灯熄，关停电动机，下课要切断电源。

12. 学生非当班实训时间无事不能进入实训室；非本实训室实训的学生未经老师同意，一律不准进入实训室。

13. 要做好设备和工位使用及交接记录登记；工具附件要清点、抹净后按指定位置放置整齐；实训用的工具、刀具、量具、材料等不准私自拿回课室。

14. 实训室内不得抛掷物品或零件，地面不得乱放工件杂物和工具箱，地面墙壁保持清洁，严禁乱涂乱画。

15. 如有违反上述纪律，经劝告不改者，指导老师有权取消实训资格。如因此发生事故，则应追究责任并按章赔偿。

阅读材料1-2 电梯使用管理规定（例）

1. 乘坐电梯应做到文明礼让和遵守秩序，先出后进，先到先上，切勿争先恐后。出现超载时应主动礼让退出，乘坐下一趟电梯。

2. 当电梯门开始关闭时，不得企图强行扳开电梯门，乘坐电梯时切勿将身体倚靠在电梯门上，以免造成事故。

3. 应按正确的方法操作电梯，勿以坚硬的物品敲打按钮。严禁私自打开轿厢操纵箱和拨动操纵箱内的开关。

4. 严禁在电梯内嬉戏打闹和摇晃电梯。

5. 严禁在电梯内吸烟，严禁携带火种和其他违禁物品进入电梯。

6. 保持轿厢内清洁卫生，不要在轿厢内饮食、丢弃杂物。

7. 使用电梯运送货物和大件物品时，应事先到电梯管理部门办理申请手续，并在电梯管理员的指挥配合下执行操作。超重、超长及危险物品不得进入电梯。

8. 因停电或故障导致电梯停止运行时，切勿惊慌失措，不要冒险打开轿厢门或由轿顶紧急出口等强行出电梯，可按"紧急电话"呼叫按钮或用手机与外部联系，请求救援，以免发生事故。

9. 带水清扫候梯厅或携带湿物品乘坐电梯时，必须做好防止水渗入井道内的措施方可进行工作或乘坐。

10. 电梯运行过程中出现下列异常现象时，应及时通知电梯管理部门：

（1）轿厢门开、关异常。

（2）运行速度异常或发生异常声响。

（3）轿厢内设施（如按键、照明）出现异常。

11. 在发生火灾和地震时，切勿搭乘电梯。

12. 检修电梯时应在各层厅门外挂上"正在检修，停止使用"的指示牌，检修过程中非维修人员不得进入电梯轿厢和井道内。

13. 如发现任何违章使用电梯、损坏电梯的行为时，应立即制止，并及时通知有关部门。

【习题】

一、填空题

1. 有司机控制的电梯必须配备_____，无司机控制的电梯必须配_____。

2. 电梯检修运行装置包括的_____开关、_____按钮和_____开关。

二、选择题

1. 在电梯检修操作运行时，必须是经过专业培训的（   ）人员方可进行。

A. 电梯司机　　　　B. 电梯维修　　　　C. 电梯管理

2. 电梯的运行是程序化的，通常电梯都具有（   ）。

A. 有司机运行和无司机运行两种状态

B. 有司机运行、无司机运行和检修运行三种状态

C. 有司机运行、无司机运行、检修运行和消防运行四种运行状态

3. 司机在开启电梯层门进入轿厢之前，务必验证轿厢是否（   ）。

A. 停在该层　　　　B. 平层　　　　　　C. 停在该层及平层误差情况

4. 若机房、轿顶、轿厢内均有检修运行装置，必须保证（   ）的检修控制"优先"。

A. 机房　　　　　　B. 轿顶　　　　　　C. 轿厢内　　　D. 最先操作

三、判断题

1. 电梯专业实训教学的目的就是培养操作技能。　　　　　　　　　　　　（　　）

2. 在完成实训后，可视情况及需要看是否要完成实训报告。　　　　　　　（　　）

3. 只要有把握，可以短接层门门锁等安全装置进行检修运行。　　　　　　（　　）

4. 在轿厢顶上的检修操作运行时，一般不少于2人。　　　　　　　　　　（　　）

5. 当电梯控制柜的检修装置处于检修状态使电梯运行时，将轿顶检修装置扳到检修位置，电梯立即停止运行。　　　　　　　　　　　　　　　　　　　　　　　　（　　）

6. 电梯司机或电梯管理人员在每日开始工作前，试运行无异常现象后电梯方可投入使用。
　　　　　　　　　　　　　　　　　　　　　　　　　　　　　　　　　（　　）

四、学习记录与分析

1. 分析表1-1中记录的内容，小结学习的主要收获与体会。

2. 试叙述本校电梯专业实训教学场地的配置和基本管理制度。

五、试叙述对本任务与实训操作的认识、收获与体会

任务 1.2　　认识电梯

【任务目标】

应知

了解电梯的定义、类型和分类。

应会

认识各种电梯。

【建议学时】

2学时。

【任务描述】

通过本任务的学习，了解电梯的定义、类型和分类；并通过组织现场参观，认识各种类型的电梯，大致认识电梯的用途和基本功能。

【知识准备】

电梯的定义、分类和型号

可阅读相关教材中有关电梯定义、分类和型号的内容，如：

"电梯结构与原理"学习任务 1.1；

"电梯维修与保养"学习任务 1.1；

"自动扶梯运行与维保"任务 1.1。

【多媒体资源】

演示各种电梯。

【任务实施】

实训设备

1. 亚龙 YL-777 型电梯（及其配套工具、器材）。

2. 其他各种类型的电梯。

实训步骤

步骤一：实训准备

1. 指导教师先到准备组织学生参观的电梯所在场所"踩点"，了解周边环境、交通路线等，事先做好预案（参观路线、学生分组等）。

2. 对学生进行参观前的安全教育（详见"相关链接：参观注意事项"）。

步骤二：参观电梯

组织到有关场所（如学校的教学楼、实训楼或办公大楼，公共场所如商场、写字楼等）参观电梯，将观察结果记录于表 1-2 中（也可自行设计记录表格）。

表 1-2　电梯参观记录表

电梯类型	客梯　货梯　客货两用梯　观光电梯　特殊用途电梯　自动扶梯　自动人行道
安装位置	宾馆酒店　商场　住宅楼　写字楼　机场　车站　其他场所
主要用途	载客　货运　观光　其他用途
楼层数	10 层以下　10 层以上　20 层以上
载重量（或载客人数）	
电梯型号	
运行速度	低速　快速　高速　超高速
控制方式	司机轿厢外操作　司机轿厢内操作　轿厢内按钮操作　轿厢外按钮操作
观察电梯的运行方式和操作过程的其他记录	

步骤三：参观总结

学生分组，每个人口述所参观的电梯的类型、用途、基本功能等。学生再交换角色，重复进行。

【相关链接】

参观注意事项

1. 参观首先一定要注意安全。在参观前必须要进行安全教育，强调绝对不能乱动、乱碰任何控制电器。在组织参观前要做好联系工作，事先了解现场环境，安排好参观位置，不要影响现场秩序，防止发生事故。

2. 参观现场若比较狭窄，可分组分批轮流或交叉参观，每组人数根据实际情况确定，以保证安全、不影响现场秩序为前提，以确保教学效果为原则。

3. 若条件许可，可有目的地组织参观各种电梯，如客梯、货梯、观光梯、自动扶梯、专用电梯等。

【习题】

一、填空题

1. 如果按照用途分类，电梯主要有_____、_____、_____、_____、_____和_____几大类。

2. 我国电梯的型号主要由三大部分组成：第一部分为_____代号，第二部分为_____代号，第三部分为_____代号。

二、选择题

1. 目前额定速度在 1~2m/s 之间的电梯属于（　　）电梯。

A. 低速　　　　　　　　B. 快速　　　　　　　　C. 高速

2. 目前电梯中最常用的驱动方式是（　　）。

A. 曳引驱动　　　　　　B. 鼓轮（卷筒）驱动　　C. 液压驱动

3. 超高速电梯用于高度超过（　　）的建筑。

A. 10 层　　　　　　　　B. 16 层　　　　　　　　C. 100m

三、判断题

1. 按照电梯的定义，电梯（轿厢）应运行在至少两列垂直于水平面或沿垂线倾斜角小于 15° 的刚性导轨之间。　　　　　　　　　　　　　　　　　　　　　　（　　）

2. 电梯是指仅限于垂直运行的运输设备。　　　　　　　　　　　　　　（　　）

3. 自动扶梯是与地面成 30°~35° 倾斜角的代步运输设备。　　　　　　（　　）

四、学习记录与分析

分析表 1-2 中记录的内容，小结参观电梯的主要收获与体会。

五、试叙述对本任务与实训操作的认识、收获与体会。

任务 1.3　电梯的基本结构

【任务目标】

应知

了解电梯的各个系统和主要部件的安装位置及其作用。

应会

认识电梯的基本结构。

【建议学时】

2 学时。

【任务描述】

通过本任务的学习，认识电梯的基本结构，了解各个系统和主要部件的安装位置及其作用。

【知识准备】

电梯的整体结构和主要部件

可阅读相关教材中有关电梯整体结构和主要部件的内容，如：

"电梯结构与原理"学习任务 1.2；

"电梯维修与保养"学习任务 1；

"自动扶梯运行与维保""项目一"。

【多媒体资源】

演示电梯基本结构的各个主要组成部分。

【任务实施】

实训设备

亚龙 YL-777 型电梯（及其配套工具、器材）。

实训步骤

步骤一：实训准备

1. 指导教师事先了解准备组织学生参观的电梯的周边环境等，事先做好预案（参观路线、学生分组等）。

2. 先由指导教师对操作的安全规范要求作简单介绍。

步骤二：观察电梯结构

学生以 3~6 人为一组，在指导教师的带领下观察电梯（可用 YL-777 型实训电梯），全面、系统地观察电梯的基本结构，认识电梯的各个系统和主要部件的安装位置以及作用。可由部件名称去确定位置，找出部件，然后将观察情况记录于表 1-3 中。

表 1-3　电梯部件的功能及位置学习记录表

序号	部件名称	主要功能	安装位置	备注
1				
2				
3				
4				

（续）

序号	部件名称	主要功能	安装位置	备注
5				
6				
7				
8				
9				
10				

注意：操作过程要注意安全，由于本任务尚未进行进出轿顶和底坑的规范操作训练，因此不宜进入轿顶与底坑；在机房观察电气设备也应在教师指导下进行，注意安全。

步骤三：实训总结

学生分组，每个人口述所观察的电梯的基本结构和主要部件功能。要求做到能说出部件的主要作用、功能及安装位置；再交换角色，重复进行。

【习题】

一、填空题

1. 电梯的基本结构可分为＿＿＿＿＿、＿＿＿＿＿、＿＿＿＿＿和＿＿＿＿＿四大空间。
2. 电梯从功能上可分为＿＿＿＿＿系统、＿＿＿＿＿系统、＿＿＿＿＿系统、＿＿＿＿＿系统、＿＿＿＿＿系统、＿＿＿＿＿系统和＿＿＿＿＿系统七个系统。

二、综合题

1. 电梯重量平衡装置的作用是什么？
2. 电梯有哪些安全保护装置？各自的作用是什么？

三、学习记录与分析

分析表 1-3 中记录的内容，小结观察电梯的基本结构与主要部件的过程、步骤、要点和基本要求。

四、试叙述对本任务与实训操作的认识、收获与体会。

任务 1.4　　机房的基本操作

【任务目标】

应知

掌握电梯机房基本操作的步骤和注意事项。

应会

学会电梯机房的基本规范操作。

【建议学时】

2 学时。

【任务描述】

通过本任务的学习，掌握在电梯实训中的安全操作规范，掌握机房基本操作，养成良好的安全意识和职业素养。

【知识准备】

一、电梯安全操作的有关规定

电梯维修保养人员在进行操作时应遵守以下安全操作规定：

（1）禁止无关人员进入机房或维修现场。

（2）工作时必须穿戴工作服、绝缘鞋。

（3）电梯检修保养时，应在基站和操作层放置警戒线和维修警示牌。停电作业时必须在开关处挂"停电检修禁止合闸"告示牌。

（4）手动盘车时必须切断总电源。

（5）有人在坑底、井道中作业维修时，轿厢绝对不能开动，并不得在井道内上、下立体交叉作业。

（6）禁止维修人员一只脚在轿顶，另一只脚在井道固定位置站立操作。禁止维修人员在层门口探身到轿厢内和轿顶上操作。

（7）维修时不得擅改线路，必要时须向主管工程师或主管领导报告，同意后才能改动，并应保存更改记录和归档。

（8）禁止维修人员用手拉、吊井道电梯电缆。

（9）检修工作结束，维修人员需要离开时，必须关闭所有厅门，暂时关不上门的要设置明显障碍物，并切断总电源。

（10）检修保养完毕后，必须将所有开关恢复到正常状态，清理现场摘除告示牌，送电试运行正常后才能交付使用。

（11）电梯的维修、保养应填写记录。

相关的安全防护措施如表 1-4 所示。

表 1-4　安全防护措施

序号	内　容	图　片
1	维保人员在进行工作之前,必须要身穿工作服、头戴安全帽、脚穿安全鞋;如果要进出井道、轿顶,还必须要系好安全带	安全帽　安全帽带要系结实　整洁的服装　安全带系在上衣外面　安全带系绳　上衣袖口不能卷起　鞋带式安全鞋

（续）

序号	内　容	图　片
2	在维保施工楼层,将防护栏或防护幕挂于层站门口	开口部位 🚫 危险勿近
3	在维保电梯基站,设置好安全警示标志	电梯作业 危险勿近

二、电梯的电源

电梯的供电电源装在机房，YL-777 型电梯安装维修与实训考核装置的供电电源为：动力为三相五线 380V/50Hz，照明为交流单相 220V/50Hz，电压波动范围在 ±7%。机房内设一只电源控制箱，配电箱一般由三个断路器构成（如图 1-1 所示），电源开关负责送电给控制柜，轿厢照明开关和井道照明开关分别控制轿厢照明和井道照明，另有 36V 安全照明及开关插座。检修时箱体可上锁，防止意外送电。

井道照明开关　　　　　　　　　轿厢照明开关

井道照明双控开关　　　　　　　　电源开关

图 1-1　机房电源箱

1. 电梯电源的主开关

每台电梯都单独装设一个能切断该电梯动力和控制电路的电源主开关。主开关应能够分断电梯正常使用情况下的最大电流。但主开关不应切断下列电路的电源：

（1）轿厢照明和通风。

（2）轿顶电源插座。

（3）机房和滑轮间照明。

（4）机房、滑轮间和底坑电源插座。

（5）电梯井道照明。

（6）报警装置。

2．三相五线制

供电系统一般采用中性点直接接地的三相四线制。从安全防护方面考虑，电梯的电气设备应采用接零保护。在中性点接地系统中，当一相接地时，接地电流成为很大的单相短路电流，保护设备能准确而迅速地动作切断电流，保障人身和设备安全。接零保护同时，地线还要在规定的地点采取重复接地（将地线的一点或多点通过接地体与大地重复连接）。在电梯供电系统中一般采用三相五线制（如图 1-2 所示），直接将保护地线引入机房。三相分别是 L1 、L2、L3；五线是三条相线（L1—黄色、L2—绿色、L3—红色）、一条工作中性线（N—蓝色）、一条保护地线（PE—绿/黄双色）。

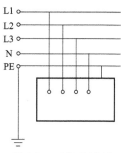

图 1-2　三相五线制

【多媒体资源】

演示电梯机房的基本操作及相关装置。

【任务实施】

实训设备

亚龙 YL-777 型电梯（及其配套工具、器材）。

实训步骤

步骤一：实训准备

1．实训前先由指导教师进行安全与规范操作的教育。

2．维保人员在进行工作之前，必须要身穿工作服，头戴安全帽、脚穿防滑电工鞋，同时如果要进出轿顶还必须要系好安全带，如图 1-3 所示 。

3．维保人员在检修电梯时，必须要在维修保养的电梯基站和相关层站门口处放置警戒线护栏和安全警示牌，防止在保养电梯时无关人员进入电梯轿厢或井道，如图 1-4 所示。

步骤二：通电运行

开机时请先确认操纵箱、轿顶电气箱、底坑检修箱的所有开关置正常位置，并告知其他人员，然后按以下顺序合上各电源开关：

1．合上机房的三相动力电源开关（AC

图 1-3　工作前准备

380V）。

2. 合上照明电源开关（AC 220V、36V）。

3. 将控制柜内的断路器开关置于 ON 位置。

步骤三：断电挂牌上锁

1. 侧身断电。操作者站在配电箱侧边，先提醒周围人员注意避开，然后确认开关位置，伸手拿住开关，偏过头部眼睛不可看开关，然后拉闸断电，如图 1-5 所示。

图 1-4　放置警戒线、警示牌

图 1-5　侧身拉闸

2. 确认断电。验证电源是否被完全切断。用万用表对主电源相与相之间、相与对地之间先验证，确认断电后，再对控制柜中的主电源线进行验证，以及对变频器的断电进行验证，如图 1-6 所示。

3. 挂牌上锁。确认完成断电工作后，挂上"维修中"的牌，将配电箱锁上，就可以安全地开展工作，如图 1-7 所示。

图 1-6　确认断电

图 1-7　挂牌上锁

步骤四：记录与讨论

1. 将机房基本操作的步骤与要点记录于表 1-5 中（可自行设计记录表格）。

表 1-5　机房基本操作记录表

序号	操作要领	注意事项
1		
2		
3		
4		
5		

2. 学生分组讨论进行机房基本操作的要领与体会。

【相关链接】

机房安全操作注意事项

1. 进入机房的时候，要打开照明灯，并将身后的自闭合门固定好，离开机房的时候要对上述过程进行相反操作。

2. 对带电控制柜进行检验或在其附近作业的时候，要集中精神。

3. 在转动设备（如电动机）旁边作业时一定要小心，要警惕或去除容易造成羁绊的物件，且不要穿戴容易卷入转动设备中的服饰（如首饰、翻边裤之类）。

4. 在需要到多台电梯的轿厢上作业时，要首先找到所保养轿厢的断电开关，在切断电源之前要仔细考虑操作过程。

5. 切记不能用抹布擦拭曳引钢丝绳，抹布可能会被破损的曳引绳挂住，造成人体卷进绳轮或缆绳保护器之中。

6. 电梯运行的时候，千万不可对反馈测速仪进行擦拭、调整或移动。

7. 如果感觉制动轮可能过热，则应将电梯停运，进行过热检查。

8. 检查发电机或者电动机的时候务必首先切断电源。

9. 在进行挂牌上锁程序前必须确认操作者身上无外露的金属件，以防短路或触电。

10. 在拉闸瞬间可能产生电弧，一定要侧身拉闸以免对操作者造成伤害。

11. 电源开关在断相情况下，设备仍可能会带电；另外检查相与相是为了避免接地被悬空。所以对主电源相与相之间、相与地之间都必须进行检验。

12. 进行上锁、挂牌。钥匙必须本人保管，不得交给他人；完成工作后，由上锁本人分别开启自己的锁具。如果是 2 个或以上人员同时挂牌上锁，一般由最后开锁的人进行恢复，注意需要侧身合闸送电。

【习题】

一、填空题

1. 在拉闸瞬间可能产生_____，一定要_____以免对人造成伤害。

2. 在进行挂牌上锁程序前必须确认操作者身上无_____，以防止短路。

3. 电源开关在断相情况下，设备仍可能会带电；另外检查相与相是为了避免接地被悬空。所以对主电源_____之间、_____之间都必须进行检验。

二、选择题

1. 电梯供电系统应采用（　　）系统。

A. 三相五线制　　　　B. 三相四线制　　　　C. 三相三线制　　　　D. 中性点接地的 TN

2. 停止开关（急停）应是（　　）色，并标有（　　）字样加以识别。

A. 红、停止（或急停）　　　　　　　　B. 黄、停止（或急停）

C. 绿、急停　　　　　　　　　　　　　D. 红、开关

3. 如果是 2 个或以上人员同时挂牌上锁，一般由（　　）进行恢复。

A. 最早开锁的人　　　B. 最后开锁的人　　　C. 其中 1 人

4. 以下电梯安全操作规范描述正确的是（　　）。

A. 正确使用安全帽、安全鞋、安全带

B. 严禁在厅门、轿门部位进行骑跨作业

C. 开锁钥匙不得借给无证人员使用

D. 维修保养时应在首层电梯厅门口放置安全护栏及维修保养告示牌

5. 以下关于电梯维保作业操作规程说法正确的是（　　）。

A. 带电测量时，要确认万用表的电压量程和挡位选择正确性

B. 断电作业时，要用万用表电压挡验电测量确认不带电

C. 移动作业位置时，要大声确认来确定安全情况

D. 清洁开关的触头时，可直接用手触摸触头

E. 进出底坑时可踩踏缓冲器

三、判断题

1. 进入机房的时候，要打开顶灯，并将身后的自闭合门固定好。（　　）

2. 电梯进行上锁、挂牌，钥匙可由本人保管，也可以交给他人保管。（　　）

3. 通电之后，机房电源箱必须挂牌上锁。（　　）

4. 从进入机房起供电系统的中性线（N）与保护线（PE）应始终分开。（　　）

四、学习记录与分析

1. 分析表 1-4 中记录的内容，小结学习的主要收获与体会。

2. 小结电梯机房基本操作的过程、步骤、要点和基本要求。

五、试叙述对本任务与实训操作的认识、收获与体会

任务 1.5　盘车操作

【任务目标】

应知

掌握电梯盘车操作的步骤和注意事项。

应会

学会电梯盘车的规范操作。

【建议学时】

2 学时。

【任务描述】

通过本任务的学习，掌握在电梯实训中的安全操作规范，掌握盘车操作，养成良好的安全意识和职业素养。

【知识准备】

一、救援装置

1. 手动紧急操作装置

当电梯停电或发生故障需要对困在轿厢内的人进行救援时，需要进行盘车操作。盘车操作包括人工松闸和盘车两个相互配合的操作，所以操作装置包括人工松闸的扳手和手动盘车的手轮）。一般盘车手轮漆成黄色，松闸扳手漆成红色，挂在附近的墙上，紧急需要时随手可以拿到（亚龙 YL-777 电梯的盘车手轮和松闸扳手挂在电梯顶层机房的围栏上，如图 1-8 所示）。

2. 人工紧急开锁装置

为了在必要（如救援）时能从层站外打开厅门，规定每个厅门都应有人工紧急开锁装置。工作人员可用三角形的专用钥匙。从厅门上部的锁孔中插入，通过门后的装置所示的开门顶杆将门锁打开，如图 1-9 所示。在无开锁动作时，开锁装置应自动复位。电梯的每个层站的厅门均应设紧急开锁装置。

图 1-8　手动紧急操作装置

图 1-9　人工紧急开锁装置

二、平层标记

为使操作时知道轿厢的位置，机房内必须有层站指示。最简单的方法就是在曳引绳上用油漆做上标记，同时将标记对应的层站写在机房操作地点的附近。电梯从第一站到最后一站，每楼层用二进制表示，在机房曳引机钢丝绳上用红漆或者黄漆标示出平层标记，如图1-10a所示；而且要在机房张贴平层标记图，如图1-10b所示。

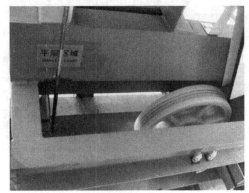

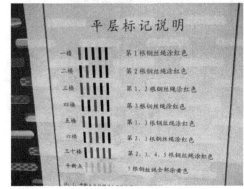

a) 平层标记　　　　　　　　　　　　　　　b) 平层标记说明

图 1-10　平层标记

钢丝绳标志查看方法：从靠近主机座"平层区域"字样的曳引钢丝绳开始，按1、2、3依次排序，按照8421码的编码规则确定电梯的楼层数（8421码的编码原则是左起第一位是1、第二位是2、第三位是4、第四位是8……）。确定楼层数时只要按每位代表的数值相加得到数量就是楼层数。例如：如果只有第一根涂有油漆，由于第一位表示1则表示电梯在1F；只有第二根涂有油漆，第二位表示是2，则表示电梯在2F；第一根和第二根都涂有油漆，则表示电梯在3F（1+2=3）；第一根和第三根涂有油漆，则表示电梯在5F（1+4=5）；第一、二、三根都有油漆，则表示电梯在7F（1+2+4=7）。依次计算便可以得出楼层实际位置。

【多媒体资源】

演示电梯的盘车操作及相关装置。

【任务实施】

实训设备

亚龙 YL-777 型电梯（及其配套工具、器材）。

实训步骤

步骤一：实训准备

1. 实训前先由指导教师进行安全与规范操作的教育。

2. 按"任务1.4"的要求做好相关准备工作。

步骤二：盘车操作

1. 切断电源。切断主电源并上锁挂牌（应保留照明电源，如图1-11所示）。如轿厢内有人，应告知正在施救，请保持镇定。

2. 松闸盘车。确定轿厢位置和盘车方向（是否超过最近的楼层平层位置0.3m，当超过时须松闸盘车）。方法一：查看平层标记；方法二：在被困楼层用钥匙稍微打开厅门确认。

a) 切断主电源　　　　　　　　　　　　　　b) 上锁挂牌

图 1-11　切断电源

若电梯轿厢与平层位置相差超过 0.3m 时，进行如下操作：

（1）维修人员迅速赶往机房，根据平层图的标示判断电梯轿厢所处楼层。

（2）断开主电源验电完毕后，用工具取下盘车轮开关盖（见图 1-12），取下挂在附近的盘车手轮和松闸扳手（见图 1-13）。

（3）一人安装手动盘车轮（见图 1-14），将盘车手轮上的小齿轮与曳引机的大齿轮啮合。在确认后，另一人用松闸扳手对抱闸施加均匀压力，使制动片松开。操作时，应两人配合口令，（松、停）断续操作，使轿厢慢慢移

图 1-12　取下盘车手轮开关盖

动，切记开始时一次只可移动轿厢约 30mm，不可过急或幅度过大，以确定轿厢是否获得安全移动及抱闸制动的性能。当确信可安全移动后，一次可使轿厢滑移约 300mm，直到轿厢到达最近楼层平层。在盘车之前，告知乘客在施救过程中，电梯将会多次起动和停车，盘车操作如图 1-15 所示。

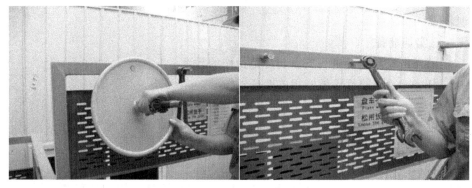

图 1-13　取下盘车手轮、松闸扳手

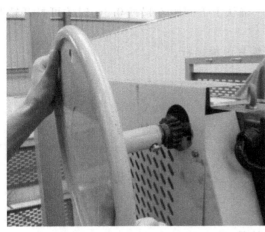
图 1-14　安装盘车手轮

图 1-15　两人配合盘车

注意：盘车操作人员在盘车过程时，绝对不能两手同时离开盘车轮，同时两脚应站稳。

（4）用厅门开锁钥匙打开电梯厅门和轿厢门（可参见图 1-9），并引导乘客有序地离开轿厢。

（5）重新关好厅门和轿厢门。

（6）电梯没有排除故障前，应在各厅门处设置禁用电梯的指示牌。

若电梯轿厢与平层位置相差在 0.3m 以内时，进行上述（4）~（6）步的操作。

3. 恢复。当所有乘客撤离后，必须把厅门、轿厢门重新关闭，在机房将松闸扳手、盘车轮放回原位，装好盘车轮开关盖后，将钥匙交回原处并登记。

步骤三：记录与讨论

1. 将机房基本操作的步骤与要点记录于表 1-6 中（可自行设计记录表格）。

表 1-6　盘车操作记录表

序号	操作要领	注意事项
1		
2		
3		
4		
5		
6		
7		
8		

2. 学生分组（可按盘车时的配对以两人为一组）讨论进行盘车操作的要领与体会。

【相关链接】

盘车操作注意事项

1. 确保厅门、轿厢门关闭，切断主电源开关。通知轿厢内人员不要靠近轿厢门，注意安全。

2. 机房盘车时，必须至少两人配合作业，一人盘车，一人松闸，通过监视钢丝绳上的楼层标记识别轿厢是何时处于平层位置。

3. 用厅门钥匙开启厅门，厅门先打开的宽度应在 10cm 以内，向内观察，证实轿厢在该楼层，检查轿厢地坎与楼层地面间的上下间距。确认上下间距不超过 0.3m 时才可打开轿厢释放被困的乘客。

4. 待电梯故障处理完毕，试车正常后才可恢复电梯运行。

【习题】

一、填空题

1. 当轿厢超过最近的楼层平层位置_____ m，须松闸盘车。

2. 机房内的紧急手动操作装置是漆成黄色的_____和漆成红色的_____。

二、选择题

1. 电梯出现关人现象，维修人员首先应做的是（　　）。

A. 打开抱闸，盘车放人　　　　　　B. 切断电梯动力电源

C. 与轿厢内人员取得联系，了解情况　　D. 打开厅门放人

2. 为了必要（如救援）时能从层站外打开厅门，紧急开锁装置应（　　）。

A. 在基站厅门上设置　　　　　　　B. 在两个端站厅门上设置

C. 设置在每个层站的厅门上　　　　D. 每两层设置一个

3. 需要手动盘车时，应（　　）。

A. 切断电梯电源　　B. 按下停止开关　　C. 有人监护　　D. 打开制动器

三、判断题

1. 电梯出现故障困人时，应强行扒开轿门逃生，避免发生安全事故。　　（　　）

2. 为在盘车时掌握轿厢的平层状况，曳引绳上应标注层楼平层标志。　　（　　）

3. 为了便于紧急状态下的紧急操作，盘车时抱闸一经人工打开即应锁紧在开启状态，使得只需一人即可完成盘车操作。　　（　　）

四、学习记录与分析

1. 分析表 1-6 中记录的内容，小结学习的主要收获与体会。

2. 小结电梯机房盘车操作的过程、步骤、要点和基本要求。

五、试叙述对本任务与实训操作的认识、收获与体会

任务 1.6

【任务目标】

应知

掌握进出电梯轿顶基本操作的步骤和注意事项。

应会

学会进出电梯轿顶的基本规范操作。

【建议学时】

2 学时。

【任务描述】

通过本任务的学习，掌握在电梯实训中的安全操作规范，掌握进出电梯轿顶基本操作，养成良好的安全意识和职业素养。

【知识准备】

电梯的轿顶及其相关装置

1. 轿顶

电梯的轿顶如图 1-16 所示。由于安装、检修和营救工作的需要，轿顶有时需要站人。根据有关技术标准规定，轿顶承受三个携带工具的检修人员（每人以 100kg 计）时，其弯曲挠度应不大于跨度的 1/1000。此外轿顶上应有一块不小于 $0.12m^2$ 的站人用的净面积，其小边长度至少应为 0.25m。同时轿顶还应设置排气风扇以及检修开关、照明、急停开关和电源插座，以供应检修人员在轿顶上工作的需要。

2. 电梯的检修运行状态与检修运行控制装置

检修运行状态是为了便于电梯检修和维护而设置的运行状态，检修运行时应取消正常运行的各种自动操作，如取消轿厢内和层站的召唤、取消门的自动操作等。

电梯的检修运行状态由安装在轿顶（或其他地方）的检修运行装置进行控制，如图 1-17 所示。此时电梯的运行依靠持续按压方向操作按钮操纵，轿厢的检修运行速度不得超过 0.63m/s。

由图 1-17 可见，检修运行装置包括一个运行状态转换开关、操纵运行的方向按钮和急停开关。

图 1-16　轿顶结构图

（1）检修转换开关。检修转换开关见图 1-17 的左下方，是一个双稳态开关，有防误操作的措施，开关有"正常/NOR"和"检修/INS"两挡。轿厢内的检修开关应用钥匙动作，或设在有锁的控制盒中。

（2）检修运行方向控制按钮。检修运行方向控制按钮应有防误动作的保护，并标明方向。如图 1-17 右边所示的检修运行方向控制按钮有 3 个按钮，由上至下分别为"上行/UP"、"公共/COM"和"下行/DOWN"，操纵时方向按钮必须与中间的"公共"按钮同时按下才有效。

当轿顶以外的部位如机房、轿厢内也有检修运行装置时，必须保证轿顶的检修开关"优先"，即当轿顶检修开关处于检修运行位置时，其他地方的检修运行装置全部失效。

（3）急停开关。急停开关也称安全开关，见图 1-17 的左上方。急停开关是串接在电梯控制线路中的一种不能自动复位的手动开关，当遇到紧急情况或在轿顶、底坑、机房等处检

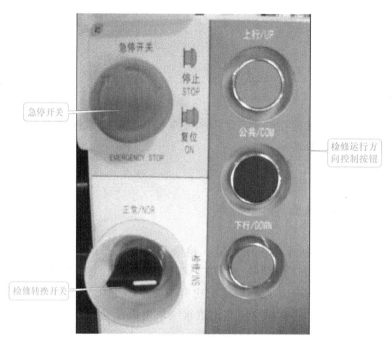

图 1-17　轿顶检修运行装置

修电梯时，为防止电梯的起动、运行，将开关关闭切断控制电源以保证安全。急停开关应有明显的标志，按钮应为红色，旁边标以"停止/STOP""复位/ON"字样。

急停开关分别设置在轿顶操纵盒上，底坑内和机房控制柜壁上及滑轮间。有的电梯轿厢内操作盘（箱）上也设有此开关。

轿顶的急停开关应面向轿门，离轿门距离不大于1m。底坑的急停开关应安装在进入底坑可立即触及的地方。当底坑较深时可以在下底坑的梯子旁和底坑下部各设一个串联（或联动）的急停开关，在开始下底坑时即可将上部开关打在停止的位置。

【多媒体资源】

演示进出电梯轿顶的基本操作及轿顶的相关装置。

【任务实施】

实训设备

亚龙 YL-777 型电梯（及其配套工具、器材）。

实训步骤

步骤一：实训准备

1. 实训前先由指导教师进行安全与规范操作的教育。

2. 按"任务 1.4"的要求做好相关准备工作。

步骤二：进入轿顶

1. 在基站设置警戒线护栏和安全警示牌，在工作楼层放置安全警示牌，如图 1-18 所示。

2. 按电梯外呼按钮将电梯呼到要上轿顶的楼层（见图 1-19），然后在轿厢内选下一层的指令，将电梯停到下一层或便于上轿顶的位置，如图 1-20 所示。

3. 当电梯运行到适合进出轿顶的位置后，用厅门钥匙打开厅门100mm处，放入顶门器（见图1-21），按外呼按钮等候10s，测试厅门门锁是否有效（见图1-22）。

图1-18　放置警戒线护栏和安全警示牌

图1-19　按电梯外呼按钮

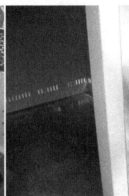

图1-20　内选下一层

图1-21　放置顶门器

图1-22　按外呼按钮

4. 操作者重新打开厅门，放置顶门器，如图1-23所示。站在厅门地坎处，侧身按下急停开关（见图1-24），打开36V照明灯（见图1-25）。取出顶门器，关闭厅门，按外呼按钮等候10s，测试急停开关是否有效。

5. 打开厅门，放置顶门器，将检修开关拨至检修位置（见图1-26）。然后将急停开关复位，取下顶门器，关闭厅门，按外呼按钮（见图1-27），测试检修开关是否有效。

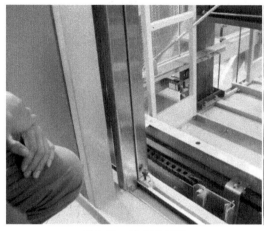

图 1-23　放置顶门器

图 1-24　侧身按下急停开关

图 1-25　打开轿顶照明灯

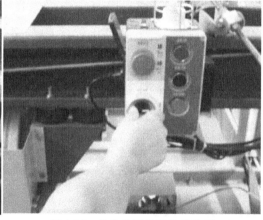

图 1-26　将检修开关置检修位置

6. 打开厅门，放置顶门器，按下急停开关，进入轿顶。站在轿顶安全、稳固、便于操作检修开关的地方，将安全绳挂置锁钩处，并拧紧。取出顶门器，关闭厅门。

7. 站到轿顶，将急停开关复位，首先单独操作上行按钮，如图1-28所示。观察轿厢移动状况，如无移动则按公共按钮和上行按钮，如图1-29所示，电梯上行，验证完毕。

再单独按下行按钮，如图1-30。按时观察轿厢移动状况，如无移动则按公共按钮和下行按钮，如图1-31所示，电梯下行，验证完毕。

图 1-27　按外呼按钮验证检修开关

8. 将电梯开到合适位置，按下急停开关，开始轿顶工作。

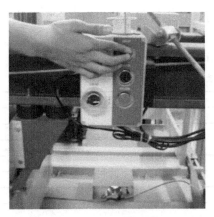

图 1-28　按上行按钮

图 1-29　按公共按钮和上行按钮

图 1-30　按下行按钮

图 1-31　按公共按钮和下行按钮

步骤三：退出轿顶

1. 同一楼层退出轿顶。

（1）在检修状态下将电梯开到要退出轿顶的合适位置，按下急停开关。

（2）打开厅门，退出轿顶，用顶门器固定厅门。

（3）站在厅门口，将轿顶的检修开关复位。

（4）关闭轿顶照明开关。

（5）将轿顶急停开关复位。

（6）取出层门限位器，关闭厅门确认电梯正常运行，移走警戒线护栏和安全警示牌。

2. 不在同一楼层退出轿顶。

（1）将电梯开到要退出轿顶楼层的合适位置，按下急停开关。

（2）打开厅门，放顶门器。

（3）将轿顶急停开关复位。

（4）先按公共按钮和下行按钮，然后按公共按钮和上行按钮，确认门锁回路的有效性。

（5）验证完毕，按下急停开关控制电梯。

（6）打开厅门，退出轿顶，用顶门器固定厅门。

（7）站在厅门口，将轿顶的检修开关复位。

（8）关闭轿顶照明开关。

（9）将轿顶急停开关复位。

（10）取出厅门限位器，关闭厅门确认电梯正常运行，移走警戒线护栏和安全警示牌。

步骤四：记录与讨论

1. 将进出轿顶操作的步骤与要点记录于表1-7中（可自行设计记录表格）。

表 1-7　进出轿顶操作记录表

序号	操作要领	注意事项
1		
2		
3		
4		
5		
6		
7		
8		
9		
10		

2. 学生分组讨论进出轿顶操作的要领与体会。

【相关链接】

轿顶安全操作注意事项

1. 尽量在最高层站进入轿顶，如果作业性质要求，则可以利用井道通道。

2. 必要时要使用防坠落装备。

3. 不要用手去抓钢丝绳。

4. 在登上轿顶之前，要先按下急停开关，打开检修开关，然后是照明开关。找准安全的落脚点后，关闭厅门。测试急停开关和检修开关。

5. 在轿顶活动的时候要小心谨慎，避免碰伤。

6. 严禁一脚踩在轿顶，另一脚踏在井道其他固定物上跨步作业。严禁站在井道外探身到轿顶上作业。

7. 在轿顶进行检修保养工作时，切忌依靠或挤压防护栏，并应注意对重与轿厢间距，身体任何部位切勿伸出防护栏。

8. 检查顶部空间。

9. 在井道中部的位置操作要留意上下运行的对重块。

10. 对于多梯井道，要注意在轿顶之外有各种潜伏的危险，例如分隔梁、对重块、隔磁板以及井道其他部件。

11. 在离开轿顶之前，要先按下轿顶急停开关，然后打开厅门，退出轿顶，依次按进入轿顶的相反顺序将各开关复位，最后将急停开关复位。关闭好厅门，然后用手向两边推推厅门，检查自动门锁是否锁紧。

【习题】

一、填空题

1. 进入轿顶时，首先切断轿顶上检修盒上的_____开关，使电梯无法运行，再将有关开关置于_____状态。

2. 进出轿顶的程序，主要使用的工具是_____和_____。在操作中分别要验证_____、_____、_____回路，每次只能验证一个回路。

3. 轿顶的停止开关应面向_____，离轿门距离不大于_____。

二、选择题

1. 若机房、轿顶、轿厢内均有检修运行装置，必须保证（　　）的检修控制"优先"。

A. 机房　　　　　B. 轿顶　　　　　C. 轿厢内　　　　　D. 最先操作

2. 在登上轿顶之前，要先打（　　），然后打（　　），然后是（　　）。

A. 停车按钮　　　B. 检修开关　　　C. 照明开关　　　D. 急停开关

3. 应尽量在（　　）进入轿顶。

A. 最高层站　　　B. 最低层站　　　C. 中间层站

4. 轿顶在对应（　　）的一面应设置防护拦杆。

A. 轿门　　　　　B. 对重　　　　　C. 任意

三、判断题

1. 电梯安装、维修及保养时，应在明显位置处设置施工警告牌。　　　（　　）

2. 在轿顶上的检修操作运行时，一般不少于2人。　　　（　　）

3. 当电梯控制柜的检修装置处于检修状态使电梯运行时，将轿顶检修装置拨到检修位置，电梯立即停止运行。　　　（　　）

4. 为操作方便，在确实需要时可以一脚踩在轿顶，另一脚踏在井道或其他固定物上作业。　　　（　　）

5. 严禁站在井道外探身到轿顶上作业。　　　（　　）

四、学习记录与分析

1. 分析表1-6-1中记录的内容，小结学习的主要收获与体会。

2. 小结进出轿顶操作的过程、步骤、要点和基本要求。

五、试叙述对本任务与实训操作的认识、收获与体会

任务 1.7

【任务目标】

应知

掌握进出电梯底坑基本操作的步骤和注意事项。

应会

学会进出电梯底坑的基本规范操作。

【建议学时】

2 学时。

【任务描述】

通过本任务的学习，掌握在电梯实训中的安全操作规范，掌握进出底坑的基本操作，养成良好的安全意识和职业素养。

【知识准备】

电梯的底坑

1. 底坑的结构组成

底坑在井道的底部，是电梯最低层站下面的环绕部分（如图 1-32 所示），底坑里有导轨底座、缓冲器、限速器张紧装置、急停开关盒等。

2. 底坑的土建要求

（1）井道下部应设置底坑，除缓冲器座、导轨座外，底坑的底部应光滑平整，不得渗水，底坑不得作为积水坑使用。

（2）如果底坑深度大于 2.5m 且建筑物的布置允许，应设置底坑进口门，该门应符合检修门的要求。

图 1-32　底坑的结构组成

（3）如果没有其他通道，为了便于检修人员安全地进入底坑地面，应在底坑内设置一个从厅门进入底坑的永久性装置，此装置不得凸入电梯运行的空间。

（4）当轿厢完全压在它的缓冲器上时，底坑还应有足够的空间能放进一个不小于 0.5m×0.6m×1.0m 的矩形体。

（5）底坑底与轿厢最低部分之间的净空距离应不小于 0.5m。

（6）底坑内应有电梯停止开关，该开关安装在底坑入口处，当人打开门进入底坑时应能够立即触及到。

（7）底坑内应设置一个电源插座。

3. 在底坑维修时应注意的安全事项

（1）首先切断电梯的底坑停止开关或动力电源，才能进入到底坑工作。

（2）进底坑时要使用梯子，不准踩踏缓冲器进入底坑，进入底坑后找安全的位置站好。

（3）在底坑维修工作时严禁吸烟。

（4）需运行电梯时，在底坑的维修人员一定要注意所处的位置是否安全。

（5）底坑里必须设有低压照明灯，且亮度要足够。

（6）有维修人员在底坑工作时，绝不允许机房、轿顶等处同时进行检修工作，以防意外事故发生。

【多媒体资源】

演示进出电梯底坑的基本操作及底坑的相关设备。

【任务实施】

实训设备

亚龙 YL-777 型电梯（及其配套工具、器材）。

实训步骤

步骤一：实训准备

1. 实训前先由指导教师进行安全与规范操作的教育。

2. 按"任务 1.4"的要求做好相关准备工作。

步骤二：进入底坑

1. 在基站设置警戒线护栏，安全警示牌。工作楼层放安全警示牌。

2. 按外呼按钮，将轿厢召唤至此层。

3. 在轿厢内按上一层指令。

4. 等待电梯运行到合适位置。用厅门钥匙打开厅门 100mm 处，放入顶门器，按外呼按钮等候 10s（如图 1-33 所示），测试厅门门锁是否有效（若轿厢在平层位置，应确认电梯轿门和相应厅门处于关闭状态）。

5. 打开厅门，放入顶门器，侧身保持平衡，按下上停止开关，如图 1-34 所示。拿开顶门器，关闭厅门，按外呼按钮等候 10s，测试上停止开关是否有效。

图 1-33   按外呼按钮

图 1-34   侧身伸手按停止开关

6. 打开厅门，放置顶门器，进入底坑，打开照明开关，如图 1-35 所示。按下停止开关，再出底坑。在厅门外将上停止开关复位，拿开顶门器，关闭厅门，按外呼按钮，测试下停止开关是否有效。

7. 打开厅门，放置顶门器，按上停止开关，进入底坑。打开厅门 100mm 处，放入顶门器固定厅门，开始工作。如底坑过深，需要其他人协助放置顶门器。

步骤三：退出底坑

1. 完全打开厅门用顶门器固定厅门。

图 1-35 打开底坑照明灯

2. 将下停止开关复位，关闭照明开关，出底坑。

3. 在厅门地坎处，将上停止开关复位。

4. 拿开顶门器，关闭厅门。

5. 试运行确认电梯恢复正常后，清理现场，移开安全警示牌。

步骤四：记录与讨论

1. 将进出底坑操作的步骤与要点记录于表 1-8 中（可自行设计记录表格）。

表 1-8 进出底坑操作记录表

序号	操作要领	注意事项
1		
2		
3		
4		
5		
6		
7		
8		
9		

2. 学生分组讨论进出底坑操作的要领与体会。

【相关链接】

底坑安全操作注意事项

1. 准备好必备的工具，如厅门钥匙、手电筒等。

2. 进入底坑时，应先切断底坑停止开关，打开底坑照明。

3. 打开厅门，使厅门固定，将门关至最小开启位置，按外呼按钮，验证厅门回路有效。

4. 放好厅门安全警示障碍/护栏，将电梯开至最底层，在电梯内分别按上两个楼层的内呼按钮，然后把电梯停到上一层，检查轿厢内有无乘客。

5. 打开厅门，按下停止开关，关闭厅门，按外呼按钮，验证停止开关有效。

6. 打开厅门，打开照明开关（如果有照明开关），将厅门固定在开启位置，顺爬梯进入底坑，将厅门可靠固定在最小的开启位置，开始进行底坑工作（在上述验证的步骤中，验证的等待时间至少为 30s；如电梯尚未安装外呼按钮，或是群控电梯，可由两名员工通过互相沟通，一人在轿厢内通过按内呼按钮的方法来验证安全回路的有效性；确定安全作业步骤。）

注：在上述验证过程中，如发现任何安全回路失效，应立即停止操作，先修复电梯故障，如不能立即修复，则须将电梯断电、上锁、设标签。

7. 打开厅门，将厅门固定在开启位置。顺爬梯爬出底坑，关闭照明开关，拔出停止开关。

8. 关闭厅门，确认电梯恢复正常。

9. 禁止井道上、下同时工作。必须上下配合工作时，底坑人员必须戴好安全帽。

10. 注意保持底坑卫生与清洁。

【习题】

一、填空题

1. 当轿厢完全压在它的缓冲器上时，底坑还应有足够的空间能放进一个不小于____m×____m×____m 的矩形体；

2. 进入底坑时，应先切断底坑_____开关，打开底坑_____。

3. 底坑的急停开关应安装在进入底坑_____的地方。当底坑较深时可以在下底坑的_____旁和底坑_____各设一个串联（或联动）的急停开关。

4. 进入底坑操作前验证工作的等待时间至少为_____s。

二、选择题

1. 底坑底与轿厢最低部分之间的净空距离应不小于（　　）。

A. 0.2m　　　　　　B. 0.5m　　　　　　C.1m

2. 在底坑有人工作时，电梯的厅门应保持（　　）。

A. 关闭　　　　　　B. 开启在最大状态　　　　C. 开启在最小状态

3. 在底坑工作时（　　）吸烟。

A. 可以　　　　　　B. 严禁　　　　　　C. 随意

三、判断题

1. 一般应使用梯子进入底坑，也可以踏着缓冲器进入底坑。（　　　）

2. 需运行电梯时，在底坑的维修人员一定要注意所处的位置是否安全。（　　　）

3. 有维修人员在底坑工作时，如确实需要，可允许在机房、轿顶或井道其他位置同时进行检修工作。（　　　）

四、学习记录与分析

1. 分析表 1-8 中记录的内容，小结学习的主要收获与体会。

2. 小结进出底坑操作的过程、步骤、要点和基本要求。

五、试叙述对本任务与实训操作的认识、收获与体会

项 目 总 结

本项目主要介绍电梯实训教学的基本要求、电梯日常使用的安全知识；电梯的基本概念，电梯的整体基本结构；以及电梯安装、维修、保养工作一些基本规范操作。

1. 实训教学是电梯专业教学的重要内容，应明确实训教学的目的、要求并掌握学习方法。

2. 电梯在使用过程中人身和设备安全是至关重要的。确保电梯在使用过程中人身和设备安全是首要职责。

3. 任务1.2、任务1.3介绍了电梯的基本概念、分类和基本结构。电梯作为垂直运输的升降设备，其门类还包括自动扶梯和自动人行道。电梯有多种分类方法，我国电梯的型号主要由三大部分组成。

4. 电梯的基本结构可分为机房、井道、轿厢、层站四大空间和曳引系统、导向系统、轿厢系统、门系统、重量平衡系统、电气控制系统和安全保护系统七个系统。

5. 电梯作为特种设备，对于从业人员的专业性和规范性要求非常严格，操作时的安全规范甚至会直接关系到作业人员的生命安全，因此在作业时一定遵守相应的安全守则和相关的检查和维护安全操作规程。任务1.4~任务1.7主要讲述了如何做好充分的安全保障工作（包括警戒线、警示牌、安全帽、安全带、电工绝缘鞋），以确保自己和他人的生命安全；如何规范地进行盘车操作；带电操作时要注意的事项，断电后如何处理；进出轿顶和进出底坑又应如何规范操作等。

通过本项目的学习，应对电梯的基本结构有一个整体的感性认识，对一些主要部件的功能、作用及安装位置有初步的认识。并认识电梯实训应遵守的规则，学会电梯安装与维修工作的基本规范操作。

项目2

电梯故障诊断与排除实训

项 目 概 述

本项目为"电梯故障诊断与排除实训",共 18 个学习任务。按照电梯安装与维护专业人才培养规格,电梯常见故障的诊断与排除是本专业人才的关键职业能力。本项目所列举的 18 个故障,基本涵盖了电梯常见的机械、电气故障,通过学习对这些常见故障的分析、诊断与排除,应能逐步掌握电梯排障的基本规律、工作方法与操作要领,以达到举一反三、触类旁通的目的。因此,本项目应是电梯专业实训教学核心内容之一。

任务2.1 电梯平层装置调节及故障排除

【任务目标】

应知

1. 了解电梯平层装置的组成。

2. 掌握电梯平层装置的工作原理。

3. 熟悉电梯制造与安装安全规范(GB 7588—2003)中的相关规定。

应会

掌握电梯平层装置故障的检测、诊断与排除方法。

【建议学时】

2 学时。

【任务描述】

电梯停站后不能平层。要求根据电梯平层的原理,分析查找故障原因并排除故障。

【知识准备】

电梯的平层装置及其原理

可阅读相关教材中有关电梯平层装置及其原理的内容,如:

"电梯结构与原理"学习任务 8.1；

"电梯维修与保养"学习任务 5.1。

【多媒体资源】

演示电梯的平层装置及平层过程。

【任务实施】

实训设备

1. 亚龙 YL-777 电梯（及其配套工具、器材）。

2. 亚龙 YL-770 电梯电气安装与调试实训考核装置（及其配套工具、器材）。

3. 亚龙 YL-771 型电梯井道设施安装与调试实训考核装置（及其配套工具、器材）。

实训步骤

步骤一：实训准备

1. 实训前先由指导教师进行安全与规范操作的教育。

2. 按"任务 1.4"的要求做好相关准备工作。

步骤二：电梯一楼平层误差故障诊断与排除（故障一）

1. 故障现象：电梯一楼平层后层站轿厢地坎高于厅门地坎。

2. 故障分析：由于只是一楼层站轿厢地坎高，其余层站都正常，所以只需调节一楼的平层遮光板就可以。

3. 检修过程：

（1）设置维修警示栏及做好相关安全措施。

（2）测量出轿厢地坎与厅门地坎的高度差，如图 2-1 所示；记录测量值。

图 2-1 测量尺寸

（3）按照进出轿顶程序进入轿顶。

（4）调节该楼层的平层遮光板，因为是轿厢高，所以应把遮光板垂直往下调，具体下调尺寸就是刚才测量出的数据，调整时先在遮光板支架的原始位置做个记号，然后用工具把支架固定螺栓拧松 2~3 圈，用橡胶锤往下敲击遮光板支架达到应要下调的尺寸。注意要垂直下调，而且调整完后要复核支架的水平度以及遮光板与感应器配合的尺寸要均匀，如图 2-2 所示。

（5）调节完毕后退出轿顶，恢复电梯的正常运行，验证电梯是否平层，如果还是不平层再微调遮光板直至完全平层，最后紧固支架螺栓。

图 2-2　遮光板垂直下调

步骤三：电梯各层平层误差故障诊断与排除（故障二）

1. 故障现象：轿厢在全部楼层均不平层（每层站停靠时，轿厢地坎都低于厅门地坎）。

2. 故障分析：由于轿厢是所有楼层都不平层，所以应该调节平层感应器的位置来修正平层。

3. 检修过程：

（1）设置维修警示栏及做好相关安全措施。

（2）测量出轿厢地坎低于厅门的高度差，并记录测量值。

（3）按照进出轿顶程序进入轿顶。

（4）调节轿顶上的平层传感器，因为是轿厢低，所以应把平层传感器垂直往下调，具体下调尺寸就是刚才测量出的数据，调整时先在传感器的原始位置做个记号，然后用工具把平层传感器固定螺栓拧松，用手移动平层传感器达到应下调的尺寸，注意要垂直下调，而且调整完后要复核遮光板与平层传感器配合的尺寸是否均匀，如图 2-3 所示。

（5）调节完毕后退出轿顶，恢复电梯的正常运行，验证电梯是否平层，如果还是不平层再微调传感器，直至完全平层。

【相关链接】

当电梯出现无规律的不平层时（例如出现偶尔不平层的现象，或者在轿厢负载不同时电梯的平层误差相差较远且没有规律等），这些故障不是调节平层遮光板或平层传感器就可解决问题的，这种类型的故障可能是电梯的平衡系数不符合要求；或者是电梯曳引绳滑移较大；或者是旋转编码器接触不良；或者是电梯抱闸弹簧的张紧度不良等引起的；可能需要重新进行井道高度数据自学习，因此解决这种故障必须具有丰富的维修经验，逐一判断排查才能解决问题。

图 2-3　传感器下调

【阅读材料】

阅读材料 2-1　电梯机械系统的故障

电梯的机械系统主要包括：曳引系统、轿厢和称重、门系统、导向系统、对重及补偿装置和安全保护装置等六个部分。

1. 电梯机械系统产生故障的原因。相对电梯的电气系统而言，电梯机械系统的故障较少，但是一旦发生故障，可能会造成较长的停机待修时间，甚至会造成更为严重的设备和人身事故。电梯机械系统常见故障的原因主要有以下几个方面：

（1）连接件松脱引起的故障。电梯在长期不间断运行的过程中，由于振动等原因而造成紧固件松动或松脱，使机械发生位移、脱落或失去原有精度，从而造成磨损，碰坏电梯机件而造成故障。

（2）自然磨损引起的故障。机械部件在运转过程中，必然会产生磨损，磨损到一定程度必须更换新的部件，所以电梯运行一定时期后必须进行大检修，提前更换一些易损件，不能等出了故障再更新，那样就会造成事故或不必要的经济损失。平时日常维修中只有及时地调整、保养，电梯才能正常运行。如果不能及时发现滑动、滚轮运转部件的磨损情况并加以调整就会加速机械部件的磨损，从而造成机件磨损报废，造成事故或故障。如钢丝绳磨损到一定程度必须及时更换，否则会造成轿厢坠落的重大事故，各种运转轴承等都是易磨损件，必须定期更换。

（3）润滑系统引起的故障。润滑的作用是减少摩擦力、减少磨损，延长机械寿命，同时还起到冷却、防锈、减振、缓冲等作用。若润滑油太少，质量差，品种不对或润滑不当，会造成机械部分的过热、烧伤、抱轴或损坏。

（4）机械疲劳引起的故障。某些机械部件经常长时间受到弯曲、剪切等应力，会产生机械疲劳现象，机械强度塑性减小。某些零部件受力超过强度极限，产生断裂，造成机械事故或故障。如钢丝绳长时间受到拉应力，又受到弯曲应力，又有磨损产生，更严重的是受力不均，某股绳可能因受力过大首先断绳，增加了其余股绳的受力，造成连锁反应，最后全部断裂，发生重大事故。

从上面分析可知，只要日常做好维护保养工作，定期润滑有关部件及检查有关紧固件情况，调整机件的工作间隙，就可以大大减少机械系统的故障。

2.电梯机械故障的检查方法。电梯机械发生故障时，在设备的运行过程中会产生一些迹象，维修人员可通过这些迹象发现设备的故障点。机械故障迹象的主要表现有：

（1）振动异常。振动是机械运动的属性之一，但发现不正常的振动往往是测定设备故障的有效手段。

（2）声响异常。机械在运转过程中，在正常状态下发出的声响应是均匀与轻微的。当设备在正常工况下发出杂乱而沉重的声响时，提示设备出现异常。

（3）过热现象。工作中，常常发生电动机、制动器、轴承等部位超出正常工作状态的温度变化。如不及时发现，并诊断与排除，将引起机件烧毁等事故。

（4）磨损残余物的激增。通过观察轴承等零件的磨损残余物，并测定油样等样本中磨损微粒的多少，即可确定机件磨损的程度。

（5）裂纹的扩展。通过机械零件表面或内部缺陷（包括焊接、铸造、锻造等）的变化趋势，特别是裂纹缺陷的变化趋势，判断机械故障的程度，并对机件强度进行评估。

因此，电梯维修人员应首先向电梯使用者了解发生故障的情况和现象，到现场观察电梯设备的状况。如果电梯还可以运行，可进入轿顶（内）用检修速度控制电梯上、下运行数次，通过观察、听声、鼻闻、手摸等手段实地分析、判断故障发生的准确部位。

故障部位一旦确定，则可和修理其他机械一样，按有关技术文件的要求，仔细地将出现故障部件进行拆卸、清洗、检测。能修复，应修复使用；不能修复的，则更新部件。无论是修复还是更新检修后投入使用前，都必须认真调试并经试运行后，方可交付使用。

【习题】

一、填空题

1.电梯平层精度应符合以下要求：额定速度≤0.63m/s 的交流双速电梯，应在_____的范围内；额定速度>0.63m/s 且≤1.0m/s 的交流双速电梯，应在_____的范围内；其他调速方式的电梯，应在_____的范围内。

2.电梯平层装置一般由_____和_____组成。

二、选择题

1.当电梯个别楼层不平层，应该优先调整（　　）。

A．平层插板　　　　　B．平层传感器　　　　　C．旋转编码器　　　　　D．轿厢

2.当电梯全部楼层都不平层，应该优先调整（　　）。

A．平层插板　　　　　B．平层传感器　　　　　C．旋转编码器　　　　　D．轿厢

三、判断题

1.电梯轿厢在 2 楼不平层，轿厢地坎低于厅门地坎，调整的方法是：把 2 楼的平层遮光板往下调。（　　）

2.电梯不平层故障只需调整平层传感器或平层遮光板的位置，而不需要或不考虑调整其他部件就可解决故障问题。（　　）

3. 电梯试运行时，各层层门必须设置防护栏。（　　　）

四、学习记录与分析

小结诊断与排除电梯平层装置故障的过程、步骤、要点和基本要求。

五、试叙述对本任务与实训操作的认识、收获与体会。

任务2.2

【任务目标】

应知

1. 了解电梯厅门与轿厢门装置的组成。
2. 掌握电梯厅门与轿厢门装置的工作原理。
3. 熟悉电梯制造与安装安全规范（GB7588—2003）中的相关规定。

应会

掌握电梯厅门与轿厢门装置故障的检测、诊断与排除方法。

【建议学时】

6学时。

【任务描述】

通过本任务的学习，认识电梯门机构的组成与作用，各部件的安装位置及相互间的配合关系。掌握门机构机械设备的检查和故障排除方法。

【知识准备】

电梯的门机构

可阅读相关教材中有关电梯门机构的内容，如：

"电梯结构与原理"学习任务4；

"电梯维修与保养"学习任务7.2。

【多媒体资源】

演示电梯的门机构。

【任务实施】

实训设备

1. 亚龙 YL-777 电梯（及其配套工具、器材）。
2. 亚龙 YL-772 电梯门机构安装与调试实训考核装置（及其配套工具、器材）。

实训步骤

步骤一：实训准备

1. 实训前先由指导教师进行安全与规范操作的教育。

2. 按 "任务 1.4" 的要求做好相关准备工作。

步骤二：电梯二楼厅门故障诊断与排除（故障一）

1. 故障现象：电梯二楼厅门不能自闭。

2. 故障分析：厅门不自闭一般是厅门的自闭装置失效，例如连接重锤的钢丝绳断裂、或者重锤上下运动受到阻碍等原因造成的。

3. 检修过程：

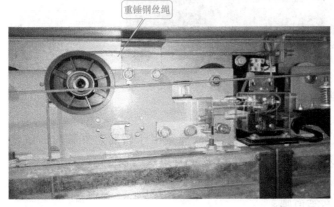

图 2-4　连接重锤钢丝绳　　　　　　　　图 2-5　重锤导向槽

（1）设置维修警示栏及做好相关安全措施。

（2）安全进入轿顶，将电梯检修慢行至合适的位置，观察连接重锤的钢丝绳（图 2-4）是否完好、观察重锤导向槽（图 2-5）是否有异物卡阻、导向槽有否移位。

最后发现是重锤导向槽有异物垃圾，致使重锤上下运动受阻，清理垃圾后门可以正常自闭。

步骤三：电梯二楼厅门故障诊断与排除（故障二）

1. 故障现象：二楼厅门开关门不顺畅，门开至某一位置卡死并有异响。

2. 故障分析：二楼厅门开关门不顺畅并有卡死的现象，其实这种情况在使用中的电梯较为常见，造成这种故障一般是门导轨上有异物垃圾、门限位轮移位、门挂板滑轮破裂不圆、地坎上的门滑块变形移位等原因造成。

3. 检修过程：

（1）设置维修警示栏及做好相关安全措施。

（2）安全进入轿顶，将电梯检修慢行至合适的位置，逐一观察或触摸门导轨有否垃圾积聚形成台阶、门限位轮有否移位卡死、四个门挂板滑轮有否破损、地坎上的门滑块有否异常，最后发现是副门挂板上的门滑轮有一个破损。

（3）更换门滑轮要拆卸相关部件才能拆出门挂板，先拆卸与重锤的连接钢丝绳，拆卸门传动的钢丝绳，将门限位轮间隙调大（方便拆出门挂板），最后拆卸门挂板与门扇的固定螺钉，这时方能拿出门挂板，对破损的门滑轮进行更换，如图 2-6 所示。

（4）更换新的门滑轮后，按拆除的反向顺序装回各部件，注意安装各部件的工艺尺寸要符合要求，例如门扇与其他部件的间隙、门限位轮的间隙、门传动钢丝绳要调整到位（要求两扇门开齐时与门套平齐）等。

图 2-6　门挂板

步骤四：电梯二楼厅门门故障诊断与排除（故障三）

1. 故障现象：二楼厅门门锁损坏（更换）。

2. 故障分析：这个故障一般比较明显，一般造成这种故障是由于轿厢意外移位，致使轿厢的门刀撞坏门锁，这种情况下要先恢复轿厢的位置，再进行更换门锁。

3. 检修过程：

（1）设置维修警示栏及做好相关安全措施。

（2）安全进入轿顶，将电梯检修慢行至合适的位置，拆下门锁固定螺钉，如图 2-7所示。

图 2-7　门锁

（3）更换新门锁，门锁需要仔细调整，要满足门锁钩与锁座的啮合深度要求、门锁钩与锁座（定位挡块）之间的间隙（2~3mm）、并且门锁触点超行程（约 3mm）。

【习题】

一、填空题

1. 门系统是乘客或货物的进出口，它由_____、_____、_____、_____、_____和_____等组成；只有当所有的_____和_____关闭后，电梯才能运行。

2. 层门锁钩、锁臂及触点动作应灵活，在电气安全装置动作之前，锁紧元件的最小啮合长度为_____mm。

3. 门刀与厅门地坎、门锁滚轮与轿厢地坎间隙应为_____mm。

4. 三个行程终端限位保护开关（由电梯行程的里面到外面）分别是_____开关、_____开关和_____开关。

二、选择题

1. 电梯关门电路应实现（　　）过程。

A. 慢—快—更快—停止　　　　　　　B. 慢—快—慢—停止

C. 快—慢—更慢—停止　　　　　　　D. 快—更快—慢—停止

2. 门滑块固定在门扇下底端，每个门扇一般至少装有（　　）。

A. 1 只　　　B. 2 只　　　C. 3 只　　　D. 4 只

3. 维修人员对电梯进行维护修理前，应在轿厢内或入口的明显处挂上（　　）标牌。

A. "注意安全"　　　　　　　　　　　B. "保养照常使用"

C. "有人操作，禁止合闸"　　　　　　D. "检修停用"

三、综合题

1. 中分式厅门由哪些结构部件组成？

2. 口述客梯厅门门扇与其他部件的间隙要求。

3. 分析更换厅门挂板的顺序步骤及注意事项。

四、学习记录与分析

小结诊断与排除电梯厅门、轿厢门机械故障的过程、步骤、要点和基本要求。

五、试叙述对本任务与实训操作的认识、收获与体会。

任务 2.3　　电梯机械安全保护装置的故障诊断与排除

【任务目标】

应知

认识电梯的机械安全保护装置。

应会

学会电梯机械安全保护装置的故障诊断与排除方法。

【建议学时】

2 学时。

【任务描述】

电梯的行程终端限位保护开关是电梯超程行驶的最终保护装置，如果产生故障或动作失灵，其后果是很严重的。在诊断和排除其故障时，应检查部件有无损坏、安装位置有无移动，以及极限开关重锤装置是否正常可靠。检修完成后，应进行超程试验检验其是否动作可靠。

【知识准备】

电梯的行程终端限位保护装置

可阅读相关教材中有关电梯行程终端限位保护装置的内容，如：

"电梯结构与原理"学习任务9.3；

"电梯维修与保养"学习任务8.3。

【多媒体资源】

演示电梯的行程终端限位保护装置。

【任务实施】

实训设备

1. 亚龙 YL-777 电梯（及其配套工具、器材）。

2. 亚龙 YL-771 电梯井道设施安装与调试实训考核装置（及其配套工具、器材）。

实训步骤

步骤一：实训准备

1. 实训前先由指导教师进行安全与规范操作的教育。

2. 按"任务1.4"的要求做好相关准备工作。

步骤二：电梯行程终端限位装置维修的前期工作

1. 在轿厢内或入口的明显处设置"检修停用"标识牌。

2. 让无关人员离开轿厢和检修工作场地，需用合适的护栏挡住入口处以防无关人员进入。

3. 检查电梯发生故障的区域及相关安全措施的完善状况。

4. 向相关人员（如管理人员、乘用人员或司机）了解电梯的故障情况。

5. 按规范做好维保人员的安全保护措施。

步骤三：排除故障一

1. 故障现象

轿厢未有明显下蹲或上冲，轿厢地坎与厅门地坎的平层误差亦在规定值内，但行程终端限位开关意外动作。

2. 故障分析

（1）行程终端限位开关移位。

（2）行程终端限位开关损坏（触点粘连）。

3. 故障排除过程

（1）检查并重新调整行程终端限位保护开关的位置。

（2）更换损坏的行程终端限位开关。

（3）故障排除后进行超程运行试验，检查行程终端限位保护装置会不会误动作。

步骤四：排除故障二

1. 故障现象：轿厢超越行程终端极限位置，但行程终端限位开关不动作。

2. 故障分析：

（1）行程终端限位开关或挡板移位。

（2）行程终端限位开关损坏。

（3）极限开关张紧配重装置失效。

3. 故障排除过程：

（1）检查并重新调整行程终端限位开关或挡板的位置。

（2）更换损坏的行程终端限位开关。

（3）调整极限开关张紧配重装置。

（4）故障排除后进行越程运行试验，检查行程终端限位保护装置会不会误动作。

【习题】

一、填空题

三个行程终端限位保护开关（由电梯行程的里面到外面）分别是_____开关、_____开关和_____开关。

二、选择题

1. 当（　　　）开关的动作时，电梯应强迫减速。

A. 强迫减速　　　　　B. 行程限位　　　　　C. 极限

2. 当（　　　）开关的动作时，电梯应强迫停车。

A. 强迫减速　　　　　B. 行程限位　　　　　C. 极限

3. 当（　　　）开关的动作时，电梯应切断电源。

A. 强迫减速　　　　　B. 行程限位　　　　　C. 极限

三、学习记录与分析

小结诊断与排除电梯行程终端限位保护装置故障的过程、步骤、要点和基本要求。

四、试叙述对本任务与实训操作的认识、收获与体会。

任务2.4　　电梯电动或动动动如排动或如电态态如如如如动动动动

【任务目标】

应知

1. 认识电梯的驱动系统，了解电动机、变频器的作用与分类。

2. 理解变频驱动的时序。

3. 了解电磁制动器作用。

应会

1. 知道控制系统的时序步骤。

2. 能够根据控制时序（接触器的动作），掌握变频驱动控制电路故障的检修。

【建议学时】

4 学时。

【任务描述】

电梯的驱动系统是主要担负着对曳引电动机的调速控制，电动机的起动、加速、匀速、减速、停止等控制都离不开驱动系统。驱动系统的正常与否影响着电梯轿厢上下运行的安全。通过本任务的学习，认识电梯的驱动系统，了解电动机的分类、控制方式；了解电磁制动器的作用；了解变频器的种类、作用。熟悉驱动系统的控制时序，从而掌握驱动控制电路的故障排除方法。

【知识准备】

电梯的曳引电动机及其相关控制器件

可阅读相关教材中有关电梯曳引电动机及其相关控制器件的内容，如：

"电梯结构与原理"学习任务 2、学习任务 8；

"电梯维修与保养"学习任务 4、学习任务 6。

【多媒体资源】

演示电梯的曳引电动机及其相关控制器件。

【任务实施】

实训设备

1. 亚龙 YL-777 电梯（及其配套工具、器材）。

2. 亚龙 YL-770 电梯电气安装与调试实训考核装置（及其配套工具、器材）。

3. 亚龙 YL-774 电梯曳引系统安装实训考核装置（及其配套工具、器材）。

实训步骤

步骤一：实训准备

1. 实训前先由指导教师进行安全与规范操作的教育。

2. 按"任务 1.4"的要求做好相关准备工作。

步骤二：电梯曳引电动机变频驱动控制电路检测调节及故障排除（故障一）

1. 故障现象：电梯能轿内选层和厅外呼梯，但关好门后不能运行（CC 不吸合）。

2. 故障分析：因为能选层和呼梯，并且能开关门，可见内外呼系统电路正常，开关门系统电路正常。内外门都能关好，相关的门锁继电器（JMS）吸合，根据电梯运行的驱动时序，这时应该运行接触器（CC）吸合，但是发现该接触器并没有吸合动作，所以问题应该出自运行接触器线圈回路，依照电路图及借助万用表，可找出故障点。相关电路图如图 2-8 所示。

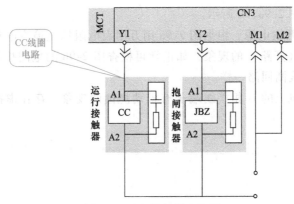

图 2-8 运行接触器电路图

3. 检修过程：根据能断电工作就优先断电检修工作的原则，将电梯主电源断开，用万用表的电阻挡进行检测，首先检测 CC 接触器的线圈电阻（A1-A2），这时应该有线圈的阻值（约几百欧姆），短路及无穷大都不正常，如正常则再查电路主板 CN3-Y1 端子至 CC 接触器的 A1 端子的引线、CC 接触器的 A2 端子至 220VN 的返回端子的引线，这两者的引线应该为通路，如断路则不正常。

最后查出是运行接触器故障，线圈断路，更换该器件即可。注意更换好新器件后，一定要核对每个接线端子所接的线号是否正确，当核对无误时方可送电试运行。

步骤三：电梯曳引电动机变频驱动控制电路检测调节及故障排除（故障二）

1. 故障现象：电梯能轿内选层和厅外呼梯，但关好门后不能运行（JBZ 不吸合）并报警保护。

2. 故障分析：因为能选层和呼梯，并且能开关门，可见内外呼系统电路正常，开关门系统电路正常。内外门都能关好，相关的门锁继电器（JMS）吸合，根据电梯运行的驱动时序，运行接触器（CC）吸合，紧接着抱闸接触器（JBZ）也应该吸合，但是发现该接触器（JBZ）并没有吸合动作，可见此时系统 CC 与 JBZ 之间出现问题。由此分析要么是 CC 所控制的变频器输出至电动机三相电源端子的回路存在问题，要么是 JBZ 接触器的线圈回路存在

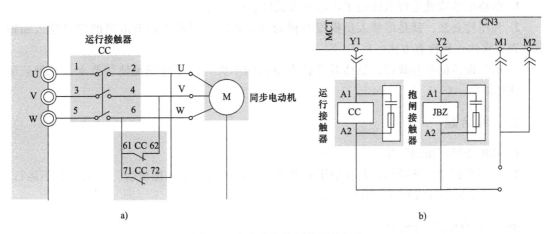

a)   b)

图 2-9 主电路和抱闸接触器电路

a）电动机三相主回路 b）抱闸接触器电路

问题。相关电路图如图 2-9a、b 所示。

3. 检修过程：断开主电源，根据图 2-9a 用万用表电阻挡先检查电动机三相主回路各相的线路有否存在断路（开路）的现象，如正常再检查图 2-9b 的抱闸接触器的线圈回路，检查方法同运行接触器线圈回路一样。

最后查出是电动机上的 U 相接线端子有松动烧蚀的现象，存在虚接情况。重新处理该端子可解决故障问题。

【习题】

一、填空题

短接法是用于检测_____是否正常的一种方法。当发现故障点后，应立即拆除短接线，不允许用短接线代替开关或开关触点的接通。

二、选择题

1. 所谓"电位法"，就是通过使用（   ）的电压挡检测电路某一元件两端的电压（或电位），来确定电路（或触点）的工作情况的方法。

A. 万用表   B. 电流表   C. 电笔

2. 电梯电气控制系统出现故障时，应首先确定故障出于哪一个（   ），然后再确定故障出于此环节电路上的哪一个电器元件的触点上。

A. 元件   B. 系统   C. 环节电路

3. 使用电位法查找故障时，可以检测出触点的（   ）。

A. 好与坏   B. 正常   C. 通或断

4. 短接法主要用来检测电路的（   ）。

A. 电压   B. 电流   C. 断点

三、判断题

1. 断路型故障就是应该接通工作的电器元件。（   ）

2. 程序检查法，就是维修人员模拟电梯的操作程序，观察各环节电路的信号输入和输出是否正常的一种检查方法。（   ）

3. 电气设备的某些故障，虽然对设备本身影响不大，但不能满足使用要求，这种故障称为使用故障。（   ）

四、综合题

1. 简述变频驱动的时序。

2. 电梯能正常内外呼梯，并且能正常开关门，运行接触器也能吸合，但是电梯不运行。这种情况下该如何分析判断故障及如何检修。

五、学习记录与分析

小结曳引电动机变频驱动控制电路检测调节及故障排除的步骤、过程、要点和基本要求。

六、试叙述对本任务与实训操作的认识、收获与体会

任务 2.5　电梯轿厢门电动机变频器驱动控制电路检测调节及故障排除

【任务目标】

应知

1. 认识电梯门电动机的作用种类。

2. 认识门机变频器的作用。

应会

1. 知道微机主板输出给门机变频器的控制命令。

2. 能够根据门机变频器的指令灯，判断故障。

【建议学时】

2 学时。

【任务描述】

电梯门电动机的运行状态决定着电梯能否正常开关门，门电动机用变频器控制可更高效节能、舒适噪声小。通过本任务的学习，掌握门电动机作用与种类、变频驱动控制电路的作用及控制方式。掌握驱动控制电路的故障排除方法。

【知识准备】

电梯门电动机的作用与种类

可阅读相关教材中有关电梯开关门电动机的内容，如：

"电梯结构与原理"学习任务 4；

"电梯维修与保养"学习任务 4.4。

【多媒体资源】

演示电梯的门电动机及其相关控制器件。

【任务实施】

实训设备

1. 亚龙 YL-777 电梯（及其配套工具、器材）。

2. 亚龙 YL-772 电梯门机构安装与调试实训考核装置。

实训步骤

步骤一：实训准备

1. 实训前先由指导教师进行安全与规范操作的教育。

2. 按"任务 1.4"的要求做好相关准备工作。

步骤二：电梯开关门电动机变频驱动控制电路检测调节及故障排除

1. 故障现象：门机不开门（有开门指令入门机变频驱动板，但门机不开门。）

2. 故障分析：有否指令进入门机变频驱动板（以下简称门机板）判别故障很关键，无指令进入，当然跟门机板和门机都没关系，如果有指令进入门机板，那就跟门机板输出和门机有关系。如图 2-10 所示。

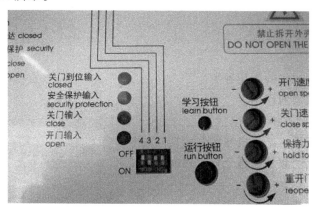

图 2-10　门机板信号指示灯

3. 检修过程：因为有指令进入，所以重点检查门机板输出的三相电源线、门机是否正常，电路图如图 2-11 所示。

断开门机板电源，用万用表电阻挡对门机板的三相输出电源线进行检测，对门机进行三相绕组的电源端子检测，看其三相绕组阻值是否平衡。最后发现是 W 相电源线存在断路现象，更换同规格的新线后恢复正常。

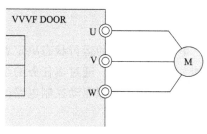

图 2-11　门机电路图

【习题】

一、填空题

1. 电梯关门过程的速度变化是_____。

2. 门信号电路的主要作用是发出开门或关门指令，指挥_____做开门或关门动作。

二、选择题

亚龙 YL-777 电梯的门电动机就是采用（　　）。

A. 直流电动机　　　　B. 交流异步电动机　　　　C. 永磁变频门机

三、综合题

1. 简述直流门机靠什么元件进行速度调整。

2. 分析有指令进入门机，但门机不动作的故障检测方法与步骤。

四、学习记录与分析

小结电梯轿厢门电动机变频器驱动控制电路检测调节及故障排除的步骤、过程、要点和基本要求。

五、试叙述对本任务与实训操作的认识、收获与体会

任务2.6　电梯轿厢门控制电路的故障诊断与排除

【任务目标】

应知

1. 认识门机板的输入、输出信号。
2. 认识轿厢开关门按钮信号。
3. 理解轿厢光幕保护作用与形式。

应会

1. 懂得微机主板输入、输出指示灯及门机板的信号指示灯表示的含义。
2. 能根据相关指示灯的亮灭去判断故障。

【建议学时】

2学时。

【任务描述】

轿厢门控制电路是联系门机板与微机主板两者之间通信纽带，如果该电路出现问题，会导致不能开关门，造成轿厢困人或轿厢门夹人的事故。对轿厢门控制电路的理解应有助于维修电梯开关门异常的故障。通过本任务的学习，认识电梯微机主板对门机板的控制命令（门机板输入信号）和门机板对微机主板的反馈信号（门机板输出信号），以及轿厢近门保护的作用与形式，能够排除轿厢门控制电路的故障。

【知识准备】

电梯轿厢门控制电路

可阅读相关教材中有关电梯轿厢门控制电路的内容，如：

"电梯结构与原理" 学习任务4；

"电梯维修与保养" 学习任务4.4。

【多媒体资源】

演示电梯轿厢门控制电路及其相关控制器件。

【任务实施】

实训设备

1. 亚龙 YL-777 电梯（及其配套工具、器材）。

2. 亚龙 YL-772 电梯门机构安装与调试实训考核装置。

3. 亚龙 YL-770 型电梯电气安装与调试实训考核装置。

实训步骤

步骤一：实训准备

1. 实训前先由指导教师进行安全与规范操作的教育。

2. 按 "任务 1.4" 的要求做好相关准备工作。

步骤二：电梯轿厢门控制电路故障诊断与排除（故障一）

1. 故障现象：门机到站平层后不开门（门机板没有开门指令输入）。

2. 故障分析：门机不开门故障的原因很多，如任务 2.5 中的故障就是其中之一。门机开关门故障主要看相应的指示灯就能大致判断出故障出自何处。就本例而言，由于门机板没有开门指令输入，这就要看微机主板是否有指令发出，看 Y6 指示灯有否亮，如果 Y6 不亮就是不属于轿厢控制电路故障，可能是微机主板出现问题；如果 Y6 亮，就是微机主板发出了开门指令，而门机板没有相应的开门指令输入，所以故障应该出自指令回路，电路如图 2-12 所示。

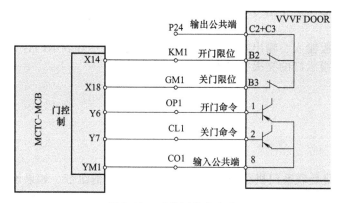

图 2-12 开关门指令电路

3. 检修过程：如图 2-12 所示，在机房控制柜上观察微机主板已发出开门指令（Y6 亮），在门机板上观察没有开门指令输入，所以主要检查传送指令的回路。断开主电源，用万用表电阻挡检查 OP1、COO 这两条传送电缆有否断路，先检查机房侧的电路有否问题，如正常再检查轿顶侧的电路是否正常，如正常则要检查随动电缆。检查两条随动电缆通断的方法是：把机房控制柜侧的 OP1 从原端子上卸下，然后短接 OP1 线到接地桩上，这时在轿顶上可用万用表检测门机侧的 OP1 线与轿顶的接地线的回路电阻，假如正常其电阻值很小，如果为无穷大则存在断路，应该换备用线。同样方法可检测 COO 这条电缆。

最后检查发现是轿顶侧的门机板相应接线端子（门机板的 P2-2 端子）虚接了，重新接好恢复正常。

步骤三：电梯轿厢门控制电路故障诊断与排除（故障二）

1. 故障现象：平层后轿厢门能打开，但不关门。

2. 故障分析：能开门但不关门就说明门机变频输出回路是正常的，首先看有没有导致不能关门的信号影响，例如是否在超载状态下、是否光幕有阻挡、是否一直有开门按钮信号（开门按钮卡住），如果没有这些影响，微机主板应该在开门后延时几秒就发出关门指令

（Y7 指示灯亮），门机就响应关门，电路如图 2-13、图 2-14 所示。

3. 检修过程：在机房控制柜观察超载输入灯（X13 指示灯）是否亮，如果没亮再观察光幕保护输入灯（X15 指示灯）是否亮，如果还没亮再观察开门按钮输入灯（L1 指示灯）是否常亮。结果发现是开门按钮信号一直有（L1 指示灯常亮），到轿厢里发现开门按钮的触点粘连了，重新更换新的开门按钮，电梯恢复正常。

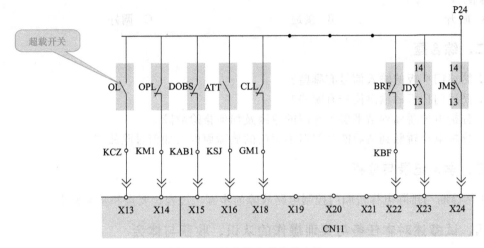

图 2-13　超载及光幕信号电路

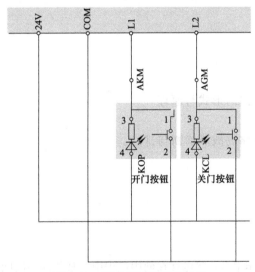

图 2-14　开关门按钮信号电路

【习题】

一、选择题

1. 关门按钮触点接触不良或损坏，可用（　　）确定是否关门按钮问题。

A. 电压法　　　　　　　B. 电位法　　　　　　　C. 短路法

2. 厅门未关，电梯却能运行的原因可能是（　　　）继电器触点粘死。

A. 运行 　　　　　　　　　B. 电压 　　　　　　　　　C. 门联锁

3. 按下关门按钮后，门不关闭，其原因可能是开关门电动机传动带（　　　）。

A. 过松 　　　　　　　　　B. 过紧 　　　　　　　　　C. 过长

4. 选好层定了向并已关闭厅门、轿门，电梯仍不能运行，其原因可能是厅门自动门锁触点未能（　　　）。

A. 断开 　　　　　　　　　B. 接通 　　　　　　　　　C. 调好

二、综合题

1. 简述门机板的输入信号有哪些？
2. 简述门机板的输出信号有哪些？
3. 分析电梯轿厢到站平层不开门的原因及如何排除故障。
4. 分析电梯轿厢到站后能开门但不关门的故障原因及如何排除故障。

三、学习记录与分析

小结诊断与排除电梯轿厢门控制电路故障的步骤、过程、要点和基本要求。

四、试叙述对本任务与实训操作的认识、收获与体会

任务2.7

【任务目标】

应知

认识电梯安全保护电路的形式与原理。

应会

学会电梯安全保护电路的故障诊断与排除。

【建议学时】

4学时。

【任务描述】

电梯安全保护电路的作用是：当电梯在使用过程中因某些部件出问题、或电梯的运行状态出现的一些不安全因素、或在维修时需要采取一些安全措施，从而切断电梯的控制电源中止电梯的工作。电梯安全保护电路的故障属于电梯电气常见故障，由于电路基本是相关电器元件触点的串联电路，所以只要掌握与相关器件的关系与原理，就能够正确诊断与排除电路的故障。

【知识准备】

电梯的安全保护电路

可阅读相关教材中有关电梯安全保护电路的内容，如：

"电梯维修与保养"学习任务 4.3。

【多媒体资源】

演示电梯安全保护电路及其相关元器件。

【任务实施】

实训设备

1. 亚龙 YL-777 电梯（及其配套工具、器材）。

2. 亚龙 YL-770 型电梯电气安装与调试实训考核装置。

实训步骤

步骤一：实训准备

1. 实训前先由指导教师进行安全与规范操作的教育。

2. 按"任务 1.4"的要求做好相关准备工作。

步骤二：安全保护电路故障诊断与排除的前期工作

1. 检查是否做好了电梯发生故障的警示及相关安全措施。

2. 向相关人员（如管理人员、乘用人员或司机）了解故障情况。

3. 查看外部供电是否正常。

4. 检查安全接触器动作是否正常。

5. 按规范做好维保人员的安全保护措施。

步骤三：电梯安全保护电路故障判断与排除的步骤与方法

电梯运行的先决条件是安全回路的所有安全开关、继电器触点都要处于接通或正常状态下，安全接触器 JDY 正常工作，得电吸合。

由于安全回路是串联电路，任一个的安全开关或继电器触点断开、接触不良都会造成安全回路不能工作，使电梯无法运行。因为串联在安全回路上的各安全开关安装位置比较分散，要尽快找出故障所在点比较困难，较好的方法是采用电位法结合短接法查找故障点。

电位法结合短接法查找安全回路故障的步骤如下：

1. 检测时，一般先检查电源电压，看是否正常。继而可检查开关、元器件触点应该接通的两端，若电压表上没有指示，则说明该元器件或触点断路。若线圈两端的电压值正常，但继电器不吸合，则说明该线圈断路或是损坏。

2. 在机房电控柜内根据安全保护回路中的接线端先用电位法检查：先测量"NF3/2"与"110VN"之间是否有 110V 电压，如果有则说明电源有电；然后将一支表笔固定在"110VN"端，另一支表笔放在接线端"104B"处，如果电压表没有 110V 电压指示，则说明"NF3/2"端到"104B"端的电器元件不正常，故障点应在该范围内寻找。例如表笔放置于接线端"103"处有电压指示时，继续测量下一个点，将表笔置于"103A"处有电压指示时，则继续查找，将表笔置于"104"处时没有电压指示，则可以初步断定故障点应该在接线端"104"与"103A"之间的盘车轮开关元器件上，然后用短接线短接"104"，"103A"如果安全接触器 JDY 吸合。证明故障应该发生在盘车轮开关元器件上，然后找到该元器件进行修复或更换，从而达到将故障排除的目的，如图 2-15 所示。

注意：短接法只是用来检测触点是否正常的一种方法，须谨慎采用。当发现故障点后，应立即拆除短接线，不允许用短接线代替开关或开关触点的接通。短路法只能寻找电路中串联开关或触点的断点，而不能判断电器线圈是否损坏（断路）。

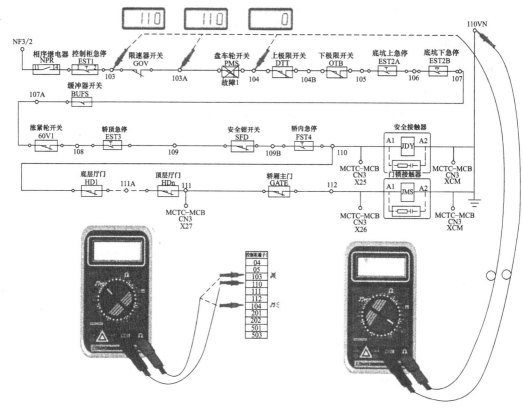

图 2-15　查找安全保护回路故障示意图 1

当然，也可以采用电阻法代替短接法来检测触点是否断开，但必须注意应在电路不带电的情况下操作。据此，首先断开电源配电环节的电源（把断路器 NF1 拨到断开位置，并确定 "NF3/2" 端不带电），然后，断开安全回路的一端（把断路器 NF3 拨到断开位置）。接下来，如图 2-16 所示，选择万用表的电阻挡进行测量。在机房电柜的接线端中找到编号为 "110"、"104" 和 "103A" 的接线端，分别测量 "110" 与 "104" 端，"110" 与 "103A" 端的通断情况。结果：前者接通，后者没有接通。显然，故障断点发生在盘车轮开关元器件。

如图 2-16 所示，用万用表测量盘车轮开关两端，没有接通。经检查，有一端的接线松脱，重新接牢固，故障排除。

如果想加快检查的速度，也可以采用优选法分段测量，可参见图 2-17，请自行分析并写出操作步骤。

图 2-16　测量盘车轮开关元器件

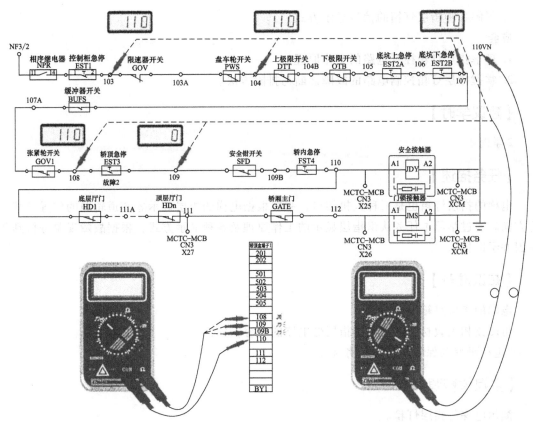

图 2-17　查找安全保护回路故障示意图 2

【习题】

一、选择题

电梯安全保护电路将各电器的触点（　　）在安全接触器 JDY 的线圈回路中。

A. 串联　　　　　　　　　　　B. 并联　　　　　　　　　　　C. 混联

二、学习记录与分析

根据图 2-15 和图 2-17，分析安全保护电路故障，填写维修记录单，小结诊断与排除安全保护电路故障的步骤、过程、要点和基本要求。

三、试叙述对本任务与实训操作的认识、收获与体会

任务2.8　电梯指层灯箱显示电路的故障诊断与排除

【任务目标】

应知

1. 认识电梯轿厢与层站的指层灯箱。

2. 了解各种指层灯箱的信号显示方式。

应会

1. 理解指层灯箱控制电路的工作原理。

2. 掌握指层灯箱控制电路的故障诊断与排除方法。

【建议学时】

2 学时。

【任务描述】

电梯的指层灯箱也是一种人机接口，乘客根据电梯的指层显示才知道轿厢的位置及其运行方向。通过学习本任务认识指层显示的工作原理及各种显示方式，根据故障现象分析判断原因并予以排除。

【知识准备】

电梯的指层灯箱

可阅读相关教材中有关电梯指层灯电路的内容，如：

"电梯维修与保养" 学习任务 4.2。

【多媒体资源】

演示电梯的指层灯箱。

【任务实施】

实训设备

1. 亚龙 YL-777 电梯（及其配套工具、器材）。

2. 亚龙 YL-770 型电梯电气安装与调试实训考核装置。

实训步骤

步骤一：实训准备

1. 实训前先由指导教师进行安全与规范操作的教育。

2. 按 "任务 1.4" 的要求做好相关准备工作。

步骤二：电梯指层灯箱控制电路的故障诊断与排除（故障一）

1. 故障现象：二楼层站灯箱无楼层数字显示。

2. 故障分析：二楼层站无楼层显示，而其余地方的楼层显示器又正常，从电梯楼层显示器电路图分析，微机主板输出的楼层信号是正常的，问题就是出自二楼的楼层显示器相关电路。

3. 检修过程：断开主电源，用万用表电阻挡检查二楼层站的 A、B 这两根信号线有否断路现象，层站指层灯箱的电路引线是来自于井道的接线箱，所以这一段的电路引线需要重点检查。先检查指层灯箱内的接线端子至显示板端子之间的引线是否正常，如正常则检查井道接线箱内的接线端子至层站指层灯箱内的接线端子之间的引线，如正常则怀疑是显示板本身故障，需更换新显示板来验证。

最后发现是层站指层灯箱内的接线端子 B 接触不良，重新整理后显示器恢复正常。

步骤三：电梯指层灯箱控制电路的故障诊断与排除（故障二）

1. 故障现象：一楼层站灯箱无上方向箭头显示。

2. 故障分析：一楼无上方向箭头显示，而其余地方的方向显示又正常，从电梯楼层显示器电路图分析，微机主板输出的方向信号是正常的，问题就是出自二楼的方向显示器相关电路。

3. 检修过程：断开主电源，用万用表电阻挡检查一楼层站的 DUP 这根信号线有否断路现象，同样二楼层站指层灯箱的电路引线也是来自于井道的接线箱，所以这一段的电路引线需要重点检查。先检查指层灯箱内的接线端子至显示板端子之间的引线是否正常，如正常则检查井道接线箱内的接线端子至层站指层灯箱内的接线端子之间的引线，如正常则怀疑是显示板本身故障，需更换新显示板来验证。

最后检查出所有引线都正常，只能怀疑是显示板本身有问题，更换一块新显示板后显示故障消除。

【习题】

一、选择题

1. 在下端站只装一个（　　　）呼梯按钮。

A. 上行　　　　　　　　B. 下行　　　　　　　　C. 停止

2. 轿内操纵箱是（　　　）电梯运行的控制中心。

A. 停用　　　　　　　　B. 启用　　　　　　　　C. 操纵

二、综合题

1. 分析轿厢指层灯箱无楼层数字显示的故障排除方法。

2. 如果所有的指层灯箱都无楼层显示，该如何分析及故障排除。

三、学习记录与分析

小结诊断与排除电梯指层灯箱控制电路故障的步骤、过程、要点和基本要求。

四、试叙述对本任务与实训操作的认识、收获与体会

任务 2.9　　　电梯轿顶检修箱控制电路的故障诊断与排除

【任务目标】

应知

认识轿顶检修箱及轿顶的其他电器设备。

应会

掌握轿顶检修箱的接线及其故障排除方法。

【建议学时】

建议完成本任务为 2 学时。

【任务描述】

通过本任务的学习，认识电梯轿顶检修箱及其他电器设备的作用，能够排除其故障。

【知识准备】

电梯的轿顶检修箱及其他电器设备

可阅读相关教材中有关电梯轿顶检修装置的内容。

【多媒体资源】

演示电梯的轿顶检修箱及其他电器设备。

【任务实施】

实训设备

1. 亚龙 YL-777 电梯（及其配套工具、器材）。

2. 亚龙 YL-770 型电梯电气安装与调试实训考核装置。

实训步骤

步骤一：实训准备

1. 实训前先由指导教师进行安全与规范操作的教育。

2. 按"任务 1.4"的要求做好相关准备工作。

步骤二：电梯轿顶检修箱控制电路的故障诊断与排除（故障一）

1. 故障现象：到站钟不响。

2. 故障分析：如图 2-18 所示，造成故障的原因可能是轿顶 24V 电源不正常、DL1 信号线断线、或者到站钟自身存在故障。

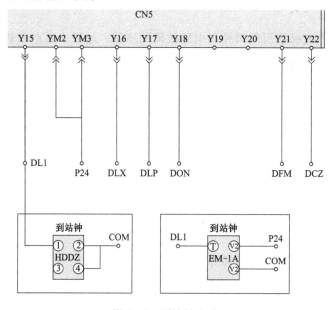

图 2-18 到站钟电路

3. 检修过程：安全进入轿顶，先用万用表电压挡检查到站钟的工作电源是否正常，如正常则检查 DL1 信号线是否断线，测量由轿顶检修箱的"DL1"接线端子至到站钟接口 4 这一段线路是否正常，如正常则怀疑到站钟自身故障，需更换新器件来验证。

　　最后发现是轿顶检修箱内的"DL1"接线端子接触不良，重新整理后故障消除。

　　步骤三：电梯轿顶检修箱控制电路的故障诊断与排除（故障二）

　　1. 故障现象：轿顶检修不能操作慢车运行。

　　2. 故障分析：轿顶检修不能操作慢车运行，根据图 2-19 所示，造成故障原因可能是轿顶 24V 电源不正常、轿顶检修转换开关自身故障、检修共通按钮自身故障、慢上或慢下按钮自身故障、或者是电路引线之间存在断线现象。

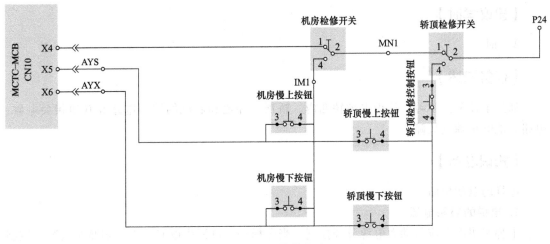

图 2-19　检修电路

　　3. 检修过程：安全进入轿顶，先用万用表电压挡检查轿顶的 24V 电源是否正常，如正常则断开电源，拆开轿顶检修盒，用万用表检测检修转换开关、检修共通按钮、慢上慢下按钮是否正常，如正常则检查各条引线是否存在断线。

　　最后发现是检修共通按钮接触不良，更换新按钮后故障消除。

【习题】

一、综合题

1. 分析轿顶到站钟不响的故障原因及排除方法。
2. 分析轿顶检修不能慢车运行的故障原因及排除方法。

二、学习记录与分析

小结诊断与排除电梯轿顶检修箱控制电路故障的步骤、过程、要点和基本要求。

三、试叙述对本任务与实训操作的认识、收获与体会

任务 2.10

【任务目标】

应知

认识电梯的照明电路及其相关电器。

应会

掌握电梯照明电路故障的诊断与排除方法。

【建议学时】

2 学时。

【任务描述】

通过本任务的学习，认识电梯轿厢内、轿顶、井道和底坑的照明电路及其他相关电器、电路，能够排除其故障。

【知识准备】

电梯的照明电路

1. 电梯的照明电源

电梯照明电源应与动力电源分开控制，当电梯动力电源失电时，不影响照明电源所控制的轿厢、机房、井道、底坑照明及轿厢通风、机房插座、报警等装置的正常供电。而当照明电源失电时，应能保障紧急电源及时供电。

2. 轿厢照明设备

按规定轿厢地板上的照度应不小于 50lx，轿厢照明设备一般是白炽灯、荧光灯或 LED 节能灯。

3. 轿厢通风设备

轿厢通风设备为轿厢提供通风，一般采用轿厢风扇安装在轿顶上。

4. 轿顶照明

轿顶照明是供维修人员在轿顶使用的工作照明，按规定在轿顶面以上 1m 处的照度至少为 50lx。

5. 轿顶插座

轿顶提供电源插座，供维修人员在必要时候使用。

6. 井道照明设备

井道应设置永久性的电气照明装置，在距井道最高和最低点 0.5m 以内各装设一盏灯，然后每隔 7m 应装设一盏灯。

7. 底坑照明设备

底坑照明是供维修人员在底坑使用的工作照明，按规定在底坑地面上 1m 处的照度至少为 50lx。

图 2-20 为照明电源总开关控制电路,图 2-21 为照明回路。

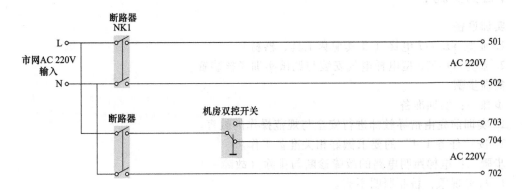

图 2-20 照明电源总开关控制电路

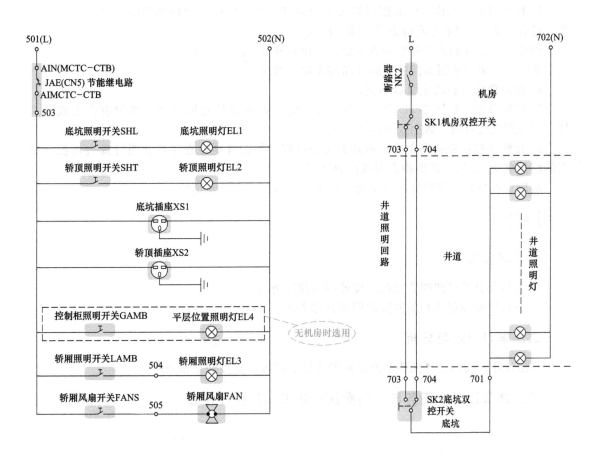

图 2-21 照明电路

【多媒体资源】

演示电梯的照明电路及其相关电器。

【任务实施】

实训设备

1. 亚龙 YL-777 电梯（及其配套工具、器材）。
2. 亚龙 YL-770 型电梯电气安装与调试实训考核装置。

实训步骤

步骤一：实训准备

1. 实训前先由指导教师进行安全与规范操作的教育。
2. 按"任务 1.4"的要求做好相关准备工作。

步骤二：电梯照明电路的故障诊断与排除（故障一）

1. 故障现象：轿厢照明不亮。
2. 故障分析：如图 2-21 所示，造成故障的原因可能是轿厢照明开关没有合上或开关坏、轿厢照明灯烧毁、各引线有断线现象。
3. 检修过程：先检查轿厢照明开关是否良好，如正常则检查轿厢照明灯具（可换一个新的灯具试验），如正常则检查引线是否断线。

最后发现是轿厢照明开关触点不良，更换新开关后故障消除。

步骤三：电梯照明电路的故障诊断与排除（故障二）

1. 故障现象：底坑照明灯不亮。
2. 故障分析：如图 2-21 所示，造成故障的原因可能是底坑照明开关没有合上或开关坏、底坑照明灯烧毁、各引线有断线现象。
3. 检修过程：先检查底坑照明开关是否良好，如正常则检查底坑照明灯具（可换一个新的灯具试验），如正常则检查引线是否断线。

最后发现是底坑照明灯具已烧毁，更换一个新灯具后故障消除。

【习题】

一、综合题

1. 分析部分井道照明不亮的故障原因及排除方法。
2. 分析轿厢照明不亮的故障原因及排除方法。

二、学习记录与分析

小结诊断与排除电梯照明电路故障的步骤、过程、要点和基本要求。

三、试叙述对本任务与实训操作的认识、收获与体会

任务2.11

【任务目标】

应知

认识电梯的应急电源、应急照明、警铃、对讲设备等应急通信电路及其电器。

应会

1. 熟悉电梯应急通信电路的构成及原理；

2. 掌握电梯通信电路故障的诊断与排除方法。

【建议学时】

2 学时。

【任务描述】

通过本任务的学习，认识电梯的应急电源、应急照明、警铃、对讲设备等应急通信电路及其电器，能够排除其故障。

【知识准备】

电梯的应急通信电路

电梯应急通信设备的作用是在电梯发生意外停电或事故时，为轿厢内受困乘客提供应急照明、应急警铃与对讲电话，方便乘客与外界联系求救。

1. 电梯应急电源

电梯的应急电源是当电梯失去了外部供电的情况下，为轿厢的应急照明灯、应急警铃、对讲电话装置等提供电源。电梯应急电源内部有自动再充电的蓄电池，在外部正常供电的情况下，蓄电池不工作；当外部供电停电时，蓄电池立即对外输出应急照明电源。电梯的应急电源如图 2-22 所示。

2. 电梯轿厢应急照明

在轿厢内应设置紧急照明，正常照明电源一旦失效，紧急照明应自动点亮。

3. 应急警铃

在轿厢内应设置紧急报警装置，通常在轿厢操纵盘上有一个警铃按钮，为被困的乘客提供向外界报警求救信号。

4. 电梯对讲装置

当电梯行程大于 30m 或轿厢内与紧急操作地点之间不能直接对话时，轿厢内与紧急操作地点之

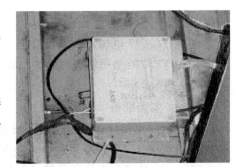

图 2-22　电梯的应急电源

间也应设置紧急报警装置。通常在轿厢、机房、轿顶、底坑、大厦值班室都安装有紧急对讲装置，方便被困乘客与外界沟通求救。

5. 应急通信电路

应急通信电路如图 2-23 所示。图中 DPS 为应急电源，当外部正常供电情况下（即 501端子、502 端子有 220V 电压），应急电源直接输出 12V 直流电压，而当外部供电失效时，应急电源由蓄电池输出 12V 直流电压。

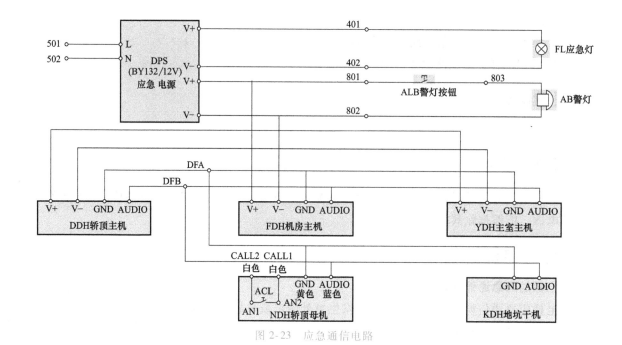

图 2-23 应急通信电路

【多媒体资源】

演示电梯的应急通信电路及其相关电器。

【任务实施】

实训设备

1. 亚龙 YL-777 电梯（及其配套工具、器材）。

2. 亚龙 YL-770 型电梯电气安装与调试实训考核装置。

实训步骤

步骤一：实训准备

1. 实训前先由指导教师进行安全与规范操作的教育。

2. 按"任务 1.4"的要求做好相关准备工作。

步骤二：电梯通信电路的故障诊断与排除（故障一）

1. 故障现象：应急照明灯不亮。

2. 故障分析：根据图 2-23 分析，造成故障的原因可能是应急灯自身损坏、应急电源盒故障（不能输出 12V 直流电压）、电路引线有断线。

3. 检修过程：首先检查端子"401"与端子"402"是否有 12V 直流电压，如正常则检查应急灯（可换新的应急灯验证），如正常则检查电路引线。

最后发现是应急电源盒在无外部供电的情况下，它不能输出 12V 直流电压，更换新的应急电源盒故障消除。

步骤三：电梯通信电路的故障诊断与排除（故障二）

1. 故障现象：轿厢对讲机不能呼叫其他主机。

2. 故障分析：根据图 2-23 分析，造成故障的原因可能是轿厢对讲呼叫按钮自身损坏、轿厢对讲机自身损坏、电路引线有断线。

3. 检修过程：首先检查轿厢的对讲按钮触点是否正常，如正常则检查引线是否断线，引线正常则检查轿厢对讲机（可换新的对讲机验证）。

最后发现是轿厢对讲按钮触点接触不良，更换新的按钮后故障消除。

【习题】

一、综合题

1. 分析应急灯不亮的故障原因及排除方法。
2. 分析轿顶对讲机不能与其他主机对讲的故障原因及排除方法。

二、学习记录与分析

小结诊断与排除电梯通信电路故障的步骤、过程、要点和基本要求。

三、试叙述对本任务与实训操作的认识、收获与体会

任务 2.12　　电梯微机控制电路的故障诊断与排除

【任务目标】

应知
1. 认识电梯微机主板的输入、输出接口。
2. 了解接口指示灯的作用。
应会
1. 熟悉微机主板的控制原理。
2. 掌握微机控制电路故障诊断与排除。

【建议学时】

2 学时。

【任务描述】

通过学习本任务，熟悉主板的输入、输出接口状态，掌握控制电路故障诊断与排除。

【知识准备】

电梯的微机控制电路
1. 微机主板输入接口
亚龙 YL-777 型电梯采用 NICE1000 一体化控制柜系统，该系统采用的主控板有 27 个输入口（X1~X27，见表 2-1），20 个按钮信号采集口（L1~L20，见表 2-2），每个接口都带有

指示灯，当外围输入信号接通时或按钮输入信号接通时相应的指示灯（绿色 LED 灯）会点亮。

表 2-1　微机输入接口一览表

接口	作用	接口	作用	接口	作用
X1	门区信号	X10	下限位信号	X19	未用(保留)
X2	运行输出反馈信号	X11	上强迫减速信号	X20	未用(保留)
X3	抱闸输出反馈1信号	X12	下强迫减速信号	X21	未用(保留)
X4	检修信号	X13	超载信号	X22	未用(保留)
X5	检修上行信号	X14	门1开门限位信号	X23	急停(安全反馈)信号
X6	检修下行信号	X15	门1光幕信号	X24	门锁反馈1信号
X7	一次消防信号	X16	司机信号	X25	安全回路
X8	锁梯信号	X17	未用(保留)	X26	门锁回路1
X9	上限位信号	X18	门1关门限位信号	X27	门锁回路2

表 2-2　微机按钮信号采集口一览表

接口	作用	接口	作用	接口	作用
L1	门1开门按钮	L8	未使用	L15	未使用
L2	门1关门按钮	L9	未使用	L16	2楼门1下召唤
L3	1楼门1内召唤	L10	1楼门1上召唤	L17	未使用
L4	2楼门1内召唤	L11	未使用	L18	未使用
L5	未使用	L12	未使用	L19	未使用
L6	未使用	L13	未使用	L20	未使用
L7	未使用	L14	未使用		

2. 微机主板输出接口

微机主板有 23 个输出接口（Y0~Y22，见表 2-3），同样每个接口带有指示灯，当系统输出时相应的指示灯（绿色 LED 灯）会点亮。

表 2-3　微机输入接口一览表

接口	作用	接口	作用	接口	作用
Y0	未使用	Y8	未使用	Y16	检修输出
Y1	运行接触器输出	Y9	未使用	Y17	上箭头显示输出
Y2	抱闸接触器输出	Y10	BCD七段码输出	Y18	下箭头显示输出
Y3	节能继电器输出	Y11	BCD七段码输出	Y19	未使用
Y4	未使用	Y12	未使用	Y20	未使用
Y5	未使用	Y13	未使用	Y21	蜂鸣器控制输出
Y6	门1开门输出	Y14	未使用	Y22	超载输出
Y7	门1关门输出	Y15	到站钟输出		

【多媒体资源】

演示电梯的微机主板及其接口。

【任务实施】

实训设备

1. 亚龙 YL-777 电梯（及其配套工具、器材）。

2. 亚龙 YL-770 型电梯电气安装与调试实训考核装置。

实训步骤

步骤一：实训准备

1. 实训前先由指导教师进行安全与规范操作的教育。

2. 按"任务 1.4"的要求做好相关准备工作。

步骤二：电梯微机控制电路的故障诊断与排除（故障一）

1. 故障现象：电梯能选层呼梯，但是关好门之后不运行，并且重复开关门。

2. 故障分析：电梯能正常选层和呼梯，并且能正常开关门，但不能运行，可见微机控制的内外呼部分正常、门机系统正常，应该外围还有条件没达到（未收到反馈），仔细观察微机主板的输入接口，例如 X23、X24、X26、X27 等输入口是否正常，还可以观察主板是否有故障码显示。

3. 检修过程：仔细观察主板的各个输入接口（看其相应的输入指示灯），重点观察当门关好后，JMS 门锁继电器是否已经吸合，如果吸合再观察主板的输入接口 X23、X24、X26、X27 是否正常。

最后发现在 JMS 门锁继电器吸合的情况下，X24 输入指示灯仍然没有点亮，所以问题就是出自这里，电路如图 2-24 所示，经检测 JMS 门锁继电器的 14、13 这对触点接触不良，经过更换新继电器故障消除。

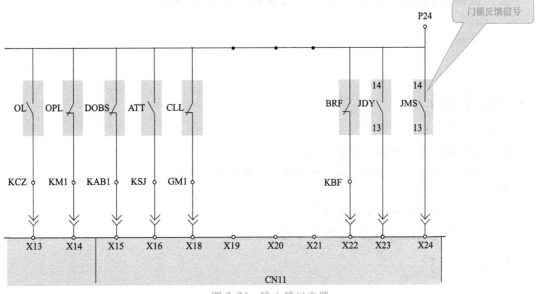

图 2-24　输入接口电路

步骤三：电梯微机控制电路的故障诊断与排除（故障二）

1. 故障现象：电梯能运行，但是到达目的楼层平层停车后，门只开了一条小缝就不继续开门了。

2. 故障分析：电梯能运行，但是开关门不正常，可见开关门系统有不正常现象。门只开了一条小缝，则表明主板发出了开门指令，门机也能执行开门的动作，但是后面的执行过程没完成，所以应该重点检查微机主板与门机板之间的指令及应答过程（微机主板的Y6、Y7、X14、X18）。

3. 检修过程：仔细观察微机的输入与输出指示灯，发现X14（开门到位）的指示灯一直就没亮过，所以可用万用表检查KM1这个端子引线是否存在断线的问题，电路如图2-24所示。

最后发现是机房控制柜上的KM1这个端子接线存在接触不良，把这个端子重新处理后故障消除。

【习题】

一、综合题

1. 简述 X1～X27 各输入口代表什么意义。
2. 简述 L1～L20 各按钮输入口代表什么意义。
3. 简述 Y1～Y22 各输出口代表什么意义。
4. 试分析电梯能选层呼梯，但是关好门之后不运行，并且重复开关门的故障诊断与排除方法。

二、学习记录与分析

小结诊断与排除电梯微机控制电路故障的步骤、过程、要点和基本要求。

三、试叙述对本任务与实训操作的认识、收获与体会

任务 2.13

【任务目标】

应知
1. 认识电梯的电气控制柜和电源电路。
2. 了解相序继电器、主变压器、整流桥、开关电源的作用。

应会
1. 熟悉电梯电源电路的工作原理。
2. 掌握电梯电气控制柜故障诊断与排除的方法。

【建议学时】

4 学时。

【任务描述】

通过本任务的学习，认识电梯的电源电路，了解相序继电器、主变压器、整流桥、开关电源各器件的作用，熟悉安全回路各开关位置及相应的检测端子，能够排除电源电路的故障。

【知识准备】

电梯的电气控制柜

可阅读相关教材中有关电梯电气控制柜的内容，如"电梯维修与保养"学习任务 4.1。

【多媒体资源】

演示电梯电气控制柜及其相关电路与电器。

【任务实施】

实训设备

1. 亚龙 YL-777 电梯（及其配套工具、器材）。

2. 亚龙 YL-770 型电梯电气安装与调试实训考核装置。

实训步骤

步骤一：实训准备

1. 实训前先由指导教师进行安全与规范操作的教育。

2. 按"任务 1.4"的要求做好相关准备工作。

步骤二：检修电梯电气控制柜故障的准备工作

1. 检查是否做好了电梯发生故障的警示及相关安全措施。

2. 向相关人员（如管理人员、乘用人员或司机）了解故障情况。

3. 按规范做好维保人员的安全保护措施。

步骤三：电梯电气控制柜检查的步骤与方法

1. 在电源总开关断开的情况下，对控制柜的部件实施"看、闻、摸"的检查方法。若没有发现明显的故障部位（故障点），再进行以下操作。

2. 判断电网 380V 供电是否正常，然后可按图 2-25 所示流程进行检修（也可以从各电源电压输出端开始，用电压法反向测量，如图 2-27 所示）。

3. 在电网 380V 供电正常的情况下，接通电源总开关，通过观察，如果故障比较明显，则可直接对局部电路进行检测，不必按图 2-25 所示流程进行检测。

步骤四：电梯电气控制柜典型故障诊断与排除的步骤与方法

对机房电气控制柜电路故障进行诊断与排除。现以安全接触器回路故障为例，故障现象：通过观察发现安全接触器没有吸合，可以先用万用表交流电压挡测量其线圈有没有电压（见图 2-26），如果没有电压，则首先检查安全回路是否接通。具体操作步骤是：

1. 首先断开电源总开关，断开安全接触器线圈的一端，测量安全回路的电阻值，如果为零，则表明安全回路没有断开点。

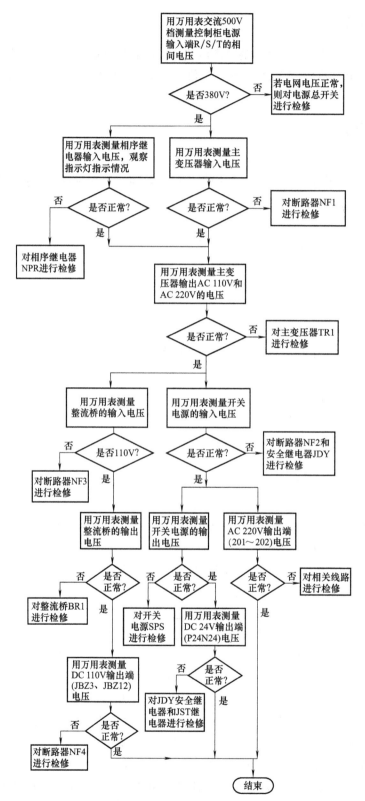

图 2-25　机房电气控制柜电源电路故障检修流程图

2. 然后恢复供电，测量安全回路的电源输入端"NF3/2"和"110VN"的电压，结果为零，经检查发现故障原因是从断路器 NF3 引出的"NF3/2"端接触不良，造成安全回路的电源电压不正常，安全接触器不吸合，所以电梯不能运行。

3. 重新把该接线端接牢固，故障排除，电梯恢复正常。

4. 又如，经检查，楼层显示器没有 DC24V 电源供给，则可参照图 2-27，对电源配电环节的对应回路进行检测（请读者自行分析）。

图 2-26 测量安全接触器的线圈电压

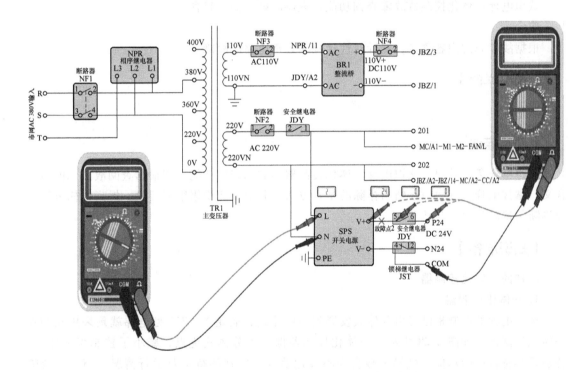

图 2-27 检测 DC24V 电源配电环节故障示意图

【习题】

一、综合题

1. 简述亚龙 YL-777 型电梯的安全回路有哪些开关。

2. 分析微机主板没有启动的故障原因及排除方法。

3. 分析安全继电器（JDY）没有吸合的故障原因及排除方法。

二、学习记录与分析

根据图 2-27，分析电源配电环节故障，填写维修记录单，小结诊断与排除机房电气控制柜电源故障的步骤、过程、要点和基本要求。

三、试叙述对本任务与实训操作的认识、收获与体会

任务2.14

【任务目标】

应知

认识电梯一体化控制器故障查询功能，理解故障码的内容含义。

应会

根据故障码的内容含义，能针对性地检测处理电路的故障。

【建议学时】

2 学时。

【任务描述】

通过本任务的学习，认识电梯一体化控制器的故障查询功能，能根据查阅故障码的内容含义，掌握电梯电气故障诊断与排除的基本方法，并能由此积累维修经验，提高电梯电气故障诊断与排除的效率与技巧。

【知识准备】

电梯的一体化控制器

1. 一体化控制器

现代电梯的控制柜已经由分体式发展到一体化式，亚龙 YL-777 型电梯就是采用默纳克一体化控制器，如图 2-28 所示。一体化控制器保留了分体式优点，减小了控制柜的体积，特别是具备自诊断功能，微机主板自身不停地监控着电梯的待机及运行情况，当出现故障时，系统会根据故障的级别高低，判断是否需要保护停机，并且实时地将故障信息呈现出来，在主板面板上有显示屏或多功能数码管，可以直接将故障信息以代码的形式表示，电梯维修人员根据这些故障信息，可以快速准确地修复故障，大大提高了维修效率。

2. 故障码

如果电梯一体化控制器出现故障报警信息，将会根据故障代码的类别进行相应的处理，此时维修人员可根据提示的信息进行故障分析，确定故障原因，找出解决方法。亚龙 YL-777 型电梯的故障信息根据对系统的影响程度分为 5 个类别，不同类别的故障相应处理也不同，对应关系如表 2-4 所示。

图 2-28 一体化控制器

表 2-4 故障类别一览表

故障类别	电梯一体化控制器相应处理	备　　注
1 级故障	显示故障码	各种工况运行不受影响
2 级故障	显示故障码 脱离电梯并联系统	可以进行正常的电梯运行
3 级故障	显示故障码 距离控制时停在最近的停靠层,然后禁止运行;其他运行工况下立即停车	停机后立即封锁输出,关闭抱闸
4 级故障	显示故障码 距离控制时系统立即封锁输出,关闭抱闸,停机后可以进行低速运行,如反平层,检修等	有故障码的情况下可以进行低速运行
5 级故障	显示故障码 系统立即封锁输出,关闭抱闸 禁止运行	禁止运行

【多媒体资源】

演示电梯的一体化控制器。

【任务实施】

实训设备

1. 亚龙 YL-777 电梯（及其配套工具、器材）。

2. 亚龙 YL-770 型电梯电气安装与调试实训考核装置。

实训步骤

步骤一：实训准备

1. 实训前先由指导教师进行安全与规范操作的教育。

2. 按"任务 1.4"的要求做好相关准备工作。

步骤二：电梯一体化控制器故障码的查询与检修（故障一）

1. 故障现象：电梯保护停梯并显示故障码 E36。

2. 故障分析：由于有故障码显示（E36），根据查阅故障代码表可知 E36 所表达的意义为运行接触器反馈异常，故障原因可能为：

（1）在抱闸打开时，运行接触器没有吸合；

（2）电梯运行中连续 1s 以上，接触器反馈信号丢失；

（3）接触器触点粘住断不开，接触器闭合以后没有反馈信号。

3. 检修过程：

（1）检查接触器反馈触点是否正常；

（2）检查电梯一体化控制器的输出线 U、V、W 是否连接正常；

（3）检查接触器控制电路电源是否正常。

最后检查出是接触器反馈触点接触不良（运行接触器 CC 的 22、21 触点），更换新接触器后故障消除。

步骤三：电梯一体化控制器故障码的查询与检修（故障二）

1. 故障现象：电梯到站不停，撞限位开关停梯，并显示故障码 E30。

2. 故障分析：由于有故障码显示（E30），根据查阅故障代码表可知 E30 所表达的意义为电梯位置异常，故障原因可能为：

（1）电梯自动运行时，旋转编码器反馈的位置有偏差；

（2）电梯自动运行时，平层信号断开；

（3）钢丝打滑或电动机堵转。

3. 检修过程：

（1）检查平层感应器、插板是否正常；

（2）检查平层信号线连接是否正确；

（3）确认旋转编码器使用是否正确；

最后检查出是平层感应器的输出信号线 YMQ 在轿顶检修箱端子处接触不良，重新处理后故障消除。

【习题】

一、综合题

1. 分析故障码 E37 的故障原因与排除方法。

2. 分析故障码 E41 的故障原因与排除方法。

二、学习记录与分析

小结诊断与排除电梯一体化控制器故障及故障码查询的步骤、过程、要点和基本要求。

三、试叙述对本任务与实训操作的认识、收获与体会

任务 2.15　电梯上、下终端保护装置控制电路的故障诊断与排除

【任务目标】

应知

1. 认识上下终端保护装置各开关的作用与安装位置。
2. 认识上下终端保护装置的动作与保护原理。

应会

1. 了解上下终端保护装置开关的控制电路工作原理。
2. 掌握上下终端保护装置控制电路的故障诊断与排除。

【建议学时】

2 学时。

【任务描述】

通过本任务的学习，认识电梯上下终端保护装置开关作用及其安装位置和控制电路原理，掌握故障维修的思路与方法。

【知识准备】

电梯的行程终端限位保护装置及其控制电路

可阅读相关教材中有关电梯行程终端限位保护装置及其控制电路的内容，如：

"电梯结构与原理"学习任务 9.3；

"电梯维修与保养"学习任务 8.3。

【多媒体资源】

演示电梯的行程上下终端保护装置。

【任务实施】

实训设备

1. 亚龙 YL-777 电梯（及其配套工具、器材）。
2. 亚龙 YL-770 型电梯电气安装与调试实训考核装置。

实训步骤

步骤一：实训准备

1. 实训前先由指导教师进行安全与规范操作的教育。
2. 按"任务 1.4"的要求做好相关准备工作。

步骤二：电梯上下终端保护装置控制电路的故障诊断与排除（故障一）

1. 故障现象：电梯微机主板没有启动，无任何显示，安全继电器 JDY 没有吸合。
2. 故障分析：安全继电器 JDY 没有吸合，显然是安全回路没有接通。重点检查安全回

路的供电电源、各开关是否正常。

3. 检修过程：按照安全回路（见图 2-26），首先检查断路器端子"NF3/2"的电压（AC110V）是否正常，如果不正常就继续往上查（见图 2-25），如正常则检测端子"104"的电压是否正常，如不正常则表明机房部分的安全开关（包含相序、控制柜急停、限速器开关、盘车轮开关）有断开状态，这时可依次检查端子"103""103A""104"；如果端子"104"的电压正常，则检测端子"108"的电压是否正常，如不正常则表明井道部分的安全开关（包含上极限、下极限、底坑上急停、底坑下急停、缓冲器开关、张紧轮开关）有断开的状态，这时可根据轿厢的实际位置，进入哪个部位（轿顶或底坑）检查相应的开关，或者盘车的方法进入相应的部位检查开关；如果端子"108"的电压正常，则检测端子"110"的电压是否正常，如果不正常则表明轿厢部分的安全开关（包含轿顶急停、安全钳开关、轿厢内急停）有断开的状态，可进入轿顶部位检查相应的开关。

最后发现是井道上极限开关存在断开状态，经检测该开关触点接触不良，重新更换新器件故障排除。

步骤三：电梯上下终端保护装置控制电路的故障诊断与排除（故障二）

1. 故障现象：电梯轿厢在检修或正常状态下都是能向上运行，但不能向下运行。

2. 故障分析：轿厢能上不能下，重点检查电梯终端保护装置的下限位开关状态。

3. 检修过程：根据终端保护装置的控制电路图（如图 2-29 所示），在机房观察微机主板的 X10 指示灯，发现其是熄灭的，所以下限位开关信号是断开的，以安全的方式进入底坑检查下限位开关，经检测该开关已损坏，更换新器件电梯故障排除。

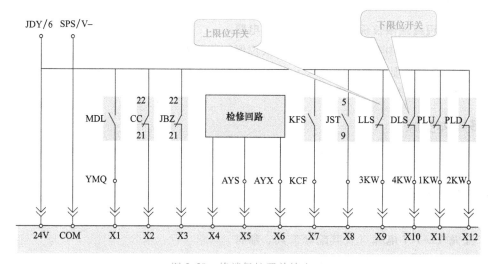

图 2-29　终端保护开关输入口

【习题】

一、综合题

1. 分析电梯轿厢在检修或正常状态下都是能向上运行，但不能向下运行的故障原因与排除方法。

2. 分析电梯轿厢在检修或正常状态下都是能向下运行，但不能向上运行的故障原因与排除方法。

二、学习记录与分析

小结诊断与排除上、下终端保护装置控制电路故障的步骤、过程、要点和基本要求。

三、试叙述对本任务与实训操作的认识、收获与体会

任务 2.16　　电梯内选及外呼控制电路的故障诊断与排除

【任务目标】

应知

认识电梯外呼和内选电路的形式与原理。

应会

懂得微机主板的呼梯接口指示灯含义，并能够根据指示灯的状态，判断并排除电路故障。

【建议学时】

2 学时。

【任务描述】

电梯的选层或呼梯按钮是用户与电梯设备的人机接口，了解接口电路、微机主板指示灯的含义可方便地判断故障原因。通过本任务的学习，认识楼层召唤（外呼）电路和轿厢选层（内选）电路的形式与原理，能够排除电路的故障。

【知识准备】

电梯的内选及外呼电路

1. 选层与呼梯按钮

电梯轿厢内的选层按钮和厅门外的呼梯按钮实际上是用户与电梯间的一个"人-机"接口。例如：轿厢停在一楼，乘客在二楼欲乘电梯到其他楼层→按下二楼厅门外的下呼梯按钮，发出呼梯信号→电梯的控制主板检测到信号后作出一个回应→呼梯按钮灯亮，让乘客知道电梯已响应呼梯要求。同理，当电梯到达二楼乘客进入轿厢后，须按下轿厢内控制屏上代表欲达层站的选层按钮，电梯才会作出相应地响应。常见的电梯按钮如图2-30所示，其外形有方形或圆形的，按触动方式有手按式和轻触式。现在许多电梯的按钮已由触摸屏代替。

2. 内选电路

所谓"内选"是指在轿厢里选择欲达的层站。内选电路如图 2-31 所示。由图可见阴影部分是按钮接口，接口的 1、2 引脚是按钮的开关部分；接口的 3、4 引脚是按钮灯部分。

L3~L9 是微机主板的内选接口。其工作原理是：如电梯轿厢在一楼，乘客需要去二楼（按下二楼选层按钮），信号的流通路径为：COM（0V）→经选层按钮 KN2→主板 L4 引脚，在有按钮信号之前主板的 L3~L9 引脚处于高阻状态，在有按钮信号后从高阻状态变为输出低电平（主板对内选接口是低电平有效），主板对信号进行处理→相应的按钮灯

图 2-30　电梯的按钮

亮→主板上 L4 指示灯也亮；当到达目的楼层后→相应的按钮灯灭→L4 指示灯也熄灭，由此完成一个呼梯响应的过程。

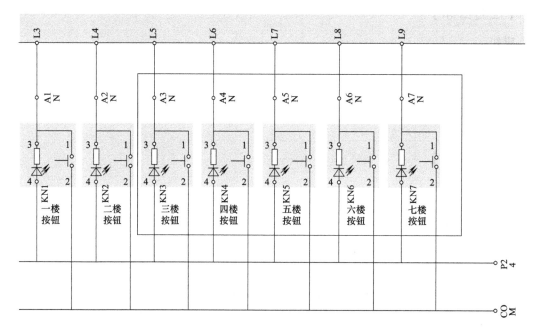

图 2-31　内选电路

3. 外呼电路

所谓"外呼"是指在厅门外呼唤电梯到乘客当前所在的楼层。外呼电路如图 2-32 所示，其工作过程与基本原理与内选电路相同，读者可自行分析。

由此可见，无论内选或是外呼电路，每一个信号就会占用一个接口（一条接线），这是并行通信；随着楼层数的增多，势必会造成很多接口与接线，导致设备变得臃肿复杂。所以楼层数多的现代电梯控制系统选层呼梯电路很多都采用串行通信方式，所谓串行通信是指数据流以串行的方式在一条信道上进行传输，所有信号源点到接收端，可共用 1 根数据通信线路。串行通信方式尤其适合高楼层的电梯控制。

【多媒体资源】

演示电梯的内选及外呼电路及其相关控制器件。

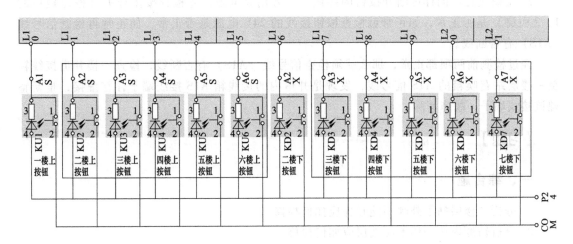

图 2-32 外呼电路

【任务实施】

实训设备

1. 亚龙 YL-777 电梯（及其配套工具、器材）。

2. 亚龙 YL-770 型电梯电气安装与调试实训考核装置。

实训步骤

步骤一：实训准备

1. 实训前先由指导教师进行安全与规范操作的教育。

2. 按"任务 1.4"的要求做好相关准备工作。

步骤二：电梯内选及外呼电路的故障诊断与排除（故障一）

1. 故障现象：轿厢内选二楼不能选层。

2. 故障分析：根据图 2-31 电路可知，造成故障的原因可能是：

（1）按钮开关损坏；

（2）轿厢操纵盘至机房控制柜的二楼信号线（A2N）断线；

（3）24V 电源不正常。

3. 检修过程：根据先易后难的检修思路，断开按钮的接线，用万用表电阻挡先检查按钮开关（按钮接口的 1、2 引脚）是否正常，如正常就检查按钮接线的 24V 电源是否正常，如正常再检查信号线（A2N）有否断线。

最后发现是按钮开关接触不良，更换新按钮电梯恢复正常。

步骤三：电梯内选及外呼电路的故障诊断与排除（故障二）

1. 故障现象：层站一楼不能呼梯。

2. 故障分析：根据图 2-32 可知，造成故障的原因可能是：

（1）按钮开关损坏；

（2）层站召唤箱至机房控制柜的一楼信号线（A1S）断线；

（3）24V 电源不正常。

3. 检修过程：同样可断开按钮的接线，用万用表电阻挡先检查按钮开关（按钮接口的1、2引脚）是否正常，如正常就检查按钮接线的24V电源是否正常，如正常再检查信号线（A1S）有否断线。

经过检测前两项都正常，那么就须检查信号线（A1S）有否断线，检查一楼井道接线箱至一楼层站召唤箱的A1S信号线，发现是井道内的接线箱A1S接线端子存在虚接，重新整理该接线端子，故障消除。

【习题】

一、综合题

1. 分析二楼层站下外呼不能呼梯应如何检修。
2. 分析轿厢内选一楼不能选层应如何检修。

二、学习记录与分析

小结诊断与排除电梯内选及外呼控制电路故障的步骤、过程、要点和基本要求。

三、试叙述对本任务与实训操作的认识、收获与体会

任务 2.17

【任务目标】

应知
1. 认识电梯轿厢内操纵箱各开关的位置与作用。
2. 掌握轿厢内操纵箱电路的工作原理。

应会
1. 掌握轿厢内操纵箱各开关的检测方法。
2. 掌握轿厢内操纵箱电路的故障诊断与排除方法。

【建议学时】

2 学时。

【任务描述】

通过本任务的学习，认识电梯轿厢内按钮操纵箱各开关的位置与作用，掌握其电路的原理，方能准确排除轿厢内操纵箱的故障。

【知识准备】

电梯的轿厢内操纵箱
可阅读相关教材中有关电梯轿厢内操纵箱的内容，如：

"电梯结构与原理"学习任务8.1；

"电梯维修与保养"学习任务4.2。

【多媒体资源】

演示电梯的轿厢内操纵盘上的功能按钮和开关。

【任务实施】

实训设备

1. 亚龙YL-777电梯（及其配套工具、器材）。

2. 亚龙YL-770型电梯电气安装与调试实训考核装置。

实训步骤

步骤一：实训准备

1. 实训前先由指导教师进行安全与规范操作的教育。

2. 按"任务1.4"的要求做好相关准备工作。

步骤二：电梯轿厢内操纵箱控制电路故障诊断与排除（故障一）

1. 故障现象：轿厢操纵盘司机开关功能无效。

2. 故障分析：在平层开门状态下，按下司机功能开关，此时应该微机主板的X16接口指示灯会亮，如果没亮就说明司机功能的信号没有送到机房控制柜。接口电路如图2-33所示。造成故障的原因可能是轿厢操纵箱的司机开关触点损坏、轿厢操纵箱的24V电源不正常、信号线（KSJ）断线。

3. 检修过程：先拆下司机开关的接线，用万用表电阻挡测量开关通断电阻值是否正常，如正常则检查轿厢的24V电源是否正常（P24，COM），如正常则再查信号线（KSJ）是否断线。

最后发现是司机开关触点不良，更换新开关后司机功能有效。

步骤三：电梯轿厢内操纵箱控制电路故障诊断与排除（故障二）

1. 故障现象：轿厢门能自动关门，但手动按关门按钮进行关门无效。

2. 故障分析：轿厢门能自动关门，则门机系统是正常的，问题出自于关门按钮的信号通路上，重点检查关门按钮触点、轿厢的24V电源（P24，COM）、信号线AGM。

3. 检修过程：先检查关门按钮触点是否良好、如正常则检查轿厢的24V电源是否正常（P24，COM），如正常再检查信号线AGM是否断线。

最后发现是轿厢操纵盘接线箱内的"COM"端子到关门按钮接口的2脚之间的引线存在接触不良，重新更换引线后关门按钮起作用。

【习题】

一、综合题

1. 轿厢操纵箱内包含有哪些按钮及开关？

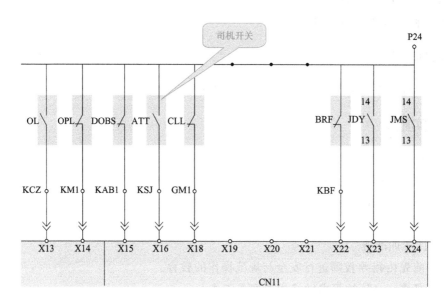

图 2-33　司机功能接口

2. 分析轿门能自动开门，但手动按开门按钮无效的故障排除方法。

3. 分析司机功能无效的故障排除方法。

二、学习记录与分析

小结诊断与排除电梯轿厢内操纵箱控制电路故障的步骤、过程、要点和基本要求。

三、试叙述对本任务与实训操作的认识、收获与体会

任务 2.18

【任务目标】

应知

认识电梯主要的电器元件。

应会

学会电梯主要的电器元件的检修方法。

【建议学时】

2 学时。

【任务描述】

通过本任务的学习，认识电梯主要的电器元件，学会其检修方法。

【知识准备】

电梯的主要电器元件

可阅读相关教材中有关电梯主要电器元件的内容，如"电梯维修与保养"学习任务4.5。

【多媒体资源】

演示电梯主要的电器元件。

【任务实施】

实训设备

1. 亚龙 YL-777 电梯（及其配套工具、器材）。

2. 亚龙 YL-770 型电梯电气安装与调试实训考核装置。

实训步骤

步骤一：实训准备

1. 实训前先由指导教师进行安全与规范操作的教育。

2. 按"任务1.4"的要求做好相关准备工作。

步骤二：电梯电器元件故障检修的前期工作

1. 检查是否做好了电梯发生故障的警示及相关安全措施。

2. 向相关人员（如管理人员、乘用人员或司机）了解故障情况。

3. 查看外部供电是否正常。

4. 上机房查看故障代码，初步判断故障原因。

5. 观察电器元件，查看其状态。

6. 观察电梯按程序正常工作时电器元件动作顺序是否正常，从而判断故障范围。

7. 按规范做好维保人员的电气维修作业安全保护措施。

步骤三：电梯电器元件故障判断与排除方法

根据电梯出现的故障现象，结合电梯电器元件在各控制环节的作用，可初步判断故障点，通过进一步的检测，可确定故障发生在哪一个电器元件。具体可见表2-5。

表 2-5　故障现象与电器元件故障检修

故障现象	原　因	排除方法
闭合基站钥匙开关，基站门不能开启	控制回路熔体熔断	查出熔体熔断的原因后，排除故障，更换上合适的熔体
	基站钥匙开关接触不良或损坏	如果是损坏则更换，如果是接触不良则用无水酒精清洗触点并调整好接点弹簧片
	基站钥匙开关继电器线圈损坏或继电器触点接触不良	若继电器损坏则更换。若继电器触点接触不良则清洗修复触点

电梯实训60例

（续）

故障现象	原　因	排　除　方　法
选层后没有信号显示	选层按钮触点接触不良或接线断路	修复按钮触点、连接导线
	信号灯接触不良或烧毁	排除接触不良点或更换显示板
有选层信号,但方向箭头灯不亮	信号线接触不良或断线	修复或更换信号线缆
	方向指示器烧毁或接触不良、信号线路问题	更换显示板、检查信号线路
按下关门按钮后,门不关闭	关门按钮触点接触不良或损坏	用短路法确定是否关门按钮问题,确定后修复或更换元件
	轿顶的关门限位开关动断触点闭合不好,从而导致整个关门控制回路有断点	用导线短路法查找门控制回路中的断点,然后修复或更换导线
	开关门电动机传动带过松或磨断	断带则更换新带,过松则调整传动带张紧度
选好层定了向并已关闭厅门、轿门,电梯不能运行	自动门锁触点未能接通,门锁继电器未能吸合,所以电梯不能起动运行	调速开关门速度,修复或更换门开关
	厅门自动门锁触点未能接触	调整自动门锁或更换门锁开关
厅门未关,电梯却能运行	门锁控制回路接线短路	检查门锁线路,排除短路点
	门联锁继电器触点粘死	更换门联锁继电器

　　例如，故障现象为厅门未关，电梯却能运行，由表2-5可见：门锁控制回路接线短路或者是门联锁继电器触点粘死。分析是门联锁继电器触点粘死的可能性较大，因为厅门未关，则门锁安全回路不会连通，门联锁继电器不能吸合，电梯是不可能运行的。所以可判断故障原因是门联锁继电器触点粘死。

　　在门联锁继电器线圈控制电路不带电的情况下，断开门联锁继电器触点的一端，用万用表"蜂鸣器挡"测量该触点的通断情况（见图2-34），结果：接通。说明触点粘死。把门联锁继电器拆下来，检修该触点，若不能修复则更换。

图2-34　测量门联锁继电器触点的通断

【习题】

一、综合题

试分析以下故障现象及可能引起故障的电器元件和排除故障的方法：

（1）闭合基站钥匙开关，基站门不能开启；

（2）按下关门按钮后，门不关闭；

（3）选好层定了向并已关闭厅门、轿门，电梯不能运行。

二、学习记录与分析

分析电器元件故障，小结诊断与排除电器元件故障的步骤、过程、要点和基本要求。

三、试叙述对本任务与实训操作的认识、收获与体会

　　本项目所列举的18个故障（其中3个为机械类故障，另15个为电气类故障），基本涵盖了电梯常见的机械、电气故障，通过学习对这些常见故障的分析、诊断与排除，应能逐步掌握电梯排故的基本规律、工作方法与操作要领。

　　1. 电梯的机械结构由许多部分所组成，每个部件都可能影响电梯的正常安全运行。排除电梯机械系统的故障关键是诊断，要对故障的部位与原因作出准确的判断，就应对电梯的机械结构很熟悉，并善于掌握故障发生的规律，掌握正确的排故方法：

　　（1）诊断与排除电梯的平层故障，首先应区分故障现象是个别楼层不平层还是全部楼层都不平层，对应采取不同的解决方法。个别楼层不平层一般可调整该层的平层遮光板；而全部楼层都不平层则调整平层感应器。

　　（2）对常见的厅、轿门装置故障，能根据故障现象，准确排除故障，如厅门关好后门缝呈现"V"形，也就是门扇的垂直度偏差超标，此时应知道检查门滑轮或门扇连接螺钉等处。

　　（3）行程终端限位保护开关是电梯超程行驶的最终保护装置，其产生故障或动作失灵的后果是很严重的。在诊断和排除其故障时，应检查部件有无损坏、安装位置有无移动，以及极限开关重锤装置是否正常可靠。并且检修完成后，应进行超程试验检验其是否动作可靠。

　　2. 电气控制系统的故障相对比较复杂，而且现在的电梯都是微机控制的，软、硬件的问题往往相互交织。因此，排故时要坚持先易后难、先外后内、综合考虑、善于联想的工作思路。

　　（1）电梯运行中比较多的故障是开关触点接触不良引起的故障，所以判断故障时应根据故障现象以及柜内指示灯显示的情况，先对外部电路、电源部分进行检查，例如，门触点、安全回路、各控制环节的工作电源是否正常等。

（2）微机控制电梯的许多保护环节隐含在它的微机系统（包括软件和硬件）内，较难直接判断，但它的优点是有故障代码显示，故障代码为故障的判断带来很大的方便，尤其是指示很明确的代码。

（3）电梯控制逻辑主要是程序化逻辑，故障和原因正如结果与条件一样，是严格对应的。因此，只要熟知各控制环节电路的构成和作用，根据故障现象，"顺藤摸瓜"便能较快找到故障电路和故障点，然后按照规范和标准对故障进行排除即可。

项目3
电梯维护保养实训

项目概述

本项目为"电梯维护保养实训",共 10 个学习任务。按照电梯安装与维护专业人才培养规格,电梯的日常维护保养同样是本专业人才的关键职业能力。按照《电梯使用管理与维护保养规则》(TSG/T 5001-2009),本项目列举了 10 个主要的维保任务,基本涵盖了电梯主要系统、关键部件的维保工作。本项目应同样是电梯专业实训教学核心内容之一。

任务 3.1　电梯曳引机的维护保养

【任务目标】

应知

1. 熟悉电梯维护保养的有关规定。

2. 掌握电梯曳引机维护保养的内容和要求。

应会

1. 学会电梯曳引电动机的维护保养。

2. 学会电梯减速箱的维护保养。

3. 学会电梯制动器的维护保养。

4. 学会电梯曳引轮的维护保养。

【建议学时】

4~6 学时。

【任务描述】

通过本任务的学习,熟悉电梯维护保养的有关规定,掌握电梯曳引机维护保养的基本操作。

【知识准备】

电梯的曳引机及其维保要求

电梯曳引系统的作用是产生输出动力，曳引轿厢的运行。亚龙 YL-777 型电梯的曳引系统主要由曳引机（包括制动器）、曳引轮、导向轮和曳引钢丝绳等部件组成。电梯的运行是否正常、安全，与曳引系统的日常维护保养有密切相关，因此曳引机的维护保养是电梯日常维保工作中的一项重要内容。电梯曳引机的日常维护保养主要包括对曳引电动机、制动器、减速箱和曳引轮的维护保养。

一、曳引电动机的维护保养要求

（1）应保证电动机各个部分清洁，要防止水、油等液体浸入内部，并不得使用汽油、煤油、柴油等油类液体擦拭电动机绕组。

（2）应保证电动机绝缘良好，若绝缘值小于 0.5MΩ 时，应将绕组作绝缘干燥处理。

（3）检查电动机内部有否杂物或小动物（如老鼠、小鸟、蟑螂等）钻入。

（4）检查电动机轴承润滑情况。电动机润滑油应清洁、轴承内油位应保持在"油标线"位置。窥视孔处不得有漏渗现象，甩油环能自由灵活转动。

（5）运转时，轴承温度不应超过 80℃。如发现高于 80℃时或有异常杂音时，应立即停机检查清洗，并重新注入合标准的系统用油。

（6）检查电动机底座紧固螺栓是否松动。与减速箱齿轮轴连接的联轴节有无偏心和歪斜。

（7）应检查电动机定子、转子间的气隙是否保持均匀，如果间隙相差超过 0.2mm 时，应更换轴承。不然电动机将发出异常声响甚至产生磨损。

（8）检查电动机电源电压，不得低于额定电压的 93%。否则电动机输出转矩将降低很多，造成超负荷运转，有烧毁电动机的可能或使电动机产生堵转。

二、电磁制动器的维护保养要求

1. 交接班检查内容
（1）制动弹簧有无失效或疲劳损坏。
（2）全部构件工作情况是否正常，有无卡塞现象。
（3）制动轮表面和闸瓦表面有无划痕、高温焦化颗粒及油污。
（4）制动电磁线圈的接头有无松动、线圈的绝缘是否良好，有无异味，温升有无超标。
（5）制动电磁铁心在吸合时有无撞击声，运动是否灵活。
（6）制动闸瓦与制动轮间隙是否正常。

2. 日常维修保养内容
（1）每两周对各活动销轴加一次润滑机油。
（2）每季度在电磁铁心与制动器铜套间加一次滑石粉润滑剂。
（3）制动器上可传动销轴磨损量超过原直径的 5%或椭圆度超过 0.5mm 时，应更换新轴。
（4）制动器上的杠杆系统及弹簧发现裂纹应及时更换。

（5）固定制动闸瓦的铆钉头不允许接触到制动轮，当制动带磨损达到原厚度的 1/4 时，应及时更换。新换制动固定铆钉头埋入制动闸皮座孔深度不小于 3mm。

（6）当制动轮上有划痕或高温焦化颗粒时，可用小刀轻刮，并打磨光滑；制动轮有油污时，可用煤油擦净表面；新换装的制动带与制动轮的接触面积不少于 80%。

三、减速箱的维护保养要求

1. 日常检查

（1）运转是否平稳，有无撞击声和振动。

（2）减速箱内蜗轮与蜗杆啮合是否正常，有无发生齿轮磨损及撞击。

（3）润滑油质量、油量是否正常。

（4）有否渗油现象，如超出正常范围，应及时处理。

（5）检查温升情况，轴承不超过 70℃，油箱不超过 85℃。

（6）检查各部件有无松动或损坏现象。

2. 维修保养

（1）若减速箱内蜗轮与蜗杆啮合轮齿侧间隙超过 1mm，并有猛烈撞击；或轮齿磨损量达到原齿厚的 15% 时，要更换蜗轮和蜗杆。

（2）当要更换润滑油时，需换与原来相同规格的。

（3）对新的或大修后的减速箱，在运转 8~10 天后应换润滑油。

（4）一般情况下，每年应更换一次润滑油，新装的减速箱，半年内应经常检查润滑油内有无杂质，若有，则应及时更换。

（5）蜗轮和蜗杆的滚动轴承用钙基润滑脂，在上油时必须填满轴承空腔的 2/3，一般要求每月挤加一次，每年清洗换新一次。

（6）若发现漏油，应根据漏油不同部位，进行处理。

（7）如需拆卸减速箱时，须将轿厢停在顶层，用钢丝绳吊起；对重在底坑，用木柱撑住，将曳引钢丝绳从曳引轮上摘下后进行拆卸、更换零件，以保安全。

（8）若发现蜗杆的推力轴承磨损产生轴向窜动过大，使电梯在变速、换向运行时，有较大的冲击，可调整蜗杆轴尾端的圆螺母和法兰盘。

四、曳引轮的维护保养要求

（1）每两周检查一次曳引轮圈及轮筒有无裂纹，两者间的连接螺栓是否有松动和移动。

方法：用手锤敲击曳引轮圈和轮筒，听声音来判定，并看外观有无裂纹；同时用专用工具检查螺栓是否松动，如发现有裂纹时应及时更换。

（2）经常检查曳引轮绳槽工作表面有无凹凸不平，有无变形或磨损。

方法：用绳槽形状模板检测绳槽，如有轻微的用挫刀修平，严重的拆下整修。

（3）注意曳引绳在绳槽内有无滑动现象产生。

方法：在曳引机停止工作时（断开电源），用粉笔在曳引钢丝绳和曳引轮重合处划一直线，再通电，使电梯运行一段距离再回复到原始位置后，检查直线是否重合，若不成直线，则证明曳引钢丝绳在曳引轮槽内有滑移，应仔细检查原因。

（4）曳引绳卧入曳引轮绳槽内的深度有无保持一致。

方法：把钢直尺沿轴向紧贴曳引轮外圆面，测量槽内曳引绳顶点至钢直尺的距离。当各根曳引绳的差距达到曳引绳直径的1/10时，应重新加工绳槽或更换曳引轮。

（5）检测曳引轮绳槽底与曳引绳之间的间隙，一般要求不得小于1mm（特殊轮槽形除外）。

方法：用直径为1mm的钢线或电线，穿测槽底与曳引绳间隙，若不能穿通证明槽底与曳引绳之间间隙过小，应重新加工绳槽或更换曳引轮。

（6）检查支承曳引轮的轴承座的螺栓有无松动，轴承润滑是否良好，轴承运转是否正常，有否发热或异常声响，如有异常情况要及时维修。

【多媒体资源】

演示电梯曳引机及其维护保养操作。

【任务实施】

实训设备

1. 亚龙 YL-777 电梯（及其配套工具、器材）。

2. 亚龙 YL-774 型电梯曳引系统安装实训考核装置（及其配套工具、器材）。

实训步骤

步骤一：实训准备

1. 实训前先由指导教师进行安全与规范操作的教育。

2. 准备相关工具并按表 3-1 的要求进行确认和检查。

表 3-1　电梯曳引系统维护保养器材、工具及设备

名　　称	数　　量	是否准备	
电梯曳引机	一台	是□	否□
维护保养记录表	一份	是□	否□
数字式万用表	一个	是□	否□
钳形电流表	一个	是□	否□
兆欧表	一个	是□	否□
温度计	一把	是□	否□
钢直尺	一把	是□	否□
手电筒	一个	是□	否□
塞尺	一把	是□	否□
游标卡尺	一把	是□	否□
钢卷尺	一把	是□	否□
扳手	一套	是□	否□

步骤二：曳引电动机的维护保养

1. 温升检查。

（1）电动机在正常工作状态下，用手触摸电动机外壳，感觉温度（标准见表 3-2）。

表 3-2 触摸感觉电动机运行温度

用手感觉	温度
可长时间触摸	50℃以下
热,只可触摸 2~10s	50~60℃
只可瞬间触摸	70℃以上

（2）当感觉温度很烫手时，可使用温度计进行测量，并应符合表 3-3 的要求。

表 3-3 电动机运行温度标准

绝缘等级 测量部件	A 级(温度)	B 级(温度)	E 级(温度)	F 级(温度)
电动机线圈	50℃	70℃	65℃	65℃
外壳	50~60℃	50~80℃	75℃	75℃
内部铁心	60℃	80℃	75℃	75℃
轴承	80℃	80℃	80℃	80℃

（3）注意：

1）温度计测量的读数需减去机房温度才得到实际的温升值。

2）电动机内部铁心的温度一般比外壳高 20~30℃。

3）当发现实际温升值超过设备的允许值时，应立即停止电梯运行，并按以下方法检查原因。

① 检查机房温度是否正常（超过 40℃）；

② 检查供电电压是否正常（三相有无不平衡或低于正常7%）；

③ 检查电动机表面是否有灰尘和油渍（太多灰尘覆盖会降低绝缘，可用吹风机清洁）；

④ 检查电动机绝缘电阻是否符合标准（≥ 0.5MΩ）。

2. 检查轴承是否有异响或振动，可参照表 3-4 进行。

表 3-4 电动机轴承检查表

状　态	原　因	分　析
旋转声:像风吹过树林的声音	滚柱或滚珠在轴承座圈上滚动的声音	正常响声
滚轧声或咯咯声	滚柱摩擦内外挡圈的声音	正常响声,如需要可更换径向间隙小的轴承
挡圈声或振动声	滚珠或滚柱摩擦内外挡圈的声音,若没有足够的润滑将会越来越响	1. 允许,除非响声太大 2. 加润滑油 3. 若润滑后声响变大,则需检查轴承 4. 更换径向间隙小的轴承
摩擦声:金属刺耳声,通常发生在滚柱轴承	润滑不当,通常发生在冬季或长时间停用的电梯 轴承径向间隙不当	1. 允许,除非响声太大 2. 检查润滑油的质量或加润滑油

（续）

状　态	原　因	分　析
喀啦声： 1. 周期性响声 2. 持续性噪声 3. 在电梯减速段固定位置发出响声	轴承生锈的磨刮声	1. 加润滑油，通常可以减少声响 2. 如果一段时间后声响又变大，则需更换轴承
结渣声：声响不稳定，无周期性	有异物混入	清洗或更换轴承
谐振声和轰鸣声：	支座谐振，或转子、轴承旋转振动，通常发生在冬季且润滑不当	检查润滑油质量并报告结果

步骤三：制动器的维护保养

1. 制动器电磁铁心的检查。

（1）将电梯停在顶层，切断电源（为了防止检查时电梯出现溜车，可考虑将电梯轿厢冲顶）。

（2）检查制动器铁心的行程是否足够。

（3）检查制动器铁心的锁紧螺母有无松动。

（4）检查制动器有无异常温升。

（5）检查制动器磁芯有无剩磁，磁芯内罩及铁心表面有无摩擦痕迹，活动部分有无油迹。

（6）操作制动器铁心动作是否灵活可靠，各部件是否清洁、无油污。

2. 制动器轮和制动带的检查。

（1）将电梯停在顶层，切断电源（为了防止检查时电梯出现溜车，可考虑将电梯轿厢吊起）。

（2）检查闸瓦动作是否正常，有无油污、摩擦或磨损而产生打滑。

（3）检查各锁紧螺母有无松动。

（4）检查制动带有无磨损、污渍。

（5）检查制动轮与制动带的间隙是否合适。

（6）检查制动弹簧的长度是否合适。

（7）检查制动器启动和保持电流是否合适。

（8）检查制动臂调整螺钉的接触点有无异常磨损。

（9）检查松闸限位开关动作是否灵活可靠，有无接触不良情况。

（10）检查制动器各接线端子接触是否良好，有无松、脱线现象。

步骤四：减速器的维护保养

按表3-5完成电梯减速器的维护保养工作。

步骤五：曳引轮、导向轮及反绳轮的维护保养

1. 曳引轮及导向轮的磨损检查，当出现以下情况时，应及时进行处理。

（1）检查绳槽磨损，绳槽磨损量不能超过3mm（见图3-1）。

表 3-5 减速器维保内容及方法

序号	部 位	维保内容	维保周期
1	油箱	第一次安装使用的电梯换油	每半年
2		适时更换,保证油质符合要求	每年
3	蜗轮轴滚动轴承	补充注油	每半月
4		清洗换油	每年
5	轴承、箱盖、油盖窗等结合部位	检查漏油	每季度
6	蜗轮与蜗杆	检查蜗轮与蜗杆啮合轮齿侧间隙和轮齿磨损量	每半月
7	蜗杆轴	检查蜗杆轴向游隙	每半月

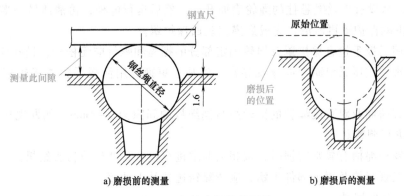

a) 磨损前的测量   b) 磨损后的测量

图 3-1 绳槽磨损量的测量

（2）检查各钢丝绳磨损，不一致程度不能超过 1mm（见图 3-2）。

（3）检查钢丝绳打滑距离。

钢丝绳打滑距离是指电梯上下运行一周，钢丝绳和绳轮的相对位移数值，测量时将电梯停在顶层，在绳轮与钢丝绳上划一直线，电梯运行一周后，再测量绳轮钢丝绳上划线间的距离（见图 3-3）。当打滑距离超过表 3-6 中的数值时，即认为绳轮打滑，检查除绳槽形状之外的打滑原因并上报。

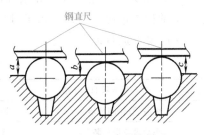

图 3-2 钢丝绳磨损度检查

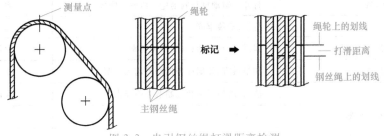

图 3-3 曳引钢丝绳打滑距离检测

（4）检查绳槽压痕；

（5）检查振动及噪声；

表 3-6　曳引钢丝绳打滑距离标准

楼层数或行程高度	打滑距离
10 层以下,或 30m 以下	20mm
10 层以上,或 30m 以上、50m 以下	30mm
50m 以上、80m 以下	40mm
80m 以上、130m 以下	50mm

（6）检查有否出现裂纹及部件脱落。

2. 反绳轮的检查

（1）进行维护保养前须先切断急停开关

清洁时，从没有钢丝绳悬挂的绳轮表面开始，然后运行电梯，再清洁另一半；有保护罩的绳轮，先拆除保护罩再清洁，完成后谨记装回保护罩。

（2）使用活扳手检查保护罩及绳轮固定部分的螺栓和螺母应无松动，销孔应装开口销。

（3）目视检查压紧垫圈，如发现异常，应马上更换，用活扳手检查绳轮架各部分的螺母应无松动。

（4）检查轿厢及对重反绳轮的钢丝绳与挡绳杆的间隙为 3~4mm，如发现异常，松开挡绳杆的螺母进行调整。

（5）当发现绳槽有异常磨损时，按相关要求进行检查，并记录检查结果。

（6）当发现绳轮及固定部件生锈，应清除锈迹并补上油漆。

步骤六：维保记录

以 3~6 人为一组，在指导教师的带领下全面、系统地观察电梯曳引系统的情况，并根据现场的检查情况，结合电梯半月检、季检、半年检及年检的要求，把相关的检查结果，按表 3-7 的要求进行记录。

表 3-7　电梯曳引机维护保养记录表

序号	维护保养项目(内容)	基本要求	是否正常
1	机房、滑轮间环境	清洁,门窗完好、照明正常	是□　否□
2	手动紧急操作装置	齐全,在指定位置	是□　否□
3	曳引机	运行时无异常振动和异常声响	是□　否□
4	制动器各销轴部位	润滑,动作灵活	是□　否□
5	制动器间隙	打开时制动衬与制动轮不应发生摩擦	是□　否□
6	编码器	清洁,安装牢固	是□　否□
7	限速器各销轴部位	润滑,转动灵活;电气开关正常	是□　否□
8	减速机润滑油	油量适宜,除蜗杆伸出端外均无渗漏	是□　否□
9	制动衬	清洁,磨损量不超过制造单位要求	是□　否□
10	位置脉冲发生器	工作正常	是□　否□
11	选层器动静触点	清洁,无烧蚀	是□　否□
12	曳引轮槽、曳引钢丝绳	清洁,无严重油腻,张力均匀	是□　否□
13	限速器轮槽、限速器钢丝绳	清洁,无严重油腻	是□　否□

（续）

序号	维护保养项目(内容)	基本要求	是否正常
14	电动机与减速机联轴器螺栓	无松动	是□　否□
15	曳引轮、导向轮轴承部	无异常声,无振动,润滑良好	是□　否□
16	曳引轮槽	磨损量不超过制造单位要求	是□　否□
17	制动器上检测开关	工作正常,制动器动作可靠	是□　否□
18	减速机润滑油	按照制造单位要求适时更换,保证油质符合要求	是□　否□
19	制动器铁心(柱塞)	进行清洁、润滑、检查,磨损量不超过制造单位要求	是□　否□
20	制动器制动弹簧压缩量	符合制造单位要求,保持有足够的制动力	是□　否□

电梯维护保养人员对电梯曳引机进行了日常维护保养后,为了确保电梯运行的安全和可靠,需要对维护保养后的电梯进行试车操作,以检验电梯的状况,开始试车前的检查步骤见表 3-8。

表 3-8　电梯试运行前的检查

试运行前的检查步骤	检查情况
1　机房温度是否适合	□是　　□否
2　控制柜电源电压是否正常	□是　　□否
3　减速箱油量是否足够,是否有渗漏	□是　　□否
4　制动器是否正常	□是　　□否
5　曳引轮和钢丝绳是否有打滑现象	□是　　□否
6　内部对讲系统及应急照明是否正常(与轿厢内的工作人员通话确认,或与客户控制室通话确认)	□是　　□否
检查结论:是否可以试车	□是　　□否

【阅读材料】

阅读材料 3-1　电梯的日常维护保养

根据 2009 年 8 月 1 日起实施的《电梯使用管理与维护保养规则》([TSG/T 5001-2009])第三章中第十六条的规定:电梯的维保分为半月、季度、半年、年度维保,其维保的基本项目(内容)和达到的要求分别见附表 A-1 至附表 A-4。维保单位应当依据各附件的要求,按照安装使用维护说明书的规定,并且根据所保养电梯使用的特点,制订合理的维保计划与方案,对电梯进行清洁、润滑、检查、调整,更换不符合要求的易损件,使电梯达到安全要求,保证电梯能够正常运行。

现场维保时,如果发现电梯存在的问题需要通过增加维保项目(内容)予以解决的,应当相应增加并且及时调整维保计划与方案。如果通过维保或者自行检查,发现电梯仅依靠合同规定的维保内容已经不能保证安全运行,需要改造、维修或者更换零部件、更新电梯时,应当向使用单位书面提出。

阅读材料 3-2　电梯维护保养工作的安全操作要求

1. 电梯维修人员一般安全规定。

（1）电梯维修人员必须持有特种设备部门颁发的"电梯作业人员上岗证"。

（2）电梯维修保养时，不得少于两人；工作时必须严格按照安全操作规程去做，严禁酒后操作；工作中不准闲谈打闹；不准用导线短接厅门门锁开关。

（3）工作前应先检查自己的劳保用品及所携带的工具，无问题后才可穿戴及使用。

（4）电梯维修保养时，一般不准带电作业，若必须带电作业时，应有监护人员，并有可靠的安全保护措施。

（5）电梯在维修保养时，绝不允许载客或装货。

（6）熟练掌握正确安全使用本工种常用的机具，以及吊装、拆卸安全规定。

（7）必须熟练掌握触电急救方法，掌握防火知识和灭火常识，掌握电梯发生故障而停梯时援救被困乘客的方法。

（8）必须掌握事故发生后的处理程序。

2. 在机房对曳引机系统进行维护保养时的安全规定。

（1）严禁在曳引机运转的情况下进行维修保养。

（2）在检修电气设备和线路时，必须在断开电源的情况下进行；带电作业时，必须要按照带电操作安全规程操作；接地装置良好。

（3）在调整抱闸时，严禁松开抱闸弹簧（制动器主弹簧）；如果必须松闸时，一定要有措施防止溜车。

（4）机房检修时，轿厢内必须留有电梯司机或维修人员；当机房内操纵轿厢运行时，只允许开检修速度，而且必须与在轿厢内或轿顶上的人员联系好，在轿、厅门关闭好后方可开车；严禁在厅门敞开的情况下开动轿厢。

（5）当需要进行手动盘车时，必须先断开电源。盘车前一定要与轿顶上和轿厢内的人联系好，为防止制动器打开时，轿厢发生意外溜车，操纵制动器的维修人员应断续工作，并随时做好制动器抱闸准备。对于无减速器的电梯，不适合采用盘车的方法来检修。

【习题】

一、填空题

1. 为保证电梯曳引电动机的正常工作，其绝缘电阻值应不小于＿＿＿＿＿＿＿＿＿。

2. 电梯曳引电动机各部分应＿＿＿＿＿＿＿＿＿，要防止＿＿＿＿＿＿＿＿＿、＿＿＿＿＿＿＿＿＿等液体浸入内部。

3. 电梯电动机电源电压应不低于正常电压的＿＿＿＿＿＿＿＿＿。

4. 电梯制动器上可传动销轴磨损量超过原直径的＿＿＿＿＿＿＿＿＿或椭圆度超过＿＿＿＿＿＿＿时，应更换新轴。

5. 曳引轮绳锈粉覆盖绳表面且锈粉散布四周，或整条钢丝绳生锈时，应＿＿＿＿＿＿。

二、选择题

1. 电梯曳引电动机运转时，轴承温度不应超过（   ）。

A. 60℃   B. 70℃   C. 80℃

2. 新换装的制动器闸瓦，与制动轮的接触面积不少于（   ）。

A. 70%   B. 80%   C. 90%

3. 电梯减速箱要更换油时，需换与原来相同规格的；若无，则要用黏度（   ）的代替。

A. 较少   B. 相同   C. 较大

4. 当各根曳引绳的差距达到曳引绳直径的（   ）时，应重车绳槽或更换曳引轮。

A. 1/5   B. 1/10   C. 1/20

三、判断题

1. 每2周应对电梯制动器各活动销轴加一次润滑机油。（   ）

2. 固定制动闸瓦的铆钉头不允许接触到制动轮，当制动闸皮磨损达到原厚度的1/4时，应及时更换。（   ）

3. 检测曳引轮绳槽底与曳引绳之间的间隙，一般要求不得小于1mm（特殊轮槽形除外）。（   ）

4. 在调整抱闸时，严禁松开抱闸弹簧（制动器主弹簧）；如果必须松闸时，一定要有措施防止溜车。（   ）

四、综合题

1. 试述曳引电动机的维护保养要求。
2. 试述制动器的维护保养的要求。
3. 试述减速器的维护保养要求。

五、学习记录与分析

1. 分析表3-7中记录的内容，小结进行电梯曳引系统维护保养的主要收获与体会。
2. 分析表3-8中记录的内容，小结进行电梯试车前检查的主要收获与体会。

六、试叙述对本任务与实训操作的认识、收获与体会。

任务3.2   电梯曳引钢丝绳的维护保养

【任务目标】

应知

1. 熟悉电梯维护保养的有关规定。
2. 掌握电梯曳引钢丝绳维护保养的内容和要求。

应会

学会电梯曳引钢丝绳的维护保养。

【建议学时】

2~4 学时。

【任务描述】

通过本任务的学习，熟悉电梯维护保养的有关规定，掌握电梯曳引钢丝绳维护保养的基本操作。

【知识准备】

电梯的曳引钢丝绳及其维保要求

一、曳引钢丝绳使用寿命分析

1. 拉伸载荷力

钢丝绳中各条绳的载荷，如果不均匀，则会影响钢丝绳使用寿命。

2. 弯曲

电梯在运行中钢丝绳上下经历的弯曲次数较多，由于弯曲应力的影响，引起钢丝绳疲劳，影响寿命。为减少弯曲应力的影响，要求曳引轮的直径≥钢丝绳直径的 40 倍。

3. 曳引轮槽型和材料

好的绳槽形状应使钢丝绳在绳槽上有良好的接触，使钢丝产生最小的外部和内部压力，能延长使用寿命。设计原则是保证不容易更换、工艺技术要求高、使用寿命长的部件。

4. 腐蚀

在不良的环境下，内部和外部的腐蚀会使钢丝绳的寿命显著降低、横断面减小，进而使钢丝绳磨损加剧。特别是麻质填料解体或水和尘埃渗透到钢丝绳内部而引起的腐蚀，对钢丝绳的寿命影响更大。

二、曳引钢丝绳的损坏分析

1. 磨损

曳引钢丝绳的磨损与绳径变细直接相关，可通过对钢丝绳绳径的测量来鉴定其磨损程度。绳径缩小可分为正常缩小和磨损缩小。磨损一般是由机械磨损造成。机械磨损可分为外部均匀磨损、内部磨损、单面磨损、变形磨损（局部磨损）。

2. 锈蚀

由于长期受潮湿空气、游离态酸碱、高温差和其他有害气体的作用而形成锈蚀。锈蚀使钢丝绳的机械性能降低、使绳芯腐烂、股与股之间钢丝磨损加快、股间松动、钢丝韧性降低、易发生脆性断裂。预防锈蚀的方法一般可选用耐锈蚀的钢丝绳（如镀锌钢丝绳）或进行涂油防锈。

3. 断丝

钢丝绳在使用过程由于外层钢丝磨损与疲劳，逐步造成钢丝折断。断丝一般可分为：磨损断丝、锈蚀断丝、过载断丝、疲劳断丝、剪切断丝、扭转断丝。

三、曳引钢丝绳更换的判断方法

1. 曳引钢丝绳更换标准

（1）大量出现断丝。

（2）磨损与断丝同时产生和发展。

（3）表面和内部都产生腐蚀（内部腐蚀可用磁力探伤机检查）。

（4）钢丝绳使用时间较长（接近到期时限，可通过查定期检查记录进行分析判断）。

2. 有以下情况，应及时进行更换（以 8 股、每股 19 丝的曳引钢丝绳为例）

（1）断丝在各绳股之间均布，并在一个捻距内的最大断丝数超过 32 根（约为钢丝绳总数的 20%）。

（2）断丝集中在一或二个绳股中，并在一个捻距内的最大断丝数超过 16 根（约为钢丝绳总数的 10%）。

（3）钢丝绳磨损后其直径≤原直径的 90%。

（4）表面的钢丝有较大的磨损或腐蚀。

（5）锈蚀严重，点蚀麻坑形成沟纹，外层钢丝绳松动，不论断丝数或绳径变细多少，必须更换。

（6）钢丝绳在使用一段时间后，连续三天出现显著伸长，或某一捻距内每天都有断丝出现。

四、曳引钢丝绳的维护保养要求

1. 检查内容

（1）曳引钢丝绳的张力是否保持均衡，手拉和手压感觉应松紧一致，各张力相近，其相互差值不超过 5%（如张力不平衡可通过绳头组合螺母来调整）。

（2）曳引钢丝绳表面有无污油、砂粒等异物，如有要及时用煤油擦净。

（3）曳引钢丝绳表面是否过于干燥，钢丝绳绳芯内有无润滑油。

（4）定期用游标卡尺测量曳引钢丝绳直径，并算出磨损和腐蚀情况的百分率，以便判定是否更换钢丝绳。

（5）每两周要定期地对曳引钢丝绳的直径变化、有无断丝、锈蚀、爆股及绳头组合连接等进行认真的检查与维修。

2. 检查方法

（1）曳引钢丝绳有无断丝。

1）表面观察；

2）可用一小块棉纱围在曳引钢丝绳外围，再合上电梯电源，开慢车走一圈，当有断丝时，会把棉丝挂住。

（2）钢丝绳有无锈蚀损伤。

1）曳引钢丝绳已经变细或粗细不均匀；

2）外层绳股之间间隙变小；

3）用小锤轻敲钢丝绳，有"卡嚓卡嚓"的声音，说明内部有锈蚀；外面有剥落物的，表明外部有锈蚀；

4）能比较方便把钢丝绳绳股与绳股之间拧开，说明股与股之间、丝与丝之间有锈蚀现象。

（3）曳引钢丝绳有无失效。新装电梯在一两年之后伸长度会减少，并处于稳定状态；如果此时曳引钢丝绳突然伸长量显著增长，并在一个捻距内每天都有断丝出现，则说明曳引钢丝绳已接近失效了，应及早更换。

（4）检查曳引钢丝绳的绳头组合装置有无损坏。

（5）维修人员站在轿顶上，开慢车，等轿厢和对重对齐时（1∶1绕法），检查两部分绳头组合的零件有无锈蚀、双螺母有无松动、绳头弹簧有无永久变形和裂纹。

【多媒体资源】

演示电梯曳引钢丝绳及其维护保养操作。

【任务实施】

实训设备

1. 亚龙 YL-777 电梯（及其配套工具、器材）。

2. 亚龙 YL-774 型电梯曳引系统安装实训考核装置（及其配套工具、器材）。

3. 亚龙 YL-779 型电梯曳引绳头实训考核装置（及其配套工具、器材）。

实训步骤

步骤一：实训准备

1. 实训前先由指导教师进行安全与规范操作的教育。

2. 准备相关工具并按表 3-9 的要求进行确认和检查。

表 3-9　电梯曳引钢丝绳维护保养器材、工具及设备

名　称	数量	是否准备	
教学电梯一台	一台	是□	否□
维护保养记录表	一份	是□	否□
千分尺	一把	是□	否□
游标卡尺	一把	是□	否□
拉力计	一个	是□	否□
钢直尺	一把	是□	否□
手电筒	一个	是□	否□
塞尺	一把	是□	否□
钢卷尺	一把	是□	否□
扳手	一套	是□	否□
活扳手	一把	是□	否□
小锤	一把	是□	否□
煤油	一份	是□	否□
纱布	一份	是□	否□

步骤二：曳引钢丝绳及绳头组合的维护保养

1. 绳头组合的检查。

（1）绳头组合应无生锈。

（2）头螺杆的螺母应紧固，螺杆端部应有开口销。

2. 钢丝绳张力的检查。

（1）在轿顶以检修运行至中间楼层（轿厢和对重交错的位置）。

（2）测量各绳头组合中张紧弹簧的长度。

（3）轿厢检修上下运行一周，然后停在井道上部 3/4 提升高度的位置；找一个固定的参照物（如墙壁），测量对重侧每条钢丝绳到参照物的距离 A（见图 3-4a）；然后用弹簧拉力计将每条钢丝绳水平拉出相同的距离 B（见图 3-4b）；此时，如果各钢丝绳的测量值不同，则说明钢丝绳的张力不平均，也就是说第（2）项中测量的弹簧长度肯定是不同的。

（4）当测量 B 值的张力偏差超过 5% 时，则需松开螺杆上的双螺母，调整张力使各弹簧长度相同为止。注：松开双螺母时，应将锤柄插入锥套的孔中（见图 3-5），防止锥套或螺母转动。

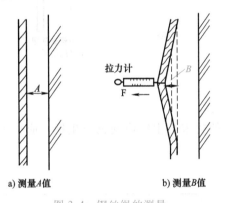

a) 测量A值　　　　　　b) 测量B值

图 3-4　钢丝绳的测量

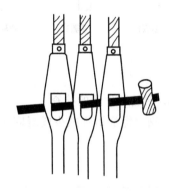

图 3-5　防止锥套或螺母转动

（5）上下运行两三次，然后停在第（1）点所指出的位置，测量弹簧的长度。

注：①如果长度不同，重做第（3）~（5）点，直至张力相等为止。

②以上方法适用于 1∶1 绕法的钢丝绳。对于 2∶1 绕法的钢丝绳，其张力弹簧在机房或井道上部，调整的方法参照以上步骤。

3. 钢丝绳断丝的检查（见图 3-6）。

（1）在机房，将电梯开到使用最频繁的楼层，并切断电源。

（2）清洁挂在主绳轮上的那段钢丝绳，并用记号笔做记号（见图 3-6 中"步骤 1"）。

（3）打开电源，将电梯开到底层，并切断电源。

（4）清洁挂在主绳轮上的那段钢丝绳，并用记号笔做记号（见图 3-6 中"步骤 2"）。

（5）从顶层进入轿顶，检修下行至第（2）点记号的位置（见图 3-6 中"步骤 3"）。

（6）按电梯减速的方向，从标记位置开始清洁一段钢丝绳，清洁的长度为减速距离加一层楼的高度。

（7）目测这段绳股的断丝情况（见图 3-6 中"步骤 4"）。

（8）检修下行至第（4）点记号的位置。

（9）从标记位置开始清洁钢丝绳至对重绳头组合处。

（10）目测这段绳股的断丝情况（见图 3-6 中"步骤 5"）。

（11）如果发现断丝，做详细检查并报告。

注：当使用最频繁的楼层是底层时，第（3）、（4）、（8）、（9）和（10）点可省略。

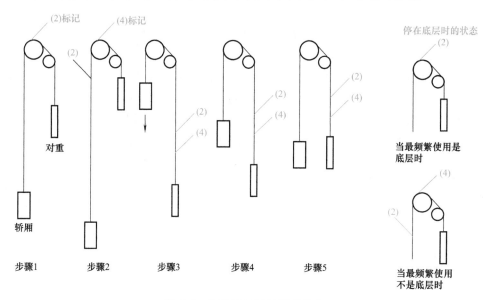

图 3-6　曳引钢丝绳的断丝检查

4. 钢丝绳生锈的检查

当钢丝绳润滑剂减少或凝固时，钢丝绳磨损的粉末会生锈或使钢丝生锈，应按表 3-10 处理。

表 3-10　曳引钢丝绳生锈过程及处理方法

阶段	现　　象	处理方法
1	绳股间可看见有锈粉	要准备更换
2	绳股间可清楚看见锈粉	需要更换
3	锈粉覆盖一部分表面，或有一部分钢丝生锈	超出使用极限,需要更换
4	锈粉覆盖绳表面,或钢丝绳表面生锈	超出使用极限,需要更换
5	锈粉覆盖绳表面且锈粉散布四周,或整条钢丝绳生锈	超出使用极限,需要更换
6	钢丝绳不规则地被腐蚀	超出使用极限,需要更换

5. 钢丝绳更换的标准

（1）断丝在各绳股之间均布，并在一个捻距内最大断丝数超过 32 根（约为钢丝绳总数的 20%）。

（2）断丝集中在一或二个绳股中，并在一个捻距内的最大断丝数超过 16 根（约为钢丝绳总数的 10%）。

（3）钢丝绳磨损后其直径≤原直径的 90%。

（4）表面的钢丝有较大的磨损或腐蚀。（见图 3-7）。

（5）锈蚀严重，点蚀麻坑形成沟纹，外层钢丝绳松动，不论断丝数或绳径变小多少都必须更换。

（6）钢丝绳在使用一段时间后，连续三天出现显著伸长，或在某一捻距内每天都有断丝出现时。

（7）当达到生锈的更换标准时。

（8）确认钢丝绳有扭结、损伤或扭曲。

注：电梯通常使用两条以上的钢丝绳，当其中有一条超过标准，应更换全部的钢丝绳。

钢丝绳表面磨损部分

图3-7　表面磨损后的钢丝绳

步骤三：维保记录

以3~6人为一组，在指导教师的带领下全面、系统地观察电梯曳引钢丝绳及绳头组合的情况，并根据现场的检查情况，结合电梯半月检、季检、半年检及年检的要求，把相关的检查结果，按表3-11的要求进行记录。

表3-11　电梯曳引钢丝绳及绳头组合维护保养记录表

序号	维护保养项目（内容）	基本要求	是否正常
1	曳引钢丝绳平层线	清晰齐全	是□　否□
2	曳引钢丝绳	清洁，没断丝	是□　否□
3	限速器钢丝绳	清洁，没断丝	是□　否□
4	曳引轮槽、曳引钢丝绳	清洁、无严重油腻，张力均匀	是□　否□
5	限速器轮槽、限速器钢丝绳	清洁、无严重油腻	是□　否□
6	曳引绳绳头组合	螺母无松动	是□　否□
7	曳引轮槽	磨损量不超过制造单位要求	是□　否□
8	曳引绳、补偿绳	磨损量、断丝数不超过要求	是□　否□
9	曳引绳绳头组合	螺母无松动	是□　否□
10	限速器钢丝绳	磨损量、断丝数不超过制造单位要求	是□　否□
11	补偿绳与轿厢、对重接合处	固定，无松动	是□　否□
12	随行电缆	无损伤	是□　否□
13	对重防跳绳装置	固定可靠	是□　否□
14	轿厢防跳绳装置	固定可靠	是□　否□

【习题】

一、填空题

1. 每2周要定期地对曳引钢丝绳的_____、_____、_____、_____及绳头组合连接等进行认真的检查与维修。

2. 各根曳引钢丝绳张力的相互差距应不超过_____%。

二、选择题

1. 电梯曳引钢丝绳的损坏情况主要分（　　　）。

A. 磨损、锈蚀、断丝　　　B. 磨损、散股、断丝　　　C. 磨损、锈蚀、断裂

2. 出现（　　　）时，应及时更换电梯曳引钢丝绳。

A. 钢丝绳磨损后其直径≤原直径的80%

B. 钢丝绳磨损后其直径≤原直径的90%

C. 钢丝绳磨损后其直径≤原直径的95%

3. 曳引钢丝绳的张力是否保持均衡，各张力相近，其相互差值不超过（　　　）。

A. 5%　　　　　　　　　B. 10%　　　　　　　　　C. 15%

4. 为减少弯曲应力的影响，要求轮的直径≥钢丝绳直径的（　　　）倍。

A. 30　　　　　　　　　B. 40　　　　　　　　　C. 50

5. 新装电梯曳引钢丝绳在一两年之后伸长度会减少，并处于稳定状态；如果此时曳引钢丝绳突然出现伸长量显著增长，并在一个捻距内（　　　）都有断丝出现，则说明曳引钢丝绳已接近失效了，应及早更换。

A. 每日　　　　　　　　B. 每周　　　　　　　　C. 每月

6. 电梯曳引钢丝绳中各条绳的拉伸载荷变化为20%时，则绳的寿命变化达（　　　）。

A. 30%~100%　　　　　　B. 30%~200%　　　　　　C. 30%~300%

三、判断题

1. 曳引钢丝绳表面有无污油、砂粒等异物，如有要及时用煤油擦净。（　　　）

2. 电梯曳引钢丝绳如果锈蚀严重，点蚀麻坑形成沟纹，外层钢丝绳松动，不论断丝数或绳径变细多少，必须更换。（　　　）

3. 曳引钢丝绳上的润滑油应越多越好。（　　　）

4. 曳引钢丝绳出现少量断丝仍可继续使用。（　　　）

四、综合题

试述曳引钢丝绳的维护保养要求。

五、学习记录与分析

分析表3-11中记录的内容，小结进行电梯曳引钢丝绳维护保养的主要收获与体会。

六、试叙述对本任务与实训操作的认识、收获与体会。

任务3.3

【任务目标】

应知

掌握电梯轿厢和重量平衡系统维护保养的内容和要求。

应会

学会电梯轿厢和重量平衡系统维护保养的基本操作。

【建议学时】

4学时。

【任务描述】

通过本任务的学习，熟悉电梯维护保养的有关规定，掌握电梯轿厢和重量平衡系统维护保养的基本操作。

【知识准备】

轿厢和重量平衡系统的维护保养要求

1. 轿厢和重量平衡系统的检查

（1）轿厢的检查。

1）检查轿厢架与轿厢体的联接。

① 检查这两者之间的联接螺栓的紧固，有无松动、错位、变形、脱落、锈蚀或零件丢失等情况；

② 当发现轿厢架变形（且变形不太厉害）时，可采取稍微放松紧固螺栓的办法，让其自然校正，然后再拧紧。但如果变形较严重，则要拆下重新校正或更换；

③ 在日常维保中，应保持轿厢体各连接组成部分的接合处无松动、变形和过大的拼缝；

④ 此外，当电梯有发生紧急停车、卡轨时，应及时检查轿厢架与轿厢体四角接点的螺栓紧固和变形的情况；

⑤ 检查轿厢架与轿厢体联结的四根拉杆受力是否均匀，注意轿厢有无歪斜，造成轿门运动不灵活甚至造成轿厢无法运行，如这四根拉杆受力不匀，可通过拉杆上的螺母来进行调节。

2）检查轿底、轿壁和轿顶的相互位置。

① 检查这三者的相互位置有无错位，方法是：可用卷尺测量轿厢上、下底平面的对角线长度是否相等；

② 当发现三者的位置相互错位时，应检查轿厢的联接螺钉是否松动，并针对具体情况对应解决。

3）检查轿顶轮（反绳轮）和绳头组合。

① 检查轿顶轮有无裂纹，轮孔润滑是否良好，绳头组合有无松动、移位等；

② 对轿顶轮注油处应定期加油，如果发现轿顶轮在转动时发出异响，说明已缺乏润滑，应及时注油；

③ 当轿顶轮的转动有卡阻现象时，多数可能是铜套磨损变形或脏污造成的，可作相应处理；

④ 当轿顶轮转动时有偏簸或有轴向窜动现象时，说明隔环端面磨损、轴向间隙大，可采用加垫圈的办法来解决；

⑤ 当曳引钢丝绳在轿顶轮上打滑时，说明轮内的铜套脏污或是隔环过厚无间隙，可用

煤油清洗铜套并注油；当铜套过厚则应减薄隔环使轮的轴向间隙保持在0.5mm左右。

4）检查轿壁有无翘曲、嵌头螺钉有无松脱，有无振动异响，查出原因并作相应处理。

5）检查轿厢上的超载与称重装置，其动作是否灵活可靠，有无失效，是否符合称重量标准。

（2）对重与补偿装置的检查

1）检查固定对重块的对重架及井道对重导轨支架的紧固件是否牢固。

2）检查对重块框架上的导轮轴及导轮的润滑情况，每半月应加润滑油一次。

3）检查对重导靴的紧固情况及导靴的间隙是否符合规定要求；检查有无损伤和油量是否合适。

4）检查对重装置上的绳头组合是否安全可靠。

5）检查对重架内的对重块是否稳固，如有松动应及时紧固，防止对重块在运行中产生抖动或窜动。

6）检查对重下端距离对重缓冲器的高度：当轿厢在顶层平层位置时，其对重下端与对重缓冲器顶端的距离：弹簧缓冲器应为200～250mm，液压缓冲器应为150～400mm。

7）对重架上装有安全钳的，应对安全钳装置进行检查，传动部分应保持动作灵活可靠，并定期加润滑油。

8）检查补偿绳（链）装置和导向导轨是否清洁，应定期擦洗；补偿绳（链）在运行中是否稳定，有无较大的噪声，如消音绳折断则应予更换。

9）检查补偿绳（链）的绳头有无松动；补偿绳（链）过长时要调整或裁截。

10）检查补偿绳（链）尾端与轿厢底和对重底的联结是否牢固，紧固螺栓有无松脱，夹紧有无移位等。

2. 轿厢和重量平衡系统的维保内容及方法（见表3-12）

表3-12　轿厢和重量平衡系统维保内容及方法

序号	部　位	维保内容	维保周期
1	导向轮、轿顶轮和对重轮的轴与轴套之间的润滑情况	补充符合规格的润滑油	每半月
		拆卸换油	每年
2	对重装置	检查运行时有无噪声	每半月
3	对重块及其压板	检查对重块及其压板是否压紧,有无窜动	每半年
4	对重与缓冲器	检查对重与其缓冲器的距离	每半年
5	补偿链(绳)与轿厢、对重接合处	检查是否固定,有无松动	每半年
6	轿顶、轿厢架、轿门及其附件安装螺栓	检查是否紧固	每年
7	轿厢与对重的导轨和导轨支架	检查是否清洁,是否牢固、无松动	每年
8	轿厢称重装置	检查是否准确、有效	每年

【多媒体资源】

演示轿厢和重量平衡系统及其维护保养工作过程。

【任务实施】

实训设备

1. 亚龙 YL-777 电梯（及其配套工具、器材）。

2. 亚龙 YL-771 型电梯井道设施安装与调试实训考核装置（及其配套工具、器材）。

3. 亚龙 YL-776 型电梯轿厢系统实训考核装置（及其配套工具、器材）。

实训步骤

步骤一：实训准备

1. 检查是否做好了电梯维保的警示及相关安全措施。

2. 向相关人员（如管理人员、乘用人员或司机）说明情况。

3. 按规范做好维保人员的安全保护措施。

4. 准备相应的维保工具。

步骤二：轿厢和重量平衡系统的维护保养步骤、方法及要求

1. 维修人员整理清点维修工具与器材。

2. 放好"有人维修，禁止操作"的警示牌。

3. 将轿厢运行到基站。

4. 到机房将选择开关打到检修状态，并挂上警示牌。

5. 按表 3-12 所示项目进行维护保养工作。

6. 完成维保工作后，将检修开关复位，并取走警示牌。

步骤三：填写轿厢和重量平衡系统维保记录单

维保工作结束后，维保人员应填写维保记录单（见表 3-13）。

表 3-13　轿厢和重量平衡系统维护保养记录单

序号	维保内容	维保要求	完成情况	备注
1	维保前工作	准备好工具		
2	导向轮、轿顶轮和对重轮的轴承加油	油量适宜		
3	检查对重装置	运行时应无噪声		
4	检查对重块及其压板	应压紧，无窜动		
5	检查对重与缓冲器的距离	应符合标准要求		
6	检查补偿链(绳)与轿厢、对重接合处	应固定，无松动		
7	轿顶、轿厢架、轿门及其附件安装螺栓	检查是否紧固		
8	检查轿厢与对重的导轨和导轨支架	应清洁，牢固、无松动		
9	检查轿厢称重装置	应准确、有效		

维修保养人员：　　　　　　　　　　　　　　　　　　日期：　　年　　月　　日

使用单位意见：

使用单位安全管理人员：　　　　　　　　　　　　　　日期：　　年　　月　　日

注：完成情况（如完好打√，有问题打×，维修时请在备注栏说明）

【习题】

一、填空题

1. 轿厢轿顶轮的轴向间隙应保持在＿＿＿＿＿＿＿＿ mm 左右。

2. 对重下端与对重缓冲器顶端的距离，如果是弹簧缓冲器应为＿＿＿＿＿＿＿ mm，如果是液压缓冲器应为＿＿＿＿＿＿ mm。

3. 轿顶轮和对重轮应每＿＿＿＿＿＿＿加油一次。

二、判断题

1. 当发现轿厢架变形（且变形不太厉害）时，可采取稍微放松紧固螺栓的办法，让其自然校正，然后再拧紧。但如果变形较严重，则要拆下重新校正或更换。（　　　）

2. 检查对重块框架上的导轮轴及导轮的润滑情况，每半年应加润滑油一次。（　　　）

三、综合题

1. 试述电梯轿厢的维护保养要求。

2. 试述电梯重量平衡系统的维护保养要求。

四、学习记录与分析

分析表 3-13 中记录的内容，小结进行电梯轿厢和重量平衡系统维护保养的主要收获与体会。

五、试叙述对本任务与实训操作的认识、收获与体会。

任务 3.4

【任务目标】

应知
掌握电梯门系统维护保养的内容和要求。

应会
学会电梯门系统维护保养的基本操作。

【建议学时】

4 学时。

【任务描述】

通过本任务的学习，熟悉电梯维护保养有关规定，掌握电梯门系统维护保养的基本操作。

【知识准备】

门系统的维护保养要求

1. 门系统的检查

（1）轿门的检查。

1）检查轿门门板有无变形、划伤、撞蹭、下坠及掉漆等现象；当吊门滚轮磨损使门下坠，其下端面与轿厢踏板的间隙小于4mm时，应更换滚轮或调整其间隙为4~6mm。

2）检查并调整偏心挡轮与导轨下端面的间隙应不大于0.5mm，以使门扇在运行时平稳，无跳动现象。

3）检查门导轨有无松动，门导靴（滑块）在门坎槽内运行是否灵活，两者的间隙是否过大或过小，保持清洁，门导靴磨损严重的应及时更换。

4）检查门滑轮及配合的销轴有无磨损，紧固螺母有无松动。

5）检查门上的连杆铰接部位有无磨损和润滑的情况，连杆能否灵活决定门的启闭情况，当电梯因故障中途停止时，轿门应能在里面用手扒开，其扒门力应为20~30N。

6）门扇未装联动机构前，在门扇的中心处，沿导轨的水平方向牵引门扇时其阻力应小于15N，即用手移动门扇应当轻便灵活。

7）检查轿门的门刀上的紧固螺栓有无松动移位，门刀与厅门有关构件之间的间隙是否符合要求；门刀与各层厅门地坎和自动门锁装置的滚轮与轿厢地坎间的间隙均应为5~8mm间隙。

8）检查轿门关闭后的对接门缝隙应不大于2mm（中分门）。

（2）安全触板的检查。

1）检查安全触板（或光电保护器）是否反应灵敏，动作可靠；机械式安全触板的撞击力应小于5N。

2）定期在各杠杆铰接部位用薄油润滑一次；当销轴磨有曲槽时必须更换。

3）调整微动开关触点，在正常情况下，应使开关触点与触板端部螺栓头刚好接触，在弹簧的作用下，而处于准备动作状态，只要触板摆动，触点便立即动作。为此可旋进或旋出螺栓，使螺栓头部与开关触点保持接触。

（3）厅门的检查。

1）厅门的导轨、吊门滚轮、门导靴、对门的牵引力、门扇下端距踏板间隙等，凡与轿门相同的部分均应按轿门的检查内容进行检查。

2）检查厅门的门锁，应灵活可靠，在厅门关闭上锁后，必须保证不能从外面开启。检查的方法是：两人在轿顶，一人检修操作慢上或慢下，每到达各层厅门时停止运行，一人扒动门锁锁臂滚轮，使导电座与开关触点脱离，另一人按下按钮，电梯不能运行则为合格；如能运行则需及时修理或更换，绝对不能带"病"运行。

须特别注意的是：如果发现门锁损坏，千万不能将门锁开关触点短接来使电梯再运行，否则会造成重大事故。具体可见"阅读材料3-3"。

3）检查厅门上的联动机构，如滑轮有无磨损、卡死，传动钢丝绳有无松驰等。

4）检查厅门在开关门过程中是否平滑、平稳，无抖动、摆动和噪声；轿门与厅门的系合装置的配合是否准确，无撞击声或其他异常声音。

（4）自动门机构的检查。

1）检查自动门机构的传动带，有无严重磨损，有无过松。如传动带过松可调整电动机机座的位置，如传动带损坏要更换相同规格的传动带；如果是链条传动要检查链条与链轮齿面的磨损。

2）检查门机构的联动机构各紧固件有无松动，开关门时的准确度及门隙缝是否符合规定。

3）检查自动门机构的减速、限位行程开关，其位置与动作灵敏度是否符合要求；其接线有无松动或脱落。

4）检查开关门电动机及其接线，清除电动机上的灰尘，定期用薄油润滑轴承；如果电刷磨损严重应予更换。

5）检查自动门机构的电路控制回路应安全可靠。电梯只有在门关闭锁好、电器触点闭合接通的情况下才能起动运行，无论何时当厅、轿门开启，电器触点断开时，电梯应不能起动，在行驶中应立刻停止运行。

2. 门系统的维保内容及方法（见表3-14）

表3-14 门系统维保内容及方法

序号	部 位	维保内容	维保周期
1	吊门滚轮及门锁轴承	补充注油	每半月
2	门滚轮滑道	擦洗补油	每半月
3	开关门电动机轴承	补充注油	每半月
4	传动机构	检查应灵活可靠	每半月
5	打板与限位开关	检查应无松动、碰打压力应合适	每半月
6	开关门速度	应符合要求	每半月
7	门锁电器触点	检查应清洁,触点接触良好,接线可靠	每半月
8	门关闭的电气安全装置	检查应工作正常	每季度
9	门系统中的传动钢丝绳、链条、传动带	按制造单位要求进行清洁、调整	每季度
10	厅门门导靴	检查磨损量不超过制造单位的要求	每季度
11	厅门、轿门的门扇	检查门扇各相关间隙应符合要求	每半年
12	厅门装置和地坎	检查无影响正常使用的变形,各安装螺栓紧固	每年

【多媒体资源】

演示门系统及其维护保养工作过程。

【任务实施】

实训设备

1. 亚龙 YL-777 电梯（及其配套工具、器材）。

2. 亚龙 YL-772 型电梯门机构安装与调试实训考核装置（及其配套工具、器材）。

实训步骤

步骤一：实训准备

1. 检查是否做好了电梯维保的警示及相关安全措施。

2. 向相关人员（如管理人员、乘用人员或司机）说明情况。

3. 按规范做好维保人员的安全保护措施。

4. 准备相应的维保工具。

步骤二：门系统的维护保养步骤、方法及要求

1. 维修人员整理清点维修工具与器材。

2. 放好"有人维修，禁止操作"的警示牌。

3. 将轿厢运行到基站。

4. 到机房将检修开关打到检修状态，并挂上警示牌。

5. 按表3-14所示项目进行维护保养工作。

6. 完成维保工作后，将检修开关复位，并取走警示牌。

步骤三：填写门系统维保记录单

维保工作结束后，维保人员应填写维保记录单（见表3-15）。

表 3-15　门系统维护保养记录单

序号	维保内容	维保要求	完成情况	备注
1	维保前工作	准备好工具		
2	吊门滚轮及门锁轴承加油			
3	门导轨擦洗补油			
4	开关门电动机轴承检查			
5	检查传动机构	应灵活可靠		
6	检查打板与限位开关、安全触板、光幕	应无松动、碰打压力应合适,动作应灵活可靠		
7	检查开关门速度	应符合要求		
8	检查门锁电器触点	清洁,触点接触良好,接线可靠		
9	检查门关闭的电气安全装置	应工作正常		
10	门系统中的传动钢丝绳、链条、传动带	按制造单位要求进行清洁、调整		
11	检查厅门门滑块	磨损量不超过制造单位的要求		
12	检查厅门、轿门的门扇	门扇各相关间隙应符合要求		
13	检查厅门装置和地坎	无影响正常使用的变形,各安装螺栓紧固		

维修保养人员：　　　　　　　　　　　　　　　　　　日期：　　　年　　月　　日

使用单位意见：

使用单位安全管理人员：　　　　　　　　　　　　　　日期：　　　年　　月　　日

注：完成情况（如完好打√，有问题打×，维修时请在备注栏说明）

【阅读材料】

阅读材料 3-3：事故案例分析

电梯的厅门只能从里面由轿门的门刀拨动从而带动开启，而绝对不能在厅门外开启（除非用门匙开启），否则会造成重大事故。2013 年广州市某高校学生宿舍有一台停用待修的电梯，在各层厅门外既没有明显的防护标志和措施，又没有对各层厅门进行检查。某天晚上有一学生因倚靠在某层厅门，厅门突然打开，造成该生由厅门跌落井道而死亡。由此案例可见厅门门锁机构检修维保的重要性。

【习题】

一、填空题

1. 吊门滚轮上的偏心挡轮或压紧轮与导轨下端面的间隙应不大于_____ mm。

2. 当电梯因故障中途停止时，轿门应能在里面用手扒开，其扒开力应为_____ N。

3. 门扇未装联动机构前，在门扇的中心处沿导轨的水平方向牵引门扇时其阻力应小于_____ N，即用手移动门扇应当轻便灵活。

4. 轿门关闭后的门缝隙应不大于_____ mm。

5. 安全触板的冲击力应小于_____ N。

二、选择题

1. 厅门地坎槽中有异物，可能会造成电梯（　　）。

A. 运行不稳　　　B. 关门不到位　　　C. 运行噪声大

2. 门刀与各层厅门地坎间的间隙均应为（　　）。

A. 5mm　　　　　B. 5~8mm　　　　C. 10mm

3. 每（　　）应对门滑轮清洗上油一次。

A. 月　　　　　　B. 半年　　　　　C. 年

三、判断题

1. 在厅门关闭上锁后，必须保证不能从外面开启。（　　）

2. 如果门锁开关损坏，可以将门锁开关触点短接来使电梯暂时运行。（　　）

3. 当电梯因故障中途停止时，轿门应能在里面用手扒开。（　　）

4. 在正常情况下，应使安全触板微动开关触点与触板端部螺栓头刚好接触。（　　）

四、综合题

试述电梯门系统的维护保养要求。

五、学习记录与分析

分析表 3-15 中记录的内容，小结进行电梯门系统维护保养的主要收获与体会。

六、试叙述对本任务与实训操作的认识、收获与体会。

【任务目标】

应知

掌握电梯导向系统维护保养的内容和要求。

应会

学会电梯导向系统维护保养的基本操作。

【建议学时】

4 学时。

【任务描述】

通过本任务的学习，熟悉电梯维护保养的有关规定，掌握电梯导向系统维护保养的基本操作。

【知识准备】

导向系统的维护保养要求

电梯的导向系统主要由导轨、导轨架和导靴组成，起到对电梯轿厢和对重垂直运动的导向作用。

1. 导轨及其支架的维护保养要求

（1）导轨平面度误差的测量。由于导轨是电梯轿厢上的导靴和安全钳的穿梭路轨，所以安装时必须保证其间隙符合要求。导轨的连接采用连接板，连接板与导轨底部加工面的表面粗糙度值 $Ra \leqslant 12.5\mu m$，导轨的连接如图 3-8 所示。连接板与导轨底部加工面的平面度误差不应大于 0.20mm，平面度误差的测量如图 3-9 所示。

上导轨

导轨连接板

下导轨

导轨连接板

导轨连接螺栓(螺母)

图 3-8　导轨连接

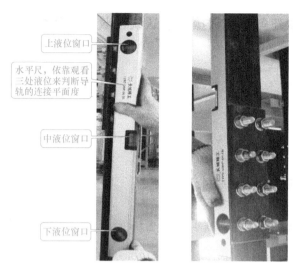

图 3-9　导轨连接平面度误差的测量

（2）导轨垂直度误差的测量。利用 U 形导轨卡板（见图 3-10）、线锤（见图 3-11）和直尺可以对导轨垂直度误差进行测量。每列导轨工作面（包括侧面与顶面）对安装基准线每 5m 的误差均应不大于下列数值：轿厢导轨和设有安全钳的对重导轨为 0.6mm；不设安全钳的 T 形对重导轨为 1.0mm。

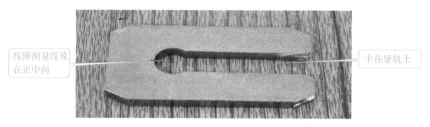

图 3-10　U 形导轨卡板

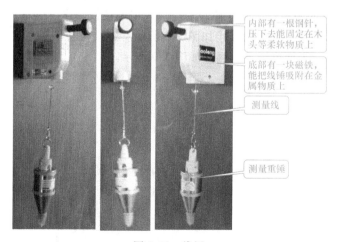

图 3-11　线锤

垂直度误差的测量如图 3-12 所示。

利用直尺来测量测量线偏离U形导轨卡板中心位置距离

U形导轨卡板卡在T形导轨上,线锤测量线通过U形导轨卡板中心点

线锤吸附在导轨上

图 3-12　垂直度误差测量

（3）电梯导轨维修保养要点（表 3-16）。

表 3-16　导轨维修保养要点

序号	维修保养要点
1	当发现导轨接头处弯曲,可进行校正。其方法是:拧松两头邻近导轨接头压板螺栓。拧紧弯曲接头处的螺栓,在已放松压板导轨底部垫上钢片,调直后再拧紧压板螺栓
2	若发现导轨位移、松动现象,则证明导轨连接板、导轨压板上的螺栓松动,应及时紧固。有时因导轨支架松动或开焊也会造成导轨位移,此时根据具体情况,进行紧固或补焊
3	当弯曲的程度严重时,则必须在较大范围内,用上述方法调直。在校正弯曲时,绝对不允许采用火烤的方法校直导轨,这样不但不能将弯曲校正,反而会产生更大的扭曲
4	当发现导轨工作面有凹坑、麻斑、毛刺、划伤以及因安全钳动作,或紧急停止制动而造成导轨损伤时,应用锉刀、纱布、油石等对其进行修磨光滑。修磨后的导轨面不能留下锉刀纹痕迹
5	若发现导轨接头处台阶高于 0.05mm 时,应进行磨平
6	当发现导轨面不清洁,应用煤油擦净导轨面上的脏污,并清洗干净导靴靴衬;若润滑不良时,应定期向油杯内注入同规格的润滑油,保证油量油质,并适当调整油毡的伸出量,保证导轨面有足够的润滑油

（4）导轨支架维修保养要点（见表 3-17）。

表 3-17　导轨支架维修保养要点

序号	维修保养要点
1	定期检查导轨支架有否裂纹、变形、移位等,如发现及时处理
2	定期检查导轨支架焊接或紧固情况,若发现支架焊接不牢,已脱焊,应及时重新补焊;同时对紧固螺母进行检查,有问题时,应随手紧固好
3	定期检查导轨支架的不水平度是否超差,支架有无严重的锈蚀情况

2. 导靴和油杯的维护保养要求（见表3-18）

表3-18 导靴和油杯维保内容及方法

维保周期	维护保养内容及方法
月度维护保养	1. 在轿顶检修运行电梯，并注意听导靴与导轨间是否有摩擦异响，如有，则要认真检查是否导靴与导轨间有凹凸不平、异物、碎片、导靴松动或润滑油不够等不良问题
	2. 检查电梯在运行过程中，轿厢晃动有没有过大。如是前后晃动，则是导靴与导轨面左右接触面距离过大，那么需要调整导靴橡胶弹簧的压紧螺栓；如是左右晃动，则是内靴衬与导轨端面接触面距离过大，需要调整导靴座上面的调整螺栓
	3. 操纵电梯全程运行一次，对导靴与导轨接触面进行清洁
	4. 检查导靴衬磨损程度，如超出正常范围，需要更换靴衬
	5. 检查导靴衬两边是不是磨损不均匀，如是则要更换靴衬，检查导靴安装是不是对称
周维护保养	1. 清理油杯表面和导靴及导轨面上是否有污物、灰尘
	2. 检查油杯是否出现漏油现象
	3. 油杯中油如果少于总油量的1/3，则需要加注导轨润滑油。加油后，操纵电梯全程运行一次，观察导轨的润滑情况
	4. 检查油杯中油毡是否在导轨左右中分
	5. 检查油杯中的吸油毛毡是不是紧贴导轨面，油毡前侧和导轨顶面应无间隙
年度维护保养	清洗（更换）油杯及油毡

【多媒体资源】

演示电梯的导向系统及其维护保养工作过程。

【任务实施】

实训设备

1. 亚龙 YL-777 电梯（及其配套工具、器材）。

2. 亚龙 YL-771 型电梯井道设施安装与调试实训考核装置（及其配套工具、器材）。

实训步骤

步骤一：实训准备

1. 检查是否做好了电梯维保的警示及相关安全措施。

2. 向相关人员（如管理人员、乘用人员或司机）说明情况。

3. 按规范做好维保人员的安全保护措施。

4. 准备相应的维保工具。

步骤二：电梯导向系统的保养步骤与方法

1. 维修人员整理清点维护工具、器件。

2. 放好"有人维修，禁止操作"的警示牌。

3. 把电梯轿厢运行到基站。

4. 上电梯机房把选择开关旋到维修状态，并挂上警示牌。

5. 从上一层厅门进入到轿厢顶部，把开关旋到检修位置。

6. 清楚导向系统的维保要点（见表 3-16、3-17、3-18），根据电梯导向系统维护与保养记录单（表 3-19）进行维护保养。

7. 保养完以后，离开轿顶，并把检修开关复位。

8. 到机房把检修开发复位，并取走警示牌离开。

步骤三：填写导靴及油杯维保记录单

维保工作结束后，维保人员应填写维保记录单（见表 3-19）。

表 3-19   电梯导靴及油杯维修保养记录单

序号	维保内容	维保要求	完成情况	备注
1	维保前工作	准备好工具		
2	导轨	导轨接头无弯曲。导轨无位移、松动现象，导轨连接板、导轨压板上的螺栓紧固		
3		导轨工作面无凹坑、麻斑、毛刺、划伤		
4		导轨接头处台阶低于 0.05mm		
5		导轨面清洁		
6	导轨支架	导轨支架无裂纹、变形、移位等		
7		导轨支架紧固		
8		导轨支架水平度符合标准要求，支架无严重锈蚀情况		
9	导靴	靴衬中无异物、碎片等		
10		靴衬磨损正常		
11		导轨两边工作面间隙过大		
12		导靴磨损不均匀		
13		导靴进行清洁		
14		导靴表面和连接处正常		
15		导靴中润滑油适合		
16		导靴连接牢固		
17	油杯	吸油毛毡齐全		
18		吸油毛毡紧贴导轨面		
19		油量适度，油杯无泄漏		
20		油毡在导轨左右中分		
21		油毡前侧和导轨顶面无间隙		
22		油杯无损坏		
23		清洁油杯		
24		更换油杯和油毡		

维修保养人员：   日期：   年   月   日

使用单位意见：

使用单位安全管理人员：   日期：   年   月   日

注：完成情况（如完好打√，有问题打×，维修时请在备注栏说明）

【习题】

一、填空题

1. 在保养导靴上油杯时应检查吸油毛毡是否齐全，＿＿＿＿＿＿＿＿＿＿＿＿＿＿＿＿。
2. 导轨连接板与导轨底部加工面的平面度误差应不大于＿＿＿＿＿ mm。

二、判断题

1. 导轨可以焊接活用螺栓直接固定在导轨架上。（　　　）
2. 油杯是安装在导靴上给导轨和导靴润滑的自动润滑装置。（　　　）

三、学习记录与分析

分析表 3-16、3-17、3-18，清楚电梯导向系统的维保内容的维保周期，并小结电梯导向系统维护保养的过程、步骤、要点和基本要求。

四、试叙述对本任务与实训操作的认识、收获与体会

任务 3.6

【任务目标】

应知
掌握电梯限速器和安全钳维护保养的内容和要求。
应会
学会电梯限速器和安全钳维护保养的基本操作。

【建议学时】

4 学时。

【任务描述】

通过学习，熟悉电梯维护保养的有关规定，掌握电梯限速器和安全钳维护保养的基本操作。

【知识准备】

限速器和安全钳的维护保养要求
1. 限速器的维护保养要求
（1）限速器绳轮的垂直度误差应不大于 0.5mm，限速器可调节部件应加的封件必须完好，限速器应每两年整定校验一次。
（2）限速器钢丝绳在正常运行时不应触及夹绳钳口，开关动作应灵活可靠，活动部分

应保持润滑。

（3）限速器动作时，限速器绳的张紧力至少应是 300N 或提起安全钳所需力的两倍。

（4）限速器的绳索张紧装置底面距底坑平面的距离如表 3-20 所示。固定式张紧装置，按照制造厂设计范围整定。

表 3-20 移动式张紧装置底面与底坑平面间距

电梯类别	高速电梯	快速电梯	低速电梯
距离底坑平面高度/mm	750±50	550±50	400±50

（5）限速器钢丝绳的维护检查与曳引钢丝绳相同，具有同等重要性。维修人员站在轿顶上，抓住防护栏，电梯以检修速度在井道内运行全程，仔细检查钢丝绳与绳套是否正常。

（6）限速器的压绳舌作用时，其工作面应均匀地紧贴在钢丝绳上，在动作解脱后，应仔细检查被压绳区段有无断丝、压痕、折曲，并用油漆做记号，为再次检查时重点注意这区段钢丝绳的损伤情况。

（7）检查张紧装置开关打板的固定螺栓是否松动或产生移位，应保证打板能碰撞开关触点。

（8）检查绳轮、张紧轮是否有裂纹和绳槽磨损情况。在运行中若钢丝绳有抖动，表明绳轮或张紧轮轴孔已磨损变形，应换轴套。

（9）张紧装置应工作正常，绳轮和导轮装置与运动部位均润滑良好，每周加油一次，每年需拆检和清洗加油。

（10）限速器应校验正确，在轿厢下降速度超过限速器规定速度时，限速器应立即作用带动安全钳，安全钳钳住导轨立即制停轿厢。限速器最大动作速度如表 3-21 所示。

表 3-21 常见电梯限速器最大动作速度　　　　　　　　（单位：m/s）

轿厢额定速度	限速器最大动作速度	轿厢额定速度	限速器最大动作速度
≤0.50	0.85	1.75	2.26
0.75	1.05	2.00	2.55
1.00	1.40	2.50	3.13
1.50	1.98	3.00	3.70

2. 限速器的维护保养方法

（1）经常性检查。

① 检查限速器动作的可靠性，如使用甩块式刚性夹持式限速器，要检查器动作的可靠性。注意，当夹绳钳（楔块）离开限速器时，要仔细检查此钢丝绳有无损坏现象。

② 检查限速器运转是否灵活可靠，限速器运转时声音应当轻微而又均匀，绳轮运转应没有时松时紧的现象。

③ 一般检查方法是：在机房耳听、眼看，若发现限速器有时误动作、打点或有其他异常声音，则说明该限速器有问题，应及时找出故障原因，进行检修或送制造厂修理、调整。

④ 检查限速器钢丝绳和绳套有无断丝、折曲、扭曲和压痕。其检查方法是：司机开动电梯慢速在井道内运行的全程中，在机房中仔细观察限速器钢丝绳。当发现问题时，如属于还可以用的范围，必须做好记录，并用油漆做好标记，作为今后重点检查的位置。若钢丝绳

和绳套必须更换时，应立即停梯更换，不可再用。

⑤ 检查限速器旋转部位的润滑情况是否良好。

⑥ 检查限速器上的绳轮有无裂纹、绳槽磨损量是否过大。

⑦ 检查限速器的张紧装置：到底坑检查张紧装置行程开关打板的固定螺栓有无松动或位移，应保证打板能碰动行程开关触点；还要检查有关零部件是否磨损、破裂等。

（2）维护保养工作。

① 限速器出厂时，均经过严格的检查和试验，维修时不准随意调整限速器弹簧的张紧力，不准随意调整限速器的速度，否则会影响限速器的性能，危机电梯的安全保护系统。另外，对于限速器出厂时的铅封不要私自拆动，若发现问题且不能彻底解决，应送到厂家修理或更换。

② 对限速器和限速器张紧装置的旋转部分，每周加一次油，每年清洗一次。

③ 在电梯运行过程中，一旦发生限速器、安全钳动作，将轿厢夹持在导轨上，应经过有关部门鉴定、分析，找出故障原因，解决后才能检查或恢复限速器。

3. 安全钳的维护保养要求

（1）安全钳拉杆组件系统动作时应转动灵活可靠，无卡阻现象，系统动作的提拉力应不超过150N。

（2）安全钳楔块面与导轨侧面间隙应为2~3mm，且两侧间隙应较均匀，安全钳动作应灵活可靠。

（3）安全钳开关触点应良好，当安全钳工作时，安全钳开关应率先动作，并切断电梯安全电气回路。

（4）安全钳上所有的机构零件应去除灰尘、污垢及旧有的润滑脂，对构件的接触摩擦表面用煤油清洗，且涂上清洁机油，然后检测所有手动操作的行程，应保证未超过电梯的各项限值。

（5）利用水平拉杆和垂直拉杆上的张紧接头调整楔块的位置，使每个楔块和导轨间的间隙保持在2~3mm，然后使拉杆的张紧接头定位。

（6）轿厢被安全钳制停时不应产生过大的冲击力，同时也不能产生太长的滑行。因此，规定渐进动作式安全钳的制停距离如表3-22所示。

表3-22 电梯渐进动作式安全钳制停距离

电梯额定速度 /（m/s）	限速器最大动作速度 /（m/s）	制停距离/mm	
		最小	最大
1.50	1.98	330	840
1.75	2.26	380	1020
2.00	2.55	460	1220
2.50	3.13	640	1730
3.00	3.70	840	2320

4. 安全钳的维护保养方法

（1）安全钳动作的可靠性试验。为保证安全钳、限速器工作时的可靠性，每半年应做一次限速器、安全钳联动试验。其方法如下：轿厢空载，从2层开始，以检修速度下行；用手扳动限速器，使连接钢丝绳的杠杆提起，此时轿厢应停止下降，限速器开关应同时动作，切断控制回路的电源；松开安全钳楔块，使轿厢慢速向上行驶，此时导轨有被咬伤的痕迹，应对称、均匀；试验后，应将导轨上的咬痕，用手砂轮、锉刀、油石、砂纸等打磨光滑。

（2）检查安全钳的操纵机构和制停机构中所有构件是否完整无损和灵活可靠。

（3）安全钳钳座和钳块部分有无裂损及油污塞入（检查时，检修人员进入底坑安全区域，然后将轿厢行驶至底坑端站附近）。

（4）轿厢外两侧的安全钳楔块应同时动作，且两边用力一致。

【多媒体资源】

演示电梯的限速器与安全钳及其维护保养工作过程。

【任务实施】

实训设备

1. 亚龙 YL-777 电梯（及其配套工具、器材）。

2. 亚龙 YL-773 型（电动式）、亚龙 YL-773A 型（机械式）电梯限速器安全钳联动机构实训考核装置（及其配套工具、器材）。

实训步骤

步骤一：实训准备

1. 检查是否做好了电梯维保的警示及相关安全措施。

2. 向相关人员（如管理人员、乘用人员或司机）说明情况。

3. 按规范做好维保人员的安全保护措施。

4. 准备相应的维保工具。

步骤二：限速器与安全钳的保养步骤与方法

1. 维修人员整理清点维修工具与器材。

2. 放好"有人维修，禁止操作"的警示牌。

3. 将轿厢运行到基站。

4. 到机房将选择开关打到检修状态，并挂上警示牌。

5. 按照对限速器的维护保养要求对限速器进行维护保养。

6. 按照对安全钳的维护保养要求对安全钳进行维护保养。

7. 完成对限速器和安全钳有维保工作后，进行一次限速器与安全钳的联动试验。

8. 完成维保工作后，将检修开关复位，并取走警示牌。

步骤三：填写限速器与安全钳维保记录单

维保工作结束后，维保人员应填写维保记录单。

1. 限速器维保记录单（见表 3-23）。

表 3-23　电梯限速器维修保养记录单

序号	维保内容及要求	完成情况	备注
1	限速器运动部件转动灵活		
2	各销轴部位无异常响声		

（续）

序号	维保内容及要求	完成情况	备注
3	限速器铅封或漆封标记齐全		
4	张紧轮配重块离地高于100mm		
5	钢丝绳断裂或松弛时，保护开关正确动作		
6	张紧装置各运动部分动作灵活		
7	电梯运行中，无显著的振动、噪声现象		
8	张紧装置滚动轴承或传动部位加钙基润滑油		
9	钢丝绳及绳槽无严重油垢、磨损		
10	各电气开关及触点工作可靠，接线良好		
11	限速器钢丝绳磨损在规定值之内		
12	限速器钢丝绳无断（裂）股现象		
13	与安全钳拉杆连接部位无过量磨损和损坏		
14	钢丝绳端部组装良好，夹绳方向正确		
15	清洗限速轮、张紧轮轴并加润滑油		
16	限速器各动作符合要求		

维修保养人员：　　　　　　　　　　　　　　　　　　　　　　　日期：　　　年　　月　　日

使用单位意见：

使用单位安全管理人员：　　　　　　　　　　　　　　　　　　　日期：　　　年　　月　　日

注：完成情况（如完好可打√，有问题打×，维修时请备注栏说明）

2. 安全钳维保记录单（见表3-24）。

表3-24　电梯安全钳维修保养记录单

序号	维保内容及要求	完成情况	备注
1	安全钳及联动机构部位齐全		
2	安全钳及联动机构无过量磨损		
3	安全钳及联动机构无损坏		
4	安全钳各楔块与导轨间距均匀		
5	安全钳各楔块位置正确		
6	安全钳各部位无油污		
7	清洁安全钳所有活动销轴、拉杆、弹簧		
8	使用钙基润滑油润滑安全钳钳嘴		

（续）

序号	维保内容及要求	完成情况	备注
9	使用 N46 普通机油润滑安全钳拉条转轴处		
10	传动杆件的配合传动处涂机械防锈油		
11	手动提拉安全钳拉杆,动作灵活有效		

维修保养人员：　　　　　　　　　　　　　　　　　　　日期：　　年　月　日

使用单位意见：

使用单位安全管理人员：　　　　　　　　　　　　　　　日期：　　年　月　日

注：完成情况（如完好可打√，有问题打×，维修时请在备注栏说明）

3. 电梯限速器、安全钳联动试验记录单（见表 3-25）。

表 3-25　电梯限速器、安全钳联动试验记录单

序号	操作项目	完成情况	备注
1	轿厢空载,从 2 层开始,以检修速度下行		
2	用手扳动限速器,使连接钢丝绳的杠杆提起。查看轿厢是否停止,限速器开关是否动作		
3	检查轿厢外两侧安全钳楔块是否同时动作,且两边一致		
4	松开安全钳楔块,使轿厢慢速向上行驶,此时导轨有被咬住的痕迹,查看是否对称、均匀		
5	试验后,将导轨上的咬痕打磨光滑		

维修保养人员：　　　　　　　　　　　　　　　　　　　日期：　　年　月　日

使用单位意见：

使用单位安全管理人员：　　　　　　　　　　　　　　　日期：　　年　月　日

注：完成情况（如完好可打√，有问题打×，维修时请在备注栏说明）

【习题】

一、填空题

1. 限速器绳轮的不垂直度应不大于_____ mm。

2. 安全钳楔块面与导轨侧面间隙应为_____ mm，且两侧间隙应较均匀，安全钳动作应灵活可靠。

二、选择题

1. 在轿厢下降速度超过限速器规定速度时，限速器应立即作用带动（　　）制停轿厢。
A. 安全钳　　　　　　　　B. 极限开关　　　　　　　　C. 导靴

2. 为保证安全钳、限速器工作时的可靠性，每（　　）应做一次限速器、安全钳联动试验。
A. 月　　　　　　　　　　B. 半年　　　　　　　　　　C. 年

3. 限速器动作时，限速绳的最大张力应不小于安全钳提拉力的（　　）倍。
A. 5　　　　　　　　　　　B. 3　　　　　　　　　　　C. 2

4. 瞬时式安全钳用于速度不大于（　　）m/s 的电梯，渐进式安全钳用于速度大于（　　）m/s的电梯。
A. 0.63　　　　　　　　　B. 1.0　　　　　　　　　　C. 1.75

三、判断题

1. 对限速器钢丝绳的维护检查没有曳引钢丝绳的重要。　　　　　　　　　　（　　）
2. 在对限速器进行检修维保时，应随时调整限速器弹簧的张紧力以调整限速器的速度。
　　　　　　　　　　　　　　　　　　　　　　　　　　　　　　　　　　（　　）
3. 轿厢被安全钳制停时不应产生过大的冲击力，同时也不能产生太长的滑行。（　　）

四、学习记录与分析

分析表 3-23、3-24 和 3-25，清楚电梯限速器和安全钳的维保内容的维保周期，并小结电梯限速器和安全钳维护保养的过程、步骤、要点和基本要求。

五、试叙述对本任务与实训操作的认识、收获与体会

任务 3.7

【任务目标】

应知
掌握电梯缓冲器维护保养的内容和要求。

应会
学会电梯缓冲器维护保养的基本操作。

【建议学时】

2 学时。

【任务描述】

通过本任务的学习，熟悉电梯维护保养有关规定，掌握电梯缓冲器维护保养的基本

操作。

【知识准备】

缓冲器的维护保养

缓冲器的维保内容与方法见表 3-26。

表 3-26 缓冲器维保内容及方法

维护保养周期	维护保养内容及方法
季度维护保养	1. 使用棉布醮清洁剂清洁缓冲器表面灰尘和污垢
	2. 检查缓冲器是否有漏油现象
	3. 使用油位量规检查缓冲器油位是否合适。如缺少,则必须补充
	4. 检查缓冲器表面是否有锈蚀和油漆脱落。如有,使用 1000#砂纸打磨光滑,去除锈蚀后补漆防锈
	5. 检查液压油缸壁和活塞柱是否有污垢;清洁表面,如有锈蚀,使用1000#砂纸打磨除锈。有的活塞表面有一层防锈漆,清洁时不应去掉
	6. 使用干净棉布醮机油润滑活塞柱
	7. 检查缓冲器顶端是否有橡胶垫块,如没有,则需补上
	8. 检查缓冲器安装是否牢固、垂直
	9. 用体重检查缓冲器运动状况:站在活塞上,跳动几下,检查活塞是否有 50~100mm 的活动范围和电气开关是否动作。如果活塞没有动,那么需要检查缓冲器是否有问题

【多媒体资源】

演示电梯的缓冲器及其维护保养工作过程。

【任务实施】

实训设备

1. 亚龙 YL-777 电梯 (及其配套工具、器材)。

2. 亚龙 YL-771 型电梯井道设施实训考核装置 (及其配套工具、器材)。

实训步骤

步骤一:实训准备

1. 检查是否做好了电梯维保的警示及相关安全措施。

2. 向相关人员 (如管理人员、乘用人员或司机) 说明情况。

3. 按规范做好维保人员的安全保护措施。

4. 准备相应的维保工具。

步骤二:缓冲器的维护保养步骤、方法及要求

1. 维保人员整理清点维保工具与器材。

2. 放好"有人维修,禁止操作"的警示牌。

3. 将轿厢运行到基站。

4. 到机房将选择开关打到检修状态,并挂上警示牌。

5. 检查以下项目：

（1）缓冲器的各项技术指标（如缓冲行程等）以及安全工作状态是否符合要求。

（2）缓冲器的油位及泄漏情况（至少每季度检查一次），液面高度应经常保持在最低油位线上。油的凝固点应在-10℃以下。黏度指数应在115以上。

（3）缓冲器弹簧应无锈蚀，如有则用1000#砂纸打磨光滑，并涂上防锈漆。

（4）缓冲器上的橡胶冲垫有无变形、老化或脱落，若有应及时更换。

（5）缓冲器柱塞的复位情况。检查方法是以低速使缓冲器到全压缩位置，然后放开，从开始放开的一瞬间计算，到柱塞回到原位置上，所需时间应不大于90s（每年检查一次）。

（6）轿厢或对重撞击缓冲器后，应全面检查，如发现缓冲器不能复位或歪斜，应予以更换。

（7）检查电气保护开关，看是否固定牢靠、动作灵活、可靠。

6. 做好以下项目的维修保养：

（1）缓冲器的柱塞外漏部分要清除尘埃、油污，保持清洁，并涂上防锈油脂。

（2）定期对缓冲器的油缸进行清洗，更换废油。

（3）定期查看并紧固好缓冲器与底坑下面的固定螺栓，防止松动。

7. 完成维保工作后，将检修开关复位，并取走警示牌。

步骤三：填写缓冲器维保记录单

维保工作结束后，维保人员应填写维保记录单（见表3-27）。

表3-27　电梯缓冲器维修保养记录单

序号	维保内容	维保要求	完成情况	备注
1	维保前工作	准备好工具		
2	缓冲器复位试验	压缩后能自动复位		
		复位后,电气开关才恢复正常		
3	缓冲器柱塞	无锈蚀		
4	电气保护开关	固定牢靠、动作灵活、可靠		
5	缓冲器液位	液位正常		
6	缓冲距	顶面至轿厢距离符合要求		
7	缓冲器清洁	无灰尘、油垢		

维修保养人员：　　　　　　　　　　　　　　　　　日期：　　年　　月　　日

使用单位意见：

使用单位安全管理人员：　　　　　　　　　　　　　日期：　　年　　月　　日

注：完成情况（如完好可打√，有问题打×，维修时请在备注栏说明）

【习题】

一、填空题

1. 缓冲器的油位及泄漏情况应至少每_____检查一次。
2. 缓冲器柱塞的复位情况应每_____检查一次。
3. 检查缓冲器柱塞的复位情况的方法是以低速使缓冲器到全压缩位置，然后放开，从开始放开的一瞬间计算，到柱塞回到原位置上，所需时间应不大于_____ s。

二、学习记录与分析

分析表 3-27，清楚电梯缓冲器的维保内容的维保周期，并小结电梯缓冲器维护保养的过程、步骤、要点和基本要求。

三、试叙述对本任务与实训操作的认识、收获与体会

任务 3.8　　电梯安全保护装置的维护保养

【任务目标】

应知
掌握电梯安全保护装置维护保养的内容和要求。
应会
学会电梯安全保护装置维护保养的基本操作。

【建议学时】

4 学时。

【任务描述】

通过本任务的学习，熟悉电梯维护保养的有关规定，掌握电梯安全保护装置维护保养的基本操作。

【知识准备】

电梯安全保护装置的维护保养要求
1. 电梯行程终端限位保护开关的维护保养要求
电梯的行程终端限位保护装置包括上、下行程的限位开关（强迫减速和限位开关）和极限开关共三类（以下简称"三类开关"）。
（1）对三类开关的检查。
1）检查三类开关的固定是否可靠，有无松动移位，动作是否灵敏。
2）检查三类开关的碰轮是否动作灵活可靠；同时检查开关的打板（碰板）的垂直情

况，有无扭曲变形；在电梯轿厢的全部行程中，碰轮不应接触除上、下碰板之外的任何物体。

3）检查三类开关的电气接线是否牢固，有无松脱。

（2）对三类开关的检验。

应定期对三类开关进行可靠性试验，方法如下：

1）对极限开关的检验：先将限位开关回路短接，电梯以检修状态慢行越过限位开关，使碰板直接与极限开关碰轮接触，检查极限开关能否切断电梯电源。

2）对限位开关的检验：电梯以检修状态慢行，使轿厢上的碰板触动限位开关的碰轮，检验限位开关能否使电梯停止运行。

3）对强迫减速开关的检验：将电梯上（或下）端终点层站的层楼选层继电器或有关触点断开，人为造成在该层站不停车；电梯在该层之前相隔两层开始快速运行，当电梯越过该层平层位置而使轿厢上的碰板触动强迫减速开关的碰轮时，电梯应换速并平层停下来。

4）检验注意事项：

① 检验的顺序应该是：先检验极限开关→再检验限位开关→最后检验强迫减速开关。因此，在检验强迫减速开关时，应能保证限位开关和极限开关良好；同理，在检验限位开关时，应能保证极限开关良好。

② 如果在检验中发现极限开关失灵，那么在修复极限开关之前，绝对不能去检验该方向的其他两个开关（尤其是不能去检验强迫减速开关），否则会造成电梯冲顶或蹲底的严重事故。

（3）三类开关的维保内容及方法（见表3-28）。

表3-28　行程终端限位保护开关的维保内容及方法

序号	部 位	维保内容	维保周期
1	三类开关的安装位置	检查是否固定,动作灵敏可靠	每半月
2	三类开关的电气接线	检查是否牢固,接触良好	每半月
3	轿厢外侧的开关打（碰）板	检查是否垂直,有无松动、移位、扭曲变形	每半月
4	机械式极限开关	检查各部件是否完好,钢丝绳的张紧程度是否合适	每半月

【多媒体资源】

演示电梯的行程终端限位保护开关及其维护保养工作过程。

2. 电梯报警装置的维护保养要求

电梯报警装置各部件的安装位置主要在轿厢内和轿顶，五方通话分别在值班室、机房、轿厢内、轿顶和底坑。维修保养人员要熟悉各部件的安装位置和线路的敷设情况，熟悉电梯轿厢内的报警装置和轿顶报警装置的维修保养项目及内容。确保电梯轿厢内报警安全运行，需要定期对电梯轿厢内报警装置做好维护和保养工作。

（1）电梯报警系统的电路图。

电梯报警系统的电路图如图3-13所示。该系统的电源应采取专门的应急电源供电，不依赖于电梯本身正常运行的电源，应急电源电路安装在电梯轿顶上。

（2）电梯报警系统的相关装置。

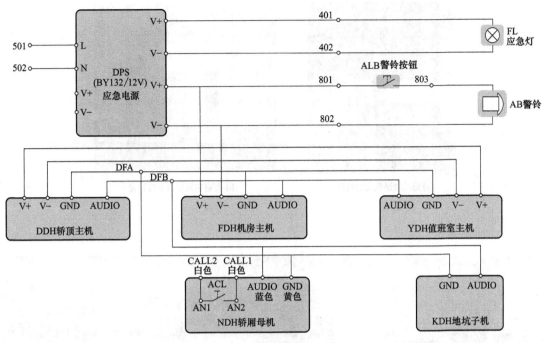

图 3-13　电梯报警系统电路图

1）轿厢外的装置。电梯报警系统是为了乘客以及维修或检测人员的安全，实现机房、轿顶、轿厢、底坑与值班室等五个地方之间的对讲通话。现以 YL-777 型实训电梯为例，在底坑、值班室、机房与轿顶的对讲机安装位置分别如图 3-14a~d 所示，报警铃装在轿顶上，如图 3-14e 所示。

2）轿厢内的装置。轿厢内应装有紧急报警装置，在电梯发生故障的情况下，轿厢内乘客可以用该装置向外界发出求援信号。相关的操纵按钮、开关和轿内对讲机都在轿厢内操纵屏上，如图 3-15 所示。

（3）电梯报警系统的维护保养内容和方法。

1）电梯轿厢内报警装置操作面板全部按钮，应标记清晰，功能正常、清洁无污迹。

2）电梯轿顶报警铃完好，功能正常，清洁无灰尘。

3）电梯轿顶应急电源完好，功能正常，清洁无灰尘。

4）机房、轿顶、值班室、轿厢内、底坑通话对讲机是否完好，能正常通话、清晰，清洁。

5）轿内报警铃接线端子 801 和 803（见图 3-16）的接线应良好，布线排列整齐，清洁无灰尘。

具体如表 3-29 所列。

表 3-29　电梯报警系统的维保内容及方法

序号	部　位	维保内容	维保周期
1	轿内报警装置操作面板	清洁,检查应功能正常	每半月
2	五个位置的对讲机	清洁,检查应功能正常	每半月
3	轿顶报警铃	清洁,检查应功能正常	每半月
4	轿顶应急电源	清洁,检查应功能正常	每半月
5	轿内报警铃接线端子 801 和 803	清洁,检查应功能正常	每半月

a) 底坑对讲机安装位置

b) 值班室对讲机安装位置

c) 机房对讲机安装位置

d) 轿顶对讲机安装位置

e) 轿顶报警铃和到
站钟安装位置

图 3-14　电梯报警系统在轿厢外的装置

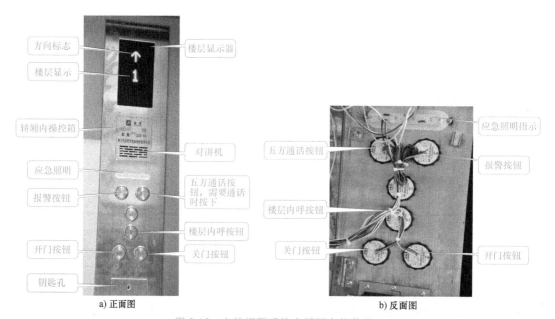

a) 正面图

b) 反面图

图 3-15　电梯报警系统在轿厢内的装置

图 3-16　报警铃接线端子 801、803 接线图

【多媒体资源】

演示电梯的报警系统及其维护保养工作过程。

【任务实施】

实训设备

1. 亚龙 YL-777 电梯（及其配套工具、器材）。

2. 亚龙 YL-770 型电梯电气安装与调试实训考核装置（及其配套工具、器材）。

3. 亚龙 YL-771 型电梯井道设施安装与调试实训考核装置（及其配套工具、器材）。

实训步骤

步骤一：实训准备

1. 检查是否做好了电梯维保的警示及相关安全措施。

2. 向相关人员（如管理人员、乘用人员或司机）说明情况。

3. 按规范做好维保人员的安全保护措施。

4. 准备相应的维保工具。

步骤二：维护保养步骤、方法及要求

1. 维保人员整理清点维保工具与器材。

2. 放好"有人维修，禁止操作"的警示牌。

3. 将轿厢运行到基站。

4. 到机房将选择开关打到检修状态，并挂上警示牌。

5. 按表 3-28 所列项目对电梯行程终端限位保护开关进行维护保养。

6. 按表 3-29 所列项目对电梯报警系统进行维护保养。

7. 完成维保工作后，将检修开关复位，并取走警示牌。

步骤三：填写维保记录单

维保工作结束后，维保人员应填写维保记录单（见表 3-30、3-31）。

表 3-30　电梯行程终端限位保护开关维修保养记录单

序号	维保内容	维保要求	完成情况	备注
1	维保前工作	准备好工具		
2	三类开关及附属装置补油			
3	三类开关	应固定,动作灵敏可靠		
4	三类开关的电气接线	应牢固,接触良好		
5	轿厢外侧的开关打板	应垂直,无松动、移位或扭曲变形		

维修保养人员:　　　　　　　　　　　　　　　　　　　　　　日期:　　年　　月　　日

使用单位意见:

使用单位安全管理人员:　　　　　　　　　　　　　　　　　日期:　　年　　月　　日

注:完成情况（如完好可打√,有问题打×,维修时请在备注栏说明）

表 3-31　电梯报警系统维保记录单

序号	维保内容	维保要求	完成情况	备注
1	轿厢内报警装置操作面板	按钮标记清晰,功能正常		
2	轿内报警按钮、显示	工作正常、功能齐全有效		
3	轿厢内对讲机的按钮	标记清晰,功能正常		
4	轿厢内对讲机的通话功能	功能正常		
5	轿顶报警铃	清洁完好、工作正常		
6	轿顶对讲机	清洁完好、工作正常		
7	接线端子 801 和 803	接线良好,布线排列整齐清洁		
8	值班室、底坑、机房对讲机功能	正常,清洁		
9	轿厢检修开关、急停开关	功能齐全有效		
10	轿顶检修开关、急停开关	功能齐全有效		
11	底坑上、下急停开关	功能齐全有效		
12	其他			

维修保养人员:　　　　　　　　　　　　　　　　　　　　　　日期:　　年　　月　　日

使用单位意见:

使用单位安全管理人员:　　　　　　　　　　　　　　　　　日期:　　年　　月　　日

注:完成情况（如完好可打√,有问题打×,维修时请在备注栏说明）

【习题】

一、填空题

1. 所谓"三类开关"是指_____开关、_____开关和_____开关。
2. 检验三类行程终端限位保护开关的顺序应该是：先检验_____开关，再检验_____开关，最后检验_____开关。
3. 所谓"五方通话装置"，是指安装在_____、_____、_____、_____和_____地方的对讲机。
4. 电梯的报警铃安装在_____。
5. 电梯报警系统的电源应采取专门的应急电源供电，不依赖于_____电源，应急电源电路安装在电梯_____。

二、学习记录与分析

1. 分析表 3-28，清楚电梯行程终端限位保护开关的维保内容的维保周期，并小结电梯行程终端限位保护开关维护保养的过程、步骤、要点和基本要求。
2. 分析表 3-29，清楚电梯报警系统的维保内容的维保周期，并小结电梯报警系统维护保养的过程、步骤、要点和基本要求。

三、试叙述对本任务与实训操作的认识、收获与体会

任务 3.9

【任务目标】

应知
掌握电梯电气控制柜维护保养的内容和要求。

应会
学会电梯电气控制柜维护保养的基本操作。

【建议学时】

2 学时。

【任务描述】

通过本任务的学习，熟悉电梯维护保养的有关规定，掌握电梯电气控制柜维护保养的基本操作。

【知识准备】

电梯电气控制柜的维护保养要求

1. 电气控制柜的检查

电梯电气控制柜检查的内容主要有：

（1）断开曳引电动机电源，检查控制柜是否正常工作。

（2）断开电气控制柜的电源：

1）用软毛刷或吸尘器清扫控制柜内的积尘。观察仪表、接触器、继电器等电器的外表，动作是否灵活可靠，有无明显噪声，有无异常气味，连接导线、接点是否牢固、无松动；变压器、板形电阻器、整流器等有无过热现象。

2）检查继电器、接触器的触点有无烧蚀的地方，可用细砂布将氧化部分、炭粉及污垢除去，再用酒精，汽油或四氯化碳清洗擦拭干净。检查调整继电器、接触器触点弹簧压力，使触点有良好的接触。

3）检查控制柜内接线端子板压线有无松动现象；各熔断器中熔断体选用是否合适。

2. 电气控制柜维护保养的内容和方法（表3-32）

表 3-32　电梯电气控制柜的维保内容及方法

序号	部　位	维保内容	维保周期
1	控制柜内	清扫积尘	每季度
2	各电器元件	接线无松动,工作、温升正常	每半月
3	接触器主触点	无烧蚀	每季度
4	其他继电器、接触器触点	接触良好	每年

【多媒体资源】

演示电梯电气控制柜及其维护保养工作过程。

【任务实施】

实训设备

1. 亚龙 YL-777 电梯（及其配套工具、器材）。

2. 亚龙 YL-770 型电梯电气安装与调试实训考核装置（及其配套工具、器材）。

实训步骤

步骤一：实训准备

1. 检查是否做好了电梯维保的警示及相关安全措施。

2. 向相关人员（如管理人员、乘用人员或司机）说明情况。

3. 按规范做好维保人员的安全保护措施。

4. 准备相应的维保工具。

步骤二：维护保养步骤、方法及要求

1. 维修人员整理清点维修工具与器材。

2. 放好"有人维修，禁止操作"的警示牌。

3. 将轿厢运行到基站。

4. 到机房将选择开关打到检修状态，并挂上警示牌。

5. 按表3-32所列项目对电梯电气控制柜进行维护保养。

6. 完成维保工作后，将检修开关复位，并取走警示牌。

步骤三：填写维保记录单

维保工作结束后，维保人员应填写维保记录单（表3-33）。

表 3-33　电梯电气控制柜维修保养记录单

序号	维保内容	维保要求	完成情况	备注
1	维保前工作	准备好工具		
2	控制柜内清洁	清洁无积尘		
3	各电器元件	接线无松动,工作、温升正常		
4	接触器主触点	无烧蚀		
5	其他继电器、接触器触点	接触良好		

维修保养人员：　　　　　　　　　　　　　　　　　　日期：　　年　月　日

使用单位意见：

使用单位安全管理人员：　　　　　　　　　　　　　　日期：　　年　月　日

注：完成情况（如完好可打√，有问题打×，维修时请在备注栏说明）

【习题】

一、选择题

做电梯电气控制柜内的清洁（　　）。

A. 应断开电源　　　　　　B. 不应断电源　　　　　　C. 电源是否断开可随意

二、学习记录与分析

分析表3-32，清楚电梯电气控制柜的维保内容的维保周期，并小结电梯电气控制柜维护保养的过程、步骤、要点和基本要求。

三、试叙述对本任务与实训操作的认识、收获与体会

任务 3.10　　电梯电气线路的维护保养

【任务目标】

应知

掌握电梯电气线路维护保养的内容和要求。

应会

学会电梯电气线路维护保养的基本操作。

【建议学时】

2 学时。

【任务描述】

通过本任务的学习，熟悉电梯维护保养的有关规定，掌握电梯电气线路维护保养的基本操作。

【知识准备】

电梯电气线路的维护保养要求

现以电梯轿厢内照明与通风装置的维护保养为例介绍电梯电气线路的维保工作。

1. 轿厢内照明与通风装置

（1）轿厢内检修盒。检修盒在电梯轿厢内操纵屏的下部，检修盒有专门的钥匙，平常是锁上的，只有管理维护人员或电梯司机在对电梯进行检修维护的时候才能打开。检修盒内有轿厢照明开关和风扇开关等，如图 3-17 所示。

轿厢风扇开关 FANS

轿厢照明开关 LAMB

图 3-17　轿厢内检修盒

（2）轿厢内照明装置。轿厢内照明装置如图 3-18 所示，以保证轿厢内有足够的照明度。

照明灯　　通风孔　　照明灯

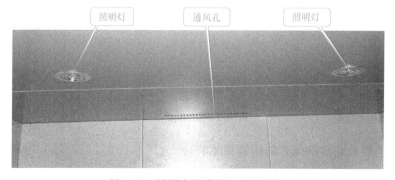

图 3-18　轿厢内照明装置和通风孔

（3）轿厢内通风装置。轿顶通风机如图 3-19 所示。

图 3-19　轿顶通风机

2. 轿厢照明和通风装置维护保养的内容与方法

轿厢照明和通风装置维护保养的内容与方法如表 3-34 所示。

表 3-34　照明与通风装置维保内容及方法

维护保养周期	维护保养内容及方法
日维护保养	1. 轿厢内照明装置灯无损坏,无不良现象
	2. 轿厢内通风装置能正常启动,送风量大小合适
	3. 轿内地板照明度在 50lx 以上
	4. 通风孔无堵塞
半月维护保养	停电后应急照明装置应正常,并能保证应急照明至少能持续 1h
季度维护保养	1. 检查风扇有没有问题,并清洁轿厢风扇
	2. 给风扇轴承加注润滑油

【多媒体资源】

演示电梯轿厢内照明与通风装置及其维护保养工作过程。

【任务实施】

实训设备

1. 亚龙 YL-777 电梯（及其配套工具、器材）。

2. 亚龙 YL-770 型电梯电气安装与调试实训考核装置（及其配套工具、器材）。

实训步骤

步骤一：实训准备

1. 检查是否做好了电梯维保的警示及相关安全措施。

2. 向相关人员（如管理人员、乘用人员或司机）说明情况。

3. 按规范做好维保人员的安全保护措施。

4. 准备相应的维保工具。

步骤二：维护保养步骤、方法及要求

1. 维修人员整理清点维修工具与器材。

2. 放好"有人维修，禁止操作"的警示牌。

3. 将轿厢运行到基站。

4. 到机房将选择开关打到检修状态，并挂上警示牌。

5. 按表 3-34 所列项目对电梯轿厢内照明与通风装置进行维护保养。

6. 完成维保工作后，将检修开关复位，并取走警示牌。

步骤三：填写维保记录单

维保工作结束后，维保人员应填写维保记录单（表 3-35）。

表 3-35 电梯轿厢内照明及通风装置维修保养记录单

序号	维保内容	维保要求	完成情况	备注
1	维保前工作	准备好工具		
2	照明装置	照明电源主开关正常		
3		轿厢地面照度 50lx 以上		
4	通风装置	通风电动机运行正常		
5		通风电动机已清洁		
6		轿顶送风面积不少于轿厢有效面积 1%		
7		轿壁送风面积不大于轿厢有效面积 50%		
8		直径为 10mm 的硬直棒不能插入通风孔		
9		送风大小符合要求		
10		送风孔无堵塞		
11		清洁轿厢风扇		
12		风扇轴承加油		

维修保养人员： 日期： 年 月 日

使用单位意见：

使用单位安全管理人员： 日期： 年 月 日

注：完成情况（如完好可打√，有问题打×，维修时请在备注栏说明）

【习题】

一、判断题

1. 轿厢内检修盒在电梯轿厢内操纵屏的下部。 （ ）

2. 轿厢应急照明应能让乘客看清有关报警的文字说明。 （ ）

二、学习记录与分析

分析表 3-34，清楚电梯轿厢内照明与通风装置的维保内容的维保周期，并小结电梯轿厢内照明与通风装置维护保养的过程、步骤、要点和基本要求。

三、试叙述对本任务与实训操作的认识、收获与体会

项 目 总 结

本项目列举了 10 个电梯日常维护保养的任务，应基本涵盖了电梯的主要系统和基本部件的维保工作。

1. 按照有关规定，电梯的维保分为半月、季度、半年、年度维保，其维保的基本项目（内容）和达到的要求可见《电梯使用管理与维护保养规则》（[TSG/T 5001—2009] 的附表 A-1~附表 A-4）。维保单位应当依据各表中的要求，按照安装使用维护说明书的规定，并且根据所保养电梯使用的特点，制订合理的维保计划与方案，对电梯进行清洁、润滑、检查、调整，更换不符合要求的易损件，使电梯达到安全要求，保证电梯能够正常运行。

2. 电梯的曳引系统是电梯的动力系统，任务 3.1、3.2 学习了对电梯的曳引电动机、减速箱、制动器和曳引钢丝绳的维护保养内容和方法。

3. 轿厢和重量平衡系统的维保包括对轿厢、对重和补偿装置的维保。

4. 门系统的维保包括对轿门（及安全触板）、厅门和自动门机构的维保。电梯的门系统是电梯故障的多发区域，因此门系统的维护保养工作显得尤其重要。

5. 电梯的导向系统主要由导轨、导轨架和导靴组成，因此其维保的基本项目包括对导轨、导轨架、导靴和油杯的维保。

6. 安全保护系统主要介绍了限速器、安全钳与缓冲器，以及行程终端限位保护开关和电梯报警系统的维护保养。这些都是对电梯安全性能非常重要的设施与装置，其维保工作也显得特别重要。

7. 电气系统的维保主要介绍了电气控制柜的维保。至于其他电气线路（零部件）的维保，在此仅以轿厢内照明与通风装置为例进行了介绍。

项目4
电梯安装与调试实训

项目概述

　　本项目为"电梯安装与调试实训",共 12 个学习任务。须知电梯不同于其他产品(如汽车),电梯产品没有在制造厂就整机安装调试好出厂提供给用户的,而需要在现场进行安装调试,所以电梯产品的质量在很大程度上取决于安装与调试的质量。而电梯安装与调试同样是电梯安装与维护专业人才关键的职业能力之一。通过本项目的教学,基本能够系统地培养电梯安装调试的工作能力与操作技能。

任务 4.1

【任务目标】

应知

1. 了解电梯样板的类型与组成;
2. 掌握电梯样板制作、样板固定与挂基准线的基本操作步骤和注意事项。

应会

1. 学会电梯样板制作、样板固定与挂基准线的基本规范操作。
2. 学会电梯安装与调试工作中的操作规范,养成良好的安全意识和职业素养。

【建议学时】

8 学时。

【任务分析】

　　通过本任务的学习,掌握在电梯安装与调试实训中的安全操作规范,掌握电梯样板制作、样板固定与挂基准线的基本操作步骤和注意事项,养成良好的安全意识和职业素养。

【知识准备】

一、电梯的井道

1. 电梯井道结构

电梯井道是指保证轿厢、对重安全运行所需的建筑空间，通常以底坑底、井道壁和井道顶为边界。电梯井道常见的设备有：厅门、轿厢、对重、导轨、导轨支架、配线槽、端站保护开关、曳引钢丝绳、随行电缆、照明等（如图4-1所示）。

a) 井道实物图

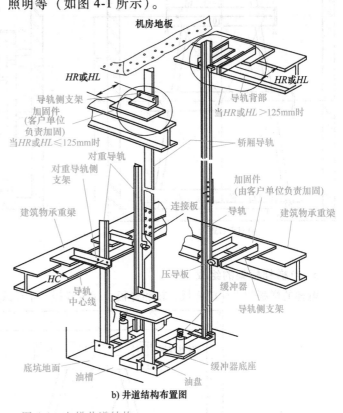

b) 井道结构布置图

图4-1　电梯井道结构

2. 电梯安装对井道要求

为了安装施工能顺利地进行，在施工准备时，必须测量井道尺寸，井道土建（钢架）结构及布置必须符合电梯施工图的要求，如有问题提前发现，以便及时研究解决。

（1）在底层及顶层处测量井道宽度、井道净深、井道高度、厅门留洞尺寸，与图纸标注尺寸核对是否有错误之处，根据标准规定电梯井道水平尺寸是铅锤测定的最小净空尺寸，当高度≤30m时允许偏差为0~25mm。

（2）检查井道预埋件（导轨支架撑脚）位置是否正确无误，杂物、积水是否清理完毕。

二、电梯样板

1. 电梯样板的作用

电梯样板的作用是当安装厅门、轿厢、轿厢导轨、对重导轨等井道部件时，在井道内确定其安装的相互位置。

2. 电梯样板的类型

（1）样板根据安装位置不同分上样板和下样板，其中上样板安装在井道顶部，下样板安装在底坑。

（2）样板根据结构可分为整体式和局部式，其中整体式结构严谨、扎实，不易整体变形；局部式制作简单，但稍受力，极易损坏。

（3）样板按对重位置分为对重后置式和对重侧置式，如图4-2所示。

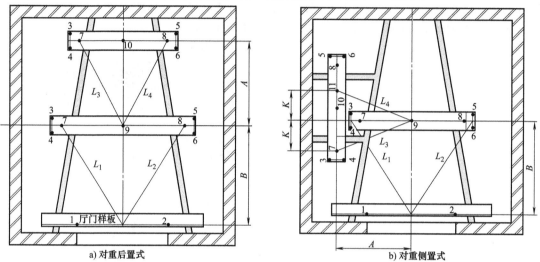

a) 对重后置式　　　　　　　　　　　　b) 对重侧置式

图 4-2　电梯的样板

3. 电梯样板架的组成

电梯的样板架由厅门样板、轿厢样板、对重样板、木质或钢制的托架组成，如图4-3所示。

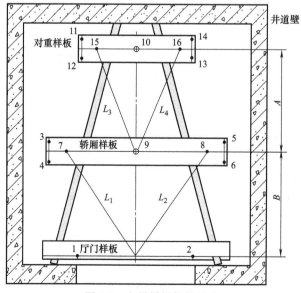

图 4-3　电梯样板架的组成

A—轿厢导轨与对重导轨中心距　B—轿厢门地坎与轿厢导轨中心距　1、2—厅门样线落线点

3、4、5、6、11、12、13、14—导轨支架安装位置落线点　7、8、15、16—导轨校正落线点

9—轿厢曳引点　10—对重曳引点　$L_1 \sim L_4$—样板放置测量线段

【多媒体资源】

演示电梯井道的相关设备及样板制作与放样线的基本操作步骤。

【任务实施】

实训设备

1. 亚龙 YL-777 型电梯安装与调试实训考核装置（及其配套工具、器材）。

2. 亚龙 YL-771 型电梯井道设施安装与调试实训考核装置（及其配套工具、器材）。

实训步骤

步骤一：实训准备

1. 实训前先由指导教师进行安全与规范操作的教育。

2. 按"任务 1.4"的要求做好相关准备工作。

3. 根据实训任务的要求选取工具。电梯安装与调试实训通用的工（用）具和器材如表 4-1 和表 4-2 所列（推荐工具和器材，下同）。

表 4-1　安全用具

序号	名称	型号/规格	数量	单位	备注
1	安全帽		2	个	
2	安全带	双背式安全带	2	套	
3	隔离带	警戒线护栏	2	根	
4	对讲机		2	台	

表 4-2　工具和器材

序号	名称	型号/规格	数量	单位	备　注
1	钢直尺	300mm	1	把	
2	角尺	300mm	1	把	
3	钢卷尺	5m	1	把	
4	塞尺		1	把	
5	线锤		若干	个	
6	放大镜		1	个	精度要求:仪器和量具的精度应满足下列要求
7	常用电工工具		1	套	1. 质量、力、长度、时间和速度的测量误差在±1%范围内
8	便携式检验灯		1	盏	
9	工具袋	布料、麻线	1	个	
10	记号笔	红色	2	支	2. 加、减速度检测误差在±5%范围内
11	活扳手	100mm、150mm、200mm、300mm	各1	把	
12	梅花扳手		1	套	3. 电压、电流检测误差应在±5%范围内
13	套筒扳手		1	套	
14	螺钉旋具	50mm、75mm、150mm、200mm	各1	把	4. 温湿度检测误差应在±5%范围内
15	十字螺钉旋具	75mm、100mm、150mm、200mm	各1	把	
16	冲击钻		1	把	
17	手电钻		1	把	
18	手锯		1	把	
19	常用钳工工具		1	套	
20	钢丝	0.7mm	1	扎	

步骤二：制作样板

1. 根据亚龙 YL-777 电梯的井道布置图（如图 4-4 所示），对安装井道进行尺寸复核检查，并填写表 4-3。

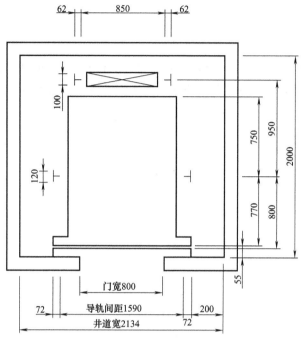

图 4-4　井道布置图

表 4-3　导轨支架安装检查记录表

检 查 部 位	检 查 结 果
井道宽	
井道深	
门（预留孔）宽	

2. 选用的木料制作样板，其木材应无弯曲变形、厚度、硬度都不易变形，可参考图 4-5。

3. 根据设备的《井道布置图》（图 4-4）的数据及放样图（图4-3）制作上样板。

（1）截取门样板的长度，先用墨盒作门样板的基准线，然后在基准线上作中线和门样线的落线标示 1、2 点，并用手锯锯出放线切口（开口应≤15°）；

（2）截取轿厢样板的长度，在轿厢样板上作出中线，找出轿厢导

图 4-5　木质样板

轨支架样线和导轨样线的落线标示3、4、5、6、7、8点，用手锯锯出轿厢导轨支架样线的放线切口，如图4-6所示；

（3）截取对重样板的长度，在对重样板上作中线，找出对重导轨支架样线和对重导轨样线的落线标示11、12、13、14、15、16点，并用手锯锯出对重导轨支架样线的放线切口。

图4-6　轿厢样板

步骤三：放置样板

1. 在井道最顶部以下约1.5m内的地方安装样板支承架，支承架用200mm×200mm的木方固定在井壁（钢结构）上并测量水平度；

2. 分别把样板按顺序放置在样板支承上（样线是井道装置安装基准线，在放置样板时，当门样板放置定位好后整个样板架的位置已唯一确定）。所以样板放置顺序为：放置门样板→放置轿厢样板→放置对重样板；

3. 放置门样板确定门样板中心线与开门中心重合，调水平，门样板的基准线与井壁距离等于厅门地坎宽与测量距之和；

4. 放置轿厢样板先确定轿厢导轨中线与开门中心重合，调水平，轿厢样板与门样板平行且距离符合井道图尺寸要求，测量对角线尺寸要求 $L_1=L_2$（见图4-3）；

5. 放置对重样板先确定对重导轨中线与开门中心重合，调水平，对重样板与门样板、轿厢样板平行且距离符合井道图尺寸要求，测量对角线尺寸要求 $L_3=L_4$（见图4-3）；

6. 当样板符合以上要求，对样板进行预固定。

步骤四：放基准线

1. 选用0.7mm或0.9mm的钢丝进行放线，在样板上，将钢丝穿过切好的放线口处，一端用螺钉或螺帽固定在样板上，另一端悬生铁线锤（5kg左右），顺序缓缓放下至底坑，如图4-7所示，中间垂线不能与其他物体接触，而且不能使钢丝有死结现象存在；

2. 复核各样线间的尺寸是否符合井道布置图（图4-4）的数据要求，如有误差，进行适当的调整，当各样线间的尺寸符合要求时，应对样板进行最终固定。

图4-7　放基准线线锤

步骤五：记录与讨论

1. 将样板制作和放样线的步骤与要点记录于表4-4中（可自行设计记录表格）。

表 4-4　样板制作和放样线操作记录表

操作步骤	操作要领	注意事项
步骤 1		
步骤 2		
步骤 3		
步骤 4		
步骤 5		
步骤 6		
步骤 7		
步骤 8		

2. 学生分组讨论样板制作和放样线的操作要领与体会。

【相关链接】

电梯安装的安全注意事项

1. 必须牢记"安全第一"的生产观念，从思想上保持警惕。

2. 进入施工现场，必须头戴安全帽，工作时穿上合适的工作服和安全鞋，不可戴手镯、项链、戒指等其他装饰品，严禁在工作时玩耍、打斗、饮酒。

3. 在井道脚手架上工作，上、下爬行时要注意站稳抓实，每层脚手架中间须搭一根钢管铺两层垫板，除非已提供某些防护措施，当工作高度超 2m 而有坠落危险时，必须系上安全带，并紧系在牢固的物体上。

4. 应避免在井道内的不同楼层进行两项或多项工作。

5. 在留有预留孔的机房内，须用木板固定或重物覆盖预留孔，防止物体坠入井道。机房内承重吊钩须有用户单位出具的承重载荷保证书。

6. 井道内要有足够的照明，严禁使用明火照明。

7. 当使用易燃、易爆及有害液体时，必须要有足够的空气流通，并有保护措施和设置消防器材。在现场严禁吸烟和引入火种。

8. 在使用电动工具时，必须保证有可靠而有效的接地，并配有漏电保护器，电动工具不得在潮湿或水中使用，切不可将电动工具当作其他用途使用。

9. 气割设备应放置妥善地方，并有"禁止吸烟"标志、消防措施和灭火工具。氧气瓶和乙炔瓶存放距离不得小 7m，且远离火源至少 10m。当进行电焊或气割工作时，应提前与业主防火部门取得联系，申请动火证，操作者必须持有操作证方可动火，动火必须有监护人并配备灭火器，防止溶液溅到衣服上。

10. 严禁在电缆、电线、导轨、补偿链上爬行或滑下。

11. 在井道中不得使用明火照明。在轿顶工作时须格外小心，要注意周围情况，以防电梯突然起动时发生坠落事故。

12. 每个工地上必须备有急救药箱。

【习题】

一、填空题

1. 样板架由门样板、_____样板、_____样板、木质或钢制托架组成。
2. 样板架按对重位置分为_____和_____。
3. 按样板架在井道位置分为_____和_____。
4. 样板放置顺序为：放置_____样板→放置_____样板→放置_____样板。

二、判断题

1. 可以在井道内的不同楼层进行两项或多项工作。　　　　　　　　　（　　）
2. 为了在井道内有足够的照明，可以使用明火照明。　　　　　　　　（　　）
3. 在使用电动工具时，必须保证有可靠而有效的接地，并配有漏电保护器。（　　）

三、综合题

1. 试叙述轿厢、对重样板相互间调整平行的方法。
2. 电梯安装有哪些安全注意事项？

四、试叙述对本任务与实训操作的认识、收获与体会。

任务 4.2　导轨支架和导轨的安装与调整

【任务目标】

应知
1. 了解电梯导轨支架和导轨的类型及其应用场合。
2. 掌握电梯导轨支架和导轨的安装与调整的操作程序和注意事项。

应会
1. 学会电梯导轨支架和导轨的安装与调整的基本规范操作。
2. 学会电梯安装与调试工作中的操作规范，养成良好的安全意识和职业素养。

【建议学时】

6 学时。

【任务分析】

通过本任务的学习，掌握在电梯实训中的安全操作规范，掌握电梯导轨支架和导轨安装与调整的基本操作步骤和注意事项，养成良好的安全意识和职业素养。

【知识准备】

电梯的导向系统的安装要求

1. 电梯导轨支架的安装要求

（1）导轨支架的安装位置、导轨支架之间距离、导轨支架与底坑及顶层楼板的距离，应按图样要求施工确定。如果没有具体规定，可采取第一个支架距底 1m 处，再往上每隔 2m 设一个，最后一个导轨支架距离顶层楼板不大于 0.5m。

（2）导轨支架及撑脚的水平度误差不大于 5mm，导轨支架的撑脚必须垂直于导轨支架的横梁，其垂直度误差不大于 1mm，如图 4-8 所示。

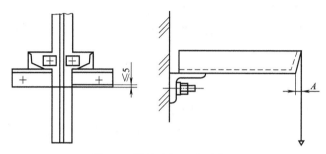

图 4-8　导轨支架安装示意图

2. 导轨的安装要求

（1）导轨连接处不应有连续缝隙，且局部缝隙不大于 0.5mm。

（2）接头处台阶应不大于 0.05mm，超差时应用导轨刨或锉等工具磨平，两列导轨分别磨平的长度不小于 150mm。

（3）导轨工作面对安装基准线垂直度误差应不大于 1/5000。

（4）轿厢两列导轨顶面间的距离偏差为 0~2mm 之间，对重两列导轨顶面间的距离偏差为 0~3mm 之间。

【多媒体资源】

演示：1. 电梯的导向系统相关设备的运行情况；2. 电梯导轨支架和导轨的安装与调整的基本操作步骤。

【任务实施】

实训设备

1. 亚龙 YL-777 型电梯安装与调试实训考核装置（及其配套工具、器材）。

2. 亚龙 YL-771 型电梯井道设施安装与调试实训考核装置（及其配套工具、器材）。

实训步骤

步骤一：实训准备

1. 实训前先由指导教师进行安全与规范操作的教育。

2. 按"任务 1.4"的要求做好相关准备工作。

3. 根据实训任务的要求选取工具（可见表 4-1 和表 4-2）。

步骤二：检查确认支架安装位置

对实训装置井道的安装环境、导轨支架及附件进行检查并填写表 4-5，如有问题应切实整改并经检查后方可进行下一步的工作。

表 4-5　导轨支架安装检查记录表

检 查 要 点	检查结果
井道底坑是否有积水、井道照明是否足够	
导轨支架安装样线是否已放好，符合安装要求	
导轨支架安装标志（支架撑脚安装孔）是否清晰	
导轨支架是否有损坏变形	

步骤三：安装导轨支架

1. 自井道顶部开始安装导轨支架，用两个螺栓把导轨支架撑脚固定在井道上并调好水平，同时保证撑脚垂直于横梁，误差不大于 5mm。

2. 先把导轨支架预紧在撑脚上，然后根据导轨支架样线对支架进行调整，如图 4-9 所示。

（1）调整导轨支架水平度误差在 5/1000 以内。

（2）调整压码安装孔对样线偏差在 1mm 以内。

图 4-9　导轨支架的安装

（3）调整导轨支架的工作面垂直并距两样线 2±0.5mm（测量距取 2mm）。

3. 先单侧安装，待支架调整好，务必复核尺寸并对支架进行固定。

步骤四：再次检查井道

安装完导轨支架后，再次对实训装置井道的安装环境、导轨及附件进行检查并填表4-6，如有问题应切实整改并经检查后方可进行下一步的工作。

表 4-6　导轨安装检查记录表

检 查 要 点	检查结果
导轨支架样线是否已拆卸	
井道内设备（脚手架）是否影响导轨的吊装	
导轨是否有损环	
导轨接头是否已清洁	

步骤五：安装导轨

1. 吊装导轨

（1）准备工作：先对底坑、导轨接头进行清洁，根据导轨长度确定导轨的吊装顺序并编号。

（2）确定第一根导轨接头的吊装方向，先在导轨上方接上接导板，把小型卷扬机专用吊钩固定在接导板上，利用卷扬机两人配合把导轨吊放于底坑中，并用压导板、螺栓连接导轨支架预固定。

（3）按照上述方法依次由下至上吊装导轨并预紧，同时注意两导轨检查对接处是否接好。如图 4-10 所示。

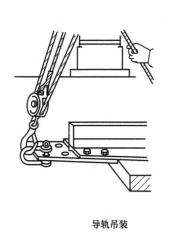

导轨吊装

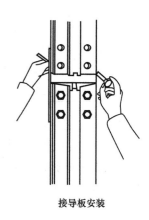

接导板安装

图 4-10　吊装导轨

2. 校正导轨

（1）单边导轨校正（粗调）：用卡道板（见图 4-11）由下而上，由底坑第二个支架开始，先找轿厢导轨，后找对重导轨进行单列导轨的垂直度及对样线中心的调整，即对样线偏差应不大于 1/5000，并预紧导轨；

（2）双边导轨校正（精调）：用导轨尺（见图 4-12）由下而上，由底坑第二个支架开始，先找轿厢导轨，后找对重导轨进行双列导轨平行度及导轨距的调整，即顶面间的距离偏差为 0~2mm，并紧固导轨。

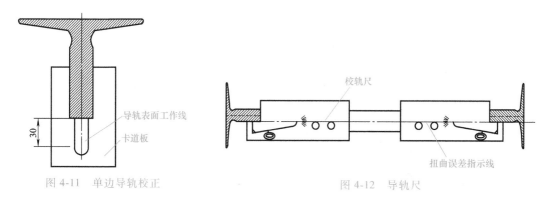

导轨表面工作线

卡道板

30

图 4-11　单边导轨校正

校轨尺

扭曲误差指示线

图 4-12　导轨尺

3. 复核尺寸。导轨安装完后，务必复核尺寸无误后对导轨进行紧固。

步骤六：记录与讨论

1. 将电梯导轨支架和导轨的安装与调整的步骤与要点记录于表 4-7 中（可自行设计记录表格）。

表 4-7　电梯导轨支架和导轨的安装与调整操作记录表

操作步骤	操作要领	注意事项
步骤 1		
步骤 2		
步骤 3		

（续）

操作步骤	操作要领	注意事项
步骤4		
步骤5		
步骤6		
步骤7		
步骤8		

2. 学生分组讨论电梯导轨支架和导轨的安装与调整的操作要领与体会。

【相关链接】

一、电梯导轨支架安装的安全注意事项

1. 安装前要先检查样线或放好样线，并符合国标的要求。

2. 操作时要注意各种工具的使用，使用梯子或攀爬脚手架时要遵守安全规定。

3. 操作过程要小心身体各部分碰撞到构架，造成损伤，并注意与样线保持好距离，避免碰撞到样线，造成测量误差。

4. 旋紧螺钉时，要注意操作的方法，不要用"死力"避免用力过大，碰撞到支架构件，造成损伤。

5. 避免井道上下同时作业。

6. 作业完毕，要清理好现场，收拾、检查好工具，才能离开。

二、电梯导轨安装的安全注意事项

1. 吊装时要注意脚手架及井道内部环境，小心进行，并切实保护好导轨接头，不能碰撞。

2. 吊装导轨时要做好安全措施，吊装绳要捆扎牢固，下面用木板垫平，防止导轨接头损坏。

3. 进入井道工作时要注意安全，戴好安全帽及安全带。

4. 调校导轨应在同一水平位置进行，井下不能站人，以防坠物伤人。

5. 避免井道上下同时作业。

【习题】

一、填空题

1. 电梯的导向系统由_____、_____和_____组成。

2. 电梯导向系统的作用是（1）_____；
（2）_____。

3. 电梯的导轨固定在_____；导靴固定在_____；导轨支架固定在_____。

4. 导轨支架的常见种类有：_____、_____和_____三种。

5. 导轨常见形状有：＿＿＿＿＿＿、＿＿＿＿＿＿、＿＿＿＿＿＿。

6. 轿厢导轨的两顶面距离偏差：＿＿＿＿＿＿。

7. 导轨台阶不平时，其修整距离应不小于＿＿＿＿＿＿。

二、综合题

1. 导轨支架的调整时可否先调垂直，再调水平，为什么？

2. 电梯导轨支架的安装有哪些安全注意事项？

3. 电梯导轨的安装有哪些安全注意事项？

三、试叙述对本任务与实训操作的认识、收获与体会

任务 4.3

【任务目标】

应知

1. 了解电梯厅门的类型与组成；

2. 了解电梯自动门锁的结构与动作原理；

3. 掌握电梯厅门及自动门锁安装与调整的操作程序和注意事项。

应会

1. 学会电梯厅门及自动门锁安装与调整的基本规范操作。

2. 学会电梯安装与调试工作中的操作规范，养成良好的安全意识和职业素养。

【建议学时】

4 学时。

【任务分析】

通过本任务的学习，掌握在电梯实训中的安全操作规范，掌握电梯厅门及自动门锁安装与调整的基本操作步骤和注意事项，养成良好的安全意识和职业素养。

【知识准备】

电梯厅门和自动门锁

可阅读相关教材中有关电梯厅门和自动门锁的内容，如：

"电梯结构与原理"学习任务 4；

"电梯维修与保养"学习任务 4.4、学习任务 5.2。

【多媒体资源】

演示：1. 电梯的厅门和自动门锁；2. 厅门和自动门锁安装与调整的基本操作步骤。

【任务实施】

实训设备

1. 亚龙 YL-777 型电梯安装与调试实训考核装置（及其配套工具、器材）。

2. 亚龙 YL-772 型电梯门机构安装与调试实训考核装置（及其配套工具、器材）。

实训步骤

步骤一：实训准备

1. 实训前先由指导教师进行安全与规范操作的教育。

2. 按"任务 1.4"的要求做好相关准备工作。

3. 根据实训任务的要求选取工具（可见表 4-1 和表 4-2）。

4 检查门地坎样线、厅门各部件，不符合要求处应进行修整，对转动部分应进行清洗加油。

步骤二：安装电梯厅门

1. 安装厅门地坎。根据厅门样线放置并调整地坎，地坎两侧与两样线的距离要一致，偏差小于 1mm，地坎中心与开门宽中心在同一直线上，水平度误差不大于 1/1000，如图 4-13 所示。

图 4-13　安装厅门地坎

2. 安装立柱。用螺栓把立柱与地坎连接，并用线锤检查立柱的垂直度，其误差<1mm，如图 4-14 所示。

3. 安装上坎（门头）。门头分别与井道、立柱相连接，并用 400~600mm 水平仪测量其水平度，用线坠检查门导轨中心与地坎中心的垂直度，偏差<1mm，如图 4-15 所示。

图 4-14　安装立柱

图 4-15　安装上坎

4. 安装门扇。先把门挂轮挂在门头道轨上，然后用螺栓将门扇与门挂轮、门扇与滑块连接，用线锤测量门扇铅垂度偏差在 1mm 以内，门扇下端与地坎、门套的间隙均在 1~6mm，中分式门扇对合处，上部应为 0mm，下部应小于 3mm；调整门压导板上导轨压轮与导轨间隙，应在符合标准要求（参考值 0.3~0.5mm）。同时开关门要顺畅可靠，如图 4-16

所示。

步骤三：安装电梯自动门锁

1. 安装门锁。安装前应对锁钩、锁臂、滚轮、弹簧等零件进行检查，用螺栓分别安装挡块部件在门头上，锁钩部件安装在门挂板上，如图4-17所示。

图 4-16　安装门扇

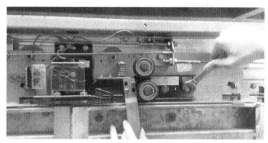

图 4-17　安装自动门锁

2. 调整门锁

调整锁钩与定位挡块之间的间隙（参考值 3±1mm），在门锁电气触点接通时，锁钩与定位挡块的吻合深度不小于 7mm，但同时要保证开门时锁钩的机械灵活性，应不大于10mm，锁住后在厅门外扒门，门锁不应脱钩。厅门关好后，门锁开关与触点接触必须良好，锁钩调好，须用定位螺栓加以固定，如图4-18所示。

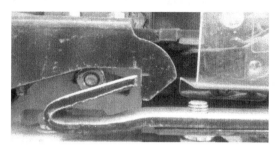

图 4-18　调整门锁

步骤四：记录与讨论

1. 将电梯厅门及自动门锁安装与调整的步骤与要点记录于表4-8中（可自行设计记录表格）。

表 4-8　电梯厅门及自动门锁安装与调整操作记录表

操作步骤	操作要领	注意事项
步骤 1		
步骤 2		
步骤 3		
步骤 4		
步骤 5		
步骤 6		
步骤 7		
步骤 8		

2. 学生分组讨论电梯厅门及自动门锁安装与调整的操作要领与体会。

【相关链接】

电梯厅门安装的安全注意事项

1. 安装前要先检查样线或放好样线，并符合国标的要求。

2. 操作时要注意各种工具的使用，使用梯子或攀爬脚手架时要遵守安全规定。

3. 操作过程要小心身体各部分碰撞到构架，造成损伤，并注意与样线保持好距离，避免碰撞到样线，造成测量误差。

4. 旋紧螺钉时，要注意操作的方法，要避免用力过大碰撞到支架构件，造成损伤。

5. 避免井道上下同时作业。

6. 作业完毕要清理好现场，收拾、检查好工具，才能离开。

【习题】

一、填空题

1. 厅门其开门方向不同常分为_____和_____。

2. 电梯的厅门必须设置_____和_____联锁装置，保证当厅门打开时，电梯就不能运行。

3. 电梯厅门的自闭装置常有_____和_____两种。

二、选择题

1. 门扇铅垂度误差应在（   ）以内。

A. 0mm   B. 1mm   C. 5mm

2. 中分式门扇安装好后，门扇对合处上部应为（   ），下部应小于（   ）。

A. 0mm   B. 3mm   C. 5mm

3. 在门锁电气触点接通时，锁钩与定位挡块的吻合深度不小于（   ），但同时要保证开门时锁钩的机械灵活性，应不大于（   ）。

A. 5mm   B. 7mm   C. 10mm

三、综合题

1. 试述电梯厅门的安装步骤。

2. 试述厅门自动门锁的调整要求。

3. 电梯厅门的安装有哪些安全注意事项？

四、试叙述对本任务与实训操作的认识、收获与体会

任务4.4   承重梁和曳引机的安装与调整

【任务目标】

应知

1. 了解承重梁的作用；

2. 了解电梯曳引机的类型与组成；

3. 掌握电梯承重梁和曳引机的安装与调整的操作程序和注意事项。

应会

1. 学会电梯承重梁和曳引机的安装与调整的基本规范操作。

2. 学会电梯安装与调试工作中的操作规范，养成良好的安全意识和职业素养。

【建议学时】

4 学时。

【任务分析】

通过本任务的学习，掌握在电梯实训中的安全操作规范，掌握电梯承重梁和曳引机的安装与调整的基本操作步骤和注意事项，养成良好的安全意识和职业素养。

【知识准备】

电梯承重梁和曳引机

1. 电梯的承重梁

承重梁是电梯机房的主要设备之一。一般设在机房楼板上面，支承电梯曳引主机承受对重、轿厢自重及其负载的重量。承重梁一般由二条到三条的槽钢梁组成（如图 4-19 所示）。

2. 电梯的曳引机

可阅读相关教材中有关电梯曳引机的内容，如《电梯结构与原理》学习任务 2.1。

图 4-19　电梯承重梁

【多媒体资源】

演示：1. 电梯的承重梁和曳引机；2. 承重梁和曳引机的安装与调整的基本操作步骤。

【任务实施】

实训设备

1. 亚龙 YL-777 型电梯安装与调试实训考核装置（及其配套工具、器材）。

2. 亚龙 YL-774 型电梯曳引系统安装与调试实训考核装置（及其配套工具、器材）。

实训步骤

步骤一：实训准备

1. 实训前先由指导教师进行安全与规范操作的教育。

2. 按"任务 1.4"的要求做好相关准备工作。

3. 根据实训任务的要求选取工具（可见表 4-1 和表 4-2）。

步骤二：安装承重梁

1. 测定承重梁安装位置。根据机房布置图，结合承重梁的宽度、主机曳引轮、导向轮前后位置与曳引点对承重梁及主机的放置位置进行测定，使曳引轮、导向轮曳引中心分别与轿厢中心、对重中心在同一垂线上。

2. 安装与调整承重梁。根据测定位置两端采用工字钢或槽钢架设两条承重梁，要求承重梁均应架设在井道承重墙上（井道钢架），支承长度应超过墙厚中心 20mm，且不应小于 75mm。承重梁水平度误差应小于 1/1000，承重梁间距根据电梯设备的《机房布置图》要求，偏差小于 0.5mm，两端用钢板焊成一个整体，如图 4-20 所示。

a) 安装　　　　　　　　　　　　　b) 调整

图 4-20　承重梁的安装与调整

步骤三：安装曳引机

1. 吊装曳引机。曳引机主机都比较重，需要用起重设备（手动葫芦）进行吊装，如图 4-21 所示。

2. 曳引机的定位与调整。

（1）把曳引机放置在承重梁上，对曳引机主机进行定位，紧贴于轮外缘放垂线，线锤尖与轿厢曳引中心对正，要求曳引轮位置前、后方向偏差不超过 ±1mm；左、右方向不超过 ±1mm；曳引轮的垂直度误差不大于 1mm（见图 4-22a）。

（2）最后用螺栓将曳引机固定在承重梁上（见图 4-22b）。

图 4-21　吊装曳引机

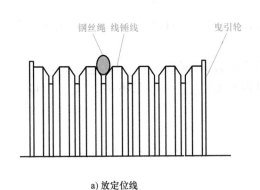

钢丝绳　线锤线　　　　曳引轮

a) 放定位线　　　　　　　　　b) 固定曳引机

图 4-22　曳引机的定位与调整

步骤四：记录与讨论

1. 将电梯承重梁和曳引机的安装与调整的步骤与要点记录于表 4-9 中（可自行设计记

录表格）。

表 4-9　电梯承重梁和曳引机的安装与调整操作记录表

操作步骤	操作要领	注意事项
步骤 1		
步骤 2		
步骤 3		
步骤 4		
步骤 5		
步骤 6		
步骤 7		
步骤 8		

2. 学生分组讨论电梯承重梁和曳引机的安装与调整的操作要领与体会。

【相关链接】

电梯承重梁和曳引机的安装的安全注意事项

1. 安装时要防止吊装绳索及曳引机摆动伤人。

2. 避免井道与机房同时作业。

3. 用焊接、切割或电动工具时要注意相关防护措施。

4. 为了保证曳引机的精度，曳引机应整体吊装搬运到机房进行安装。

5. 曳引机吊装作业时，起重吊装绳索应穿过曳引机底座上的起吊作业孔，严禁起吊绳索穿过曳引机上的机件起吊。

【习题】

一、填空题

1. 电梯曳引机按结构主要分为_____和_____两种。

2. 曳引机是装在机房的主要传动设备，它由电动机、制动器、减速箱、曳引轮等部件组成。

3. 曳引机承重梁一般为_____条，其两端都必须架在_____。

4. 承重梁的两端埋入墙内深度必须超过墙厚中心_____ mm 且不小于_____ mm。

5. 曳引轮的垂直偏差应不大于_____ mm。

二、综合题

1. 试叙述承重梁安装与调整的要点。

2. 试叙述曳引机安装与调整的要点。

3. 电梯承重梁和曳引机的安装有哪些安全注意事项？

三、试叙述对本任务与实训操作的认识、收获与体会

【任务目标】

应知

1. 了解电梯轿厢的结构和安全钳的工作原理；

2. 掌握电梯轿厢组装的操作程序和注意事项。

应会

1. 学会电梯轿厢组装的基本规范操作。

2. 学会电梯安装与调试工作中的操作规范，养成良好的安全意识和职业素养。

【建议学时】

10 学时。

【任务分析】

通过本任务的学习，掌握在电梯实训中的安全操作规范，掌握电梯轿厢组装的基本操作步骤和注意事项，养成良好的安全意识和职业素养。

【知识准备】

电梯的轿厢与安全钳

可阅读相关教材中有关电梯轿厢和安全钳的内容，如：

"电梯结构与原理"学习任务 3、学习任务 9.1；

"电梯维修与保养"学习任务 8.1。

【多媒体资源】

演示：1. 电梯的轿厢；2. 安全钳；3. 轿厢组装的基本操作步骤。

【任务实施】

实训设备

1. 亚龙 YL-777 型电梯安装与调试实训考核装置（及其配套工具、器材）。

2. 亚龙 YL-772 型电梯门机构安装与调试实训考核装置（及其配套工具、器材）。

3. 亚龙 YL-773 型电梯限速器安全钳联动机构实训考核装置（及其配套工具、器材）。

实训步骤

步骤一：实训准备

1. 实训前先由指导教师进行安全与规范操作的教育。

2. 按"任务 1.4"的要求做好相关准备工作。

3. 根据实训任务的要求选取工具（可见表 4-1 和表 4-2）。

步骤二：组装轿厢架

1. 安装下梁。将下梁放在支承架上并调整，其中心应与厅门中心在同一直线上，下梁两端对着轿厢导轨。

2. 安装立柱。利用起重设备将立柱吊入井道与下梁连接并调整，要求立柱的铅垂度误差不大于1mm，并不得有歪曲现象。

3. 安装上梁。将上梁吊起与立柱连接并调整，要求上梁水平度误差不大于2/1000，并再次复查立柱的铅垂度误差。

4. 安装轿底、拉杆。把轿底平放在下梁上，前后、左右位置要均匀，装上拉杆并调整拉杆螺母使底板的水平度误差不大于2/1000，用相应塞片垫实，拧紧各螺母。

步骤三：拼装轿壁

先确定各轿壁的安装位置及顺序，须按顺序拼装，除前后、左右尺寸分中外，还要求间隙一致，夹角整齐，板面平行、垂直，同时要注意轿壁与轿壁之间拼装时不能少一颗固定螺栓，防止电梯运行过程中引起撞壁异响。

步骤四：安装轿顶

轿壁拼装后，吊进轿顶并调整轿顶到适当位置，把轿顶与轿壁连接并紧固各螺钉。但要注意，轿顶通常在轿壁安装前，用起重装置吊入井道，防止轿壁安装后轿顶无法进入井道，如图4-23所示。

步骤五：安装与调整安全钳

1. 把安全钳（渐进式）用螺栓安装在轿厢下梁与立柱连接，如图4-24所示。

图4-23　安装轿顶

图4-24　安装安全钳

2. 连接安全钳拉杆。

3. 调整拉杆复位弹簧长度（渐进式192±4mm，瞬时式305~320mm），调整钳的拉杆弹簧长度65~90mm。调整拉手在水平位置，安全钳开关动作可靠。

4. 调整导轨应居中于钳嘴内，调整钳嘴与导轨面间隙。参考值：渐进式5.5±0.5mm，瞬时式3.5±0.5mm。

5. 调整两楔块在同一平面并与导轨的间隙，参考值：渐进式5±0.5mm，瞬时式3±0.5mm，如图4-25所示。

6. 复查尺寸、紧固各螺钉。

图 4-25 调整安全钳楔块

步骤六：记录与讨论

1. 将电梯轿厢组装的步骤与要点记录于表 4-10 中（可自行设计记录表格）。

表 4-10 电梯轿厢组装操作记录表

操作步骤	操作要领	注意事项
步骤 1		
步骤 2		
步骤 3		
步骤 4		
步骤 5		
步骤 6		
步骤 7		
步骤 8		

2. 学生分组讨论电梯轿厢组装的操作要领与体会。

【相关链接】

电梯轿厢组装的安全注意事项

1. 操作时要注意各种工具的使用，使用梯子时要遵守安全规定。

2. 操作过程要小心身体各部分碰撞到构架，造成损伤。

3. 旋紧螺钉时，要注意操作的方法，不要用"死力"，避免用力过大，碰撞到支架构件，造成损伤。

4. 避免井道上下同时作业。

5. 作业完毕，要清理好现场，收拾、检查好工具，才能离开。

【习题】

一、填空题

1. 客梯轿厢的宽、深比例一般是_____。

2. 在轿厢结构中，_____是承重结构。

3. 轿厢内应设有_____装置能让乘客在发生紧急事故时及时报警求救。

4. 电梯安全钳的类型主要有_____、_____两种。

5. 调整楔块与导轨的间隙，瞬时式_____±0.5mm，渐进式_____±0.5mm，并两边间距相等。

二、综合题

1. 试述电梯轿厢主要由哪几部分组成。

2. 试述电梯安全钳的作用与原理及安装位置。

3. 电梯轿厢的组装有哪些安全注意事项？

三、试叙述对本任务与实训操作的认识、收获与体会

任务4.6

【任务目标】

应知

1. 了解电梯轿门的结构；

2. 了解电梯门系合装置的结构与原理；

3. 掌握电梯轿门安装与调整的基本操作步骤和注意事项。

应会

1. 学会电梯轿门安装与调整的基本规范操作；

2. 学会电梯安装与调试工作中的操作规范，养成良好的安全意识和职业素养。

【建议学时】

4学时。

【任务分析】

通过本任务的学习，掌握在电梯实训中的安全操作规范，掌握电梯轿门安装与调整的基本操作步骤和注意事项，养成良好的安全意识和职业素养。

【知识准备】

电梯轿门及其门系合装置

可阅读相关教材中有关电梯轿厢门和门系合装置的内容，如：

"电梯结构与原理"学习任务4；

"电梯维修与保养"学习任务5.2、学习任务7.2。

【多媒体资源】

演示：1. 电梯的轿门与门系合装置；2. 电梯轿门安装与调整的基本操作步骤。

【任务实施】

实训设备

1. 亚龙 YL-777 型电梯安装与调试实训考核装置（及其配套工具、器材）。

2. 亚龙 YL-772 型电梯门机构安装与调试实训考核装置（及其配套工具、器材）。

3. 亚龙 YL-775 型电梯万能门系统实训考核装置（及其配套工具、器材）。

实训步骤

步骤一：实训准备

1. 实训前先由指导教师进行安全与规范操作的教育。

2. 按"任务 1.4"的要求做好相关准备工作。

3. 根据实训任务的要求选取工具（可见表 4-1 和表 4-2）。

步骤二：安装轿门

1. 安装轿门地坎。根据厅门地坎安装轿门地坎，两地坎要平行一致，距离为 30mm，误差小于 1mm，地坎中心与开门宽中心在同一直线上，水平度误差不大于 1/1000。

2. 安装轿门门头。门头与轿顶相连接，并用 400~600mm 水平仪测量其水平度误差，用线坠检查门导轨中心与地坎中心的垂直度，其误差<1mm。

3. 安装门扇。先把门挂轮挂在门头道轨上，然后用螺栓将门扇与门挂轮，门扇与滑块连接，用线锤测量门扇铅垂度误差在 1mm 以内，门扇下端与地坎、门套的间隙均在 1~6mm，中分门扇对合处，上部应为 0mm，下部应小于 2mm，调整门压导板上导轨压轮与导轨间隙，应在符合标准要求（参考值 0.3~0.5mm）。同时开关门要顺畅可靠。

步骤三：安装轿门动力机构

1. 安装变频器、同步电动机。在轿顶上按图纸要求把门机变频器与同步电动机分别固定在轿门门头上，如图 4-26 所示。

2. 安装连动机构。亚龙设备主要采取传动带连动机构，安装时注意带轮与门头的距离；传动带安装时齿向内，并先松开张紧装置，在轿门处于关闭状态，用压码把传动带与两扇门分别相连接，如图 4-27 所示。

图 4-26　轿门动力机构

图 4-27　轿门连动机构

步骤四：安装与调整门系合装置

在轿门上安装门系合装置（门刀）时，调整门刀垂直度误差小于 0.5mm，门刀与自动门锁滚轮之间间隙参考值为 5~7mm，如图 4-28a 所示。门刀与厅门地坎的距离为 5~8mm，如图 4-28b 所示。

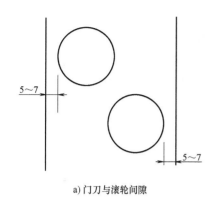

a) 门刀与滚轮间隙

b) 门刀与厅门地坎间隙

图 4-28 门刀的调整

步骤五：调整轿门

对安装好的轿门施行调整，要求轿门的铅垂度误差不大于 1mm，用手带动轿门要实现开关门顺畅如图 4-29 所示。

步骤六：记录与讨论

1. 将电梯轿门安装与调整的步骤与要点记录于表 4-11 中（可自行设计记录表格）。

2. 学生分组讨论电梯轿门安装与调整的操作要领与体会。

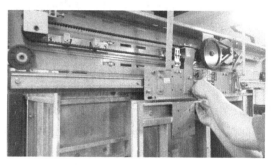

图 4-29 轿门的调整

表 4-11 电梯轿门安装与调整操作记录表

操作步骤	操作要领	注意事项
步骤 1		
步骤 2		
步骤 3		
步骤 4		
步骤 5		
步骤 6		

【习题】

一、填空题

1. 电梯轿门的类型主要有_____、_____两种。

2. 电梯轿门门扇与滑块连接，用线锤测量门扇铅垂度偏差应在_____ mm 以内，门扇下端与地坎、门套的间隙均在_____~_____ mm，中分门扇对合处，上部应为_____ mm，下部应小于_____ mm，调整门压导板上导轨压轮与导轨间隙，应在符合标准要求（参考值_____~_____ mm）。

3. 调整门刀垂直度偏差小于_____ mm，门刀与自动门锁滚轮之间间隙参考值为_____ mm，门刀与厅门地坎的距离为_____ mm。

二、综合题

1. 电梯轿门主要由哪几部分组成？
2. 电梯的门系合装置的主要功能是什么？

三、试叙述对本任务与实训操作的认识、收获与体会

任务 4.7 对重和曳引绳的安装

【任务目标】

应知

1. 了解对重的作用与结构；
2. 了解电梯曳引绳的类型与结构；
3. 掌握电梯对重和曳引绳安装的基本操作步骤和注意事项。

应会

1. 学会电梯对重和曳引绳安装的基本规范操作。
2. 学会电梯安装与调试工作中的操作规范，养成良好的安全意识和职业素养。

【建议学时】

6 学时。

【任务分析】

通过本任务的学习，掌握在电梯实训中的安全操作规范，掌握电梯对重和曳引绳安装的基本操作步骤和注意事项，养成良好的安全意识和职业素养。

【知识准备】

电梯的对重和曳引绳

可阅读相关教材中有关电梯轿门和门系合装置的内容，如：

"电梯结构与原理"学习任务 2.2、学习任务 6.1；

"电梯维修与保养"学习任务 6.4、学习任务 7.1。

【多媒体资源】

演示：1. 电梯的对重和曳引绳；2. 对重和曳引绳安装的基本操作步骤。

【任务实施】

实训设备

1. 亚龙 YL-777 型电梯安装与调试实训考核装置（及其配套工具、器材）。

2. 亚龙 YL-774 型电梯曳引系统安装与调试实训考核装置（及其配套工具、器材）。

3. 亚龙 YL-779 型电梯曳引绳头实训考核装置（及其配套工具、器材）。

实训步骤

步骤一：实训准备

1. 实训前先由指导教师进行安全与规范操作的教育。

2. 按"任务 1.4"的要求做好相关准备工作。

3. 根据实训任务的要求选取工具（可见表 4-1 和表 4-2）。

步骤二：安装对重

1. 吊入对重架。在对重导轨上方位置，两个对重导轨间距中心处设置一可靠固定受力点，利用起重装置将对重架缓缓送入井道内，下落 50 mm×50mm 的竖方木装上拆下的两个导靴（或靴衬），并按要求调整好间隙（为了便于安装对重架，吊装前将导靴或固定式导靴自框架一侧拆下）；

2. 放入对重块。在对重架中预放相当于或大于轿厢自重的对重块重量，以免脚手架拆除因制动器没调整好而溜车，放入的对重重量=轿厢自重+0.5×额定载重。

3. 安装对重压板。为了防止对重运行时的振动噪声、脱落，除安装对重块要安放水平、整齐外，还要安装对重压板；

步骤三：裁剪曳引钢丝绳

1. 测定电梯的提升高度计算出需要的曳引钢丝绳长度并要预留制作绳头组合的尺寸。

2. 对曳引钢丝绳进行裁剪，本实训设备为三条曳引钢丝绳，注意裁剪的数量。

步骤四：制作绳头组合

1. 先穿入曳引钢丝绳、安装楔形块，如图 4-30a 所示；

2. 拉紧并锁上三道防松夹，如图 4-30b 所示；

步骤五：悬挂曳引钢丝绳

1. 悬挂曳引钢丝绳。将制作好绳头的曳引绳从机房曳引轮两侧放下，一侧穿轿顶反绳轮，如图 4-31 所示，另一侧对重反绳轮，连接固定在承重梁的绳头接板上，保证各绳头连接可靠，拧紧锁紧螺母，如图 4-32 所示。

2. 调整曳引绳张力。曳引钢丝绳挂接后，调整曳引绳锥套上面的弹簧长度，使各条曳引绳张力达到均匀（误差≤5%）；

步骤六：记录与讨论

1. 将电梯曳引绳绳头组合制作及挂绳的步骤与要点记录于表 4-12 中（可自行设计记录

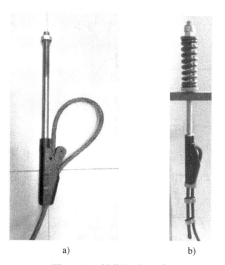

a)	b)

图 4-30　制作绳头组合

表格）。

图 4-31   穿轿顶反绳轮

图 4-32   绳头接板

表 4-12   电梯对重和曳引绳安装操作记录表

操作步骤	操作要领	注意事项
步骤 1		
步骤 2		
步骤 3		
步骤 4		
步骤 5		
步骤 6		
步骤 7		
步骤 8		

2. 学生分组讨论电梯对重和曳引绳安装的操作要领与体会。

【相关链接】

电梯对重和曳引绳安装的安全注意事项

1. 使用切割机时要防止机械伤人。

2. 弯折钢丝绳时两人之间要保持足够的安全距离，以免扎伤对方。

3. 注意避免钢丝扎伤手指。

4. 挂接过程必须小心处理钢丝绳，防止被水、水泥或砂子等损坏，切记勿使钢丝绳扭曲甚至扭结，损坏的钢丝绳不能使用。

5. 安装过程中，有安全措施防止钢丝绳脱落伤人。

6. 在拆除轿底托梁时，放下轿厢之前必须装好限速器装置，并能正常工作。

【习题】

一、填空题

1. 电梯曳引钢丝绳是连接_____和_____的装置。

2. 曳引钢丝绳结构主要由_____、_____和_____组成。

3. 常见的绳头组合方式类型有：_____法、_____法、绳卡法、插接法和金属套筒法。

4. 为使各条曳引绳张力达到均匀，其误差≤_____%。

二、综合题

1. 电梯对重的重量如何计算？
2. 试叙述对重安装与曳引绳挂绳的步骤。
3. 对重和曳引绳安装有哪些安全注意事项？

三、试叙述对本任务与实训操作的认识、收获与体会

任务4.8

【任务目标】

应知

1. 了解电梯缓冲器的类型及工作原理；
2. 了解电梯限速器的类型及工作原理；
3. 了解端站安全开关的名称及作用；
4. 掌握电梯井道机械设备安装的基本操作步骤和注意事项。

应会

1. 学会电梯井道机械设备安装的基本规范操作。
2. 学会电梯安装与调试工作中的操作规范，养成良好的安全意识和职业素养。

【建议学时】

8学时。

【任务分析】

通过本任务的学习，掌握在电梯实训中的安全操作规范，掌握电梯井道机械设备安装的基本操作步骤和注意事项，养成良好的安全意识和职业素养。

【知识准备】

电梯井道的三种安全保护装置——缓冲器、限速器和安全开关

可阅读相关教材中有关电梯缓冲器、限速器和行程终端安全保护开关的内容，如：

"电梯结构与原理"学习任务9；

"电梯维修与保养"学习任务8。

【多媒体资源】

演示：1.电梯井道的三种安全保护装置；2.井道机械设备安装的基本操作步骤。

【任务实施】

实训设备

1. 亚龙 YL-777 型电梯安装与调试实训考核装置（及其配套工具、器材）。

2. 亚龙 YL-771 型电梯井道设施安装与调试实训考核装置（及其配套工具、器材）。

实训步骤

实训准备

1. 实训前先由指导教师进行安全与规范操作的教育。

2. 按"任务 1.4"的要求做好相关准备工作。

3. 根据实训任务的要求选取工具（可见表 4-1 和表 4-2）。

4.8.1 缓冲器的安装

步骤一：确认缓冲器安装位置

1. 缓冲器中心要与轿厢或对重撞板中心重合，误差不大于 2mm。

2. 当轿厢在最高或最低层站平层位置时对于蓄能型缓冲器顶面与对重装置或轿厢撞板之间的距离应为 200~350mm，对于耗能型缓冲器此距离应为 150~400mm。

步骤二：安装缓冲器

1. 安装缓冲器基座，确认位置后选取合理长度的槽钢用膨胀螺钉固定在底坑上，对于载重较大的电梯加混凝土固定。

2. 把缓冲器安装在基座上，复合尺寸并固定，如图 4-33 所示。

图 4-33 缓冲器的安装

4.8.2 限速器安全装置的安装

步骤一：安装限速器

1. 根据土建图及轿厢和导轨位置确定限速器位置，并通过螺栓或焊接固定在机房上。

2. 限速器轮垂直度偏差不超过 1mm，限速器钢丝绳与机房预留孔中心对准，误差不超过 2mm。

步骤二：安装限速器钢丝绳与张紧装置

1. 限速器钢丝绳两端穿过限速器绳轮和张紧轮，两端制作绳头组合，并与安全钳拉杆手柄连接，限速器钢丝绳垂直度误差不超过 2mm，如图 4-34 所示。

2. 限速器张紧装置与轿厢导轨相连接，距地坑底为 600~700mm，并要求限速器轮和张紧轮中心须铅垂且同面。张紧轮开关应保证在发生绳索折断、脱轮、绳夹脱钩时，迅速可靠地切断控制回路，如图 4-35 所示。

4.8.3 电梯终端开关的安装与调整

步骤一：检查轿厢撞弓

1. 检查轿厢撞弓应铅垂，误差不应大于长度的 1/1000，最大误差不大于 1mm（碰铁的斜面除外），碰铁装在直梁的专架上。

图 4-34　安装限速器钢丝绳

图 4-35　限速器张紧装置的安装

2. 撞弓应无扭曲变形，安全开关碰轮柄应摆动灵活。

步骤二：安装端站安全开关

1. 安装上端站安全开关。当轿厢最高层平层时，向下 0.7m 安装强迫减速开关，向上 50mm 安装限位开关，向上 150mm 安装极限开关，分别固定于主导轨上。

2. 安装下端站安全开关。当轿厢最底层平层时，向上 0.7m 安装强迫减速开关，向下 50mm 安装限位开关，向下 150mm 安装极限开关，分别固定于主导轨上。

步骤三：调整终端安全开关

安装终端安全开关后应对进行调整试验，要求开关应安装牢固，碰轮与碰铁应动作可靠，开关触点应接触可靠，碰轮柄应略有过摆余量，碰轮的安装位置，其轮端平面距碰铁边两侧均应不小于 5mm，如图 4-36 所示。

步骤四：记录与讨论

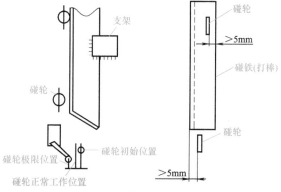

图 4-36　端站开关的调整

1. 将井道机械设备安装的步骤与要点记录于表 4-13 中（可自行设计记录表格）。

表 4-13　电梯井道机械设备安装操作记录表

操作要领	注意事项
缓冲器的安装	
步骤 1	
步骤 2	
限速器安全装置的安装	
步骤 1	
步骤 2	
行程终端保护开关的安装	
步骤 1	
步骤 2	
步骤 3	

2. 学生分组讨论井道机械设备安装的操作要领与体会。

【相关链接】

电梯井道机械设备安装的安全注意事项

1. 操作时要注意各种工具的使用，使用梯子或攀爬脚手架时要遵守安全规定。
2. 避免井道上下同时作业。
3. 进出底坑要遵守安全规定，严禁踩踏缓冲器、扶靠门扇。
4. 安装限速器安全装置时，安全绳的挂接要防止钢丝绳扭结或受损。
5. 井道作业要做好安全措施，防止安全绳脱落、预留孔落物伤人。
6. 安装上端站保护开关时，要做好高空作业安全保护措施，在轿顶作业要站稳扶好。
7. 作业完毕，要清理好现场，收拾、检查好工具，才能离开。

【习题】

一、填空题

1. 电梯限速器安全装置的组成由_____、_____和_____组成。
2. 限速器轮垂直度偏差不超过_____ mm，限速器钢线绳垂直度偏差不超过_____ mm。
3. 限速器动作卡住保险绳，是在电梯_____时发生。
4. 三个行程终端限位保护开关（由电梯行程的里面到外面）分别是_____开关、_____开关和_____开关。
5. 在轿厢超越上端站平层位置_____处，上限位开关动作保证电梯轿厢碰撞后能立即切断_____，制停电梯。
6. 在轿厢超越上端站平层位置_____处，上极限开关动作保证电梯轿厢碰撞后能立即切断_____，制停电梯。

二、选择题

1. 按照控制轿厢超速的限速器触发速度的相关规定，在电梯轿厢的运行速度至少等于

电梯额定速度的 （　　　） 时，限速器动作。

A. 100%　　　　　　　B. 115%　　　　　　　C. 120%

2. 当电梯轿厢分别在上下两端站平层位置时，轿厢 （或对重） 底部撞板与液压缓冲器顶面的垂直距离应为 （　　　）。

A. 150～400mm　　　B. 200～350mm　　　C. 150～250mm　　　D. 150～200mm

3. 在安装两个弹簧缓冲器时应垂直，缓冲器之间顶面的水平度允许误差为 （　　　）。

A. 4.5/1000　　　　　B. 5/1000　　　　　　C. 4/1000　　　　　　D. 5/1000

4. 当 （　　　） 开关动作时，电梯应强迫减速。

A. 强迫减速　　　　　B. 行程限位　　　　　C. 极限

5. 当 （　　　） 开关动作时，电梯应强迫停车。

A. 强迫减速　　　　　B. 行程限位　　　　　C. 极限

6. 当 （　　　） 开关动作时，电梯应切断电源。

A. 强迫减速　　　　　B. 行程限位　　　　　C. 极限

三、判断题

1. 限速器张紧装置设备的自重应不小于 20kg。　　　　　　　　　　　　　（　　　）

2. 缓冲器中心与轿厢架或对重架的碰板中心的允许误差应不大于 30mm。　（　　　）

3. 将安全钳楔块等安装完后，应调整楔块拉杆螺母，使楔块面与导轨的侧面间隙为 2～3mm。　　　　　　　　　　　　　　　　　　　　　　　　　　　　　　　　（　　　）

4. 安全钳动作后，轿厢地板的倾斜度误差不得超过正常位置的 10%。　　（　　　）

5. 防止超越行程的保护装置是缓冲器。　　　　　　　　　　　　　　　　（　　　）

四、综合题

1. 试叙述缓冲器的作用、原理与安装注意事项。

2. 试叙述限速器的作用、原理与安装注意事项。

3. 试叙述安全开关的作用、原理与安装注意事项。

五、试叙述对本任务与实训操作的认识、收获与体会。

任务4.9

【任务目标】

应知

1. 认识电梯井道电气设备，理解各部件的作用。

2. 理解电梯井道电气设备的安装要求。

应会

1. 会正确使用工具完成电梯井道电气设备的安装。

2. 能对照相关国标的要求对井道电气设备的安装情况进行检测。

【建议学时】

6～8 学时。

【任务描述】

通过本任务的学习，认识电梯井道电气设备，理解各部件的作用，掌握电梯井道电气设备安装与检测的基本操作步骤和注意事项，养成良好的安全意识和职业素养。

【知识准备】

电梯井道电气设备的安装要求

电气设备的安装方式、方法，因电梯类型、井道、机房土建规格等不同，其安装方式、方法种类很多，但其安装原理差异不大。电梯电气设备的安装可与机械设备安装同时进行，但应避开同时进行井道内的垂直作业。并且在全部机械设备安装完毕的同时，电气设备的安装也应全部完工，确保调试工作的顺利进行。

井道内的主要电气设备有电梯外呼层显控制圆电缆、随行电缆、井道终端开关、井道信号、底坑电梯停止开关及井道内固定照明、召唤箱、中间接线盒（如有）、泊梯开关（如有）、消防开关（如有）等。井道电气设备布置图如图 4-37 所示。

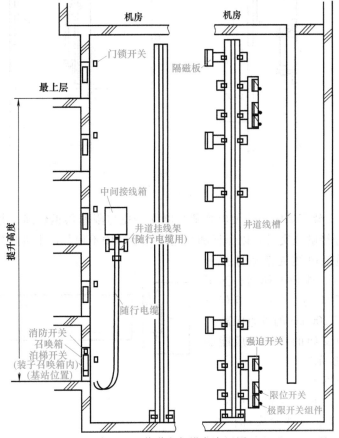

图 4-37　井道电气设备布置图

1. 外呼、层显控制圆电缆安装

以前外呼、层显控制圆电缆的安装都是走线槽、分支箱再到呼梯口。目前使用的都是可以直接在井道壁上明敷设的圆电缆，而且到呼梯口端的电缆已在工厂里做好了插头。所以，现在外呼、层显控制圆电缆的安装过程是从控制柜内走线槽到井道后改明敷设，沿呼梯口侧井壁从顶层明敷到底层。

2. 随行电缆安装

电梯轿厢运行时均有一条或几条电缆随之运行，称为随行电缆或随缆。随行电缆是连接于运行的轿厢与固定点之间的电缆，起联系轿厢与层站、机房之间控制信号的作用。电缆安装方式应根据井道内轿厢、对重、导轨等设备位置而定，随行电缆从机房楼面的开孔进入井道，一端绑扎固定在井道中部的电缆架上。

（1）随行电缆支架安装。

1）随行电缆支架要固定在电梯正常提升高度 h_1 处的井道壁上，用两个以上不小于 M10 的膨胀螺栓，以保证其牢固，如图 4-38 所示，其中 h_1 =电梯行程/2+1000mm。

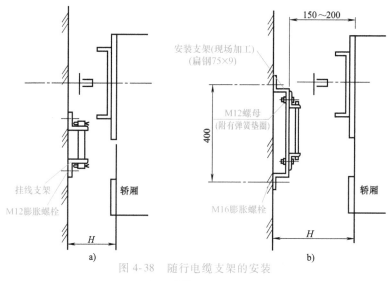

图 4-38　随行电缆支架的安装

单位：mm

2）随行电缆支架安装时，应使电梯随行电缆避免与限速器钢丝绳、井道终端开关、感应器和对重装置等接触或交叉，以保证随行电缆在运动中不得与以上部件发生碰触或卡阻。

3）随行电缆经电缆支架后连接到轿厢底部固定牢固，应使电梯运行至下端站时，随行电缆能避开缓冲器且保持与缓冲器顶不小于 200mm 的垂直距离。

4）随行电缆支架的挂线架应能够旋转，如图 4-39 所示。

（2）随行电缆安装。

1）随行电缆的长度应根据中间接线盒（如有）及轿底接线盒实际位置，加上两头电缆支架绑扎长度及接线余量

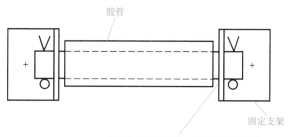

图 4-39　挂线架的安装

确定。保证在轿厢蹾底和冲顶时不使随行电缆拉紧，在正常运行时不蹭轿厢和地面，蹾底时随行电缆距地面 100~200mm 为宜，截电缆前，模拟轿厢蹾底确定其长度。

2）挂随行电缆前应将电缆自由悬垂，使其内应力消除。安装后不应有打结和扭曲现象。多根电缆安装后长度应一致，且多根随缆不宜绑扎成排，以防因电缆伸缩量不同导致受力不均。

3）随行电缆在井道内电缆支架和轿底下梁的电缆架上的固定方法如图 4-40 所示。

4）扁平型随行电缆的固定应使用楔形插座或专用卡子，如图 4-41 所示。

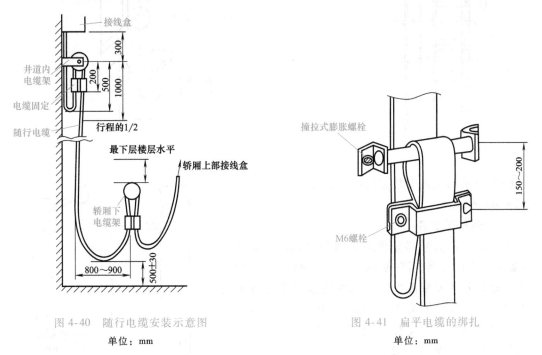

图 4-40　随行电缆安装示意图　　　　　　图 4-41　扁平电缆的绑扎

单位：mm　　　　　　　　　　　　单位：mm

5）随行电缆两端及不运动部分应可靠固定，电缆入接线盒应留出适当余量，压接牢固整齐。

3. 井道终端开关安装

电梯运行至顶层或底层时，为了防止因正常换速失灵而引起轿厢超越行程，一般要在井道两端装设行程终端限位保护开关，包括强迫减速开关、限位开关、极限开关。组合式开关的安装形式如图 4-42 所示。

井道终端开关的一般安装要求：

（1）当电梯失控运行至端站时，首先要碰撞强迫减速开关，该开关在正常换速点相应位置动作，以保证电梯有足够的换速距离。强迫减速开关之后为第二级保护的限位开关，当电梯超过端站平层位置 50~100mm 时，碰撞限位开关，切断控制回路。当电梯超过端站平层位置超过 100mm 时，碰撞第三级即极限开关，切断主电源回路。

（2）快、高速电梯需在强迫减速开关之后加设一级或多级短距离（单层）减速开关。

（3）开关安装应牢固，不得焊接固定，安装后要进行调整。调整时应使其碰轮与碰铁可靠接触，开关触点可靠动作，碰轮沿碰铁全长移动不应有卡阻，且碰轮被碰撞后还应略有压缩余量。当碰铁脱离碰轮后，其开关应立即复位，碰轮距离碰铁边≥5mm，如图 4-43 所示。

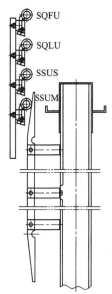

图 4-42　组合式开关的安装形式

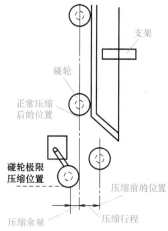

图 4-43　井道终端开关的调整

（4）开关碰轮的安装方向应符合要求，以防损坏。如图 4-44 所示。

4. 井道信号安装

电梯的井道信号部分常用的两种形式：位置感应器+隔磁板或位置感应器+磁铁，如图 4-45 所示。两种形式井道信号的安装需按照厂家的安装要求进行安装及调整，确保信号传输灵敏。隔磁板的安装如图 4-46a 所示，当感应器隔磁板的支架刚好位于导轨连接处时，应使用连接杆（见图 4-45b）。

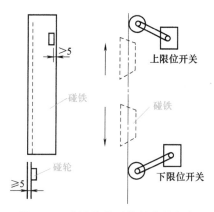

图 4-44　井道终端开关的安装方向

5. 底坑电梯停止开关安装

为保证检修人员进入底坑的安全，必须在底坑中设置电梯停止开关。该开关应设非自动复位装置且有红色标记。安装的位置应是检修人员进入底坑后能方便操作的地方，当底坑高度超过 1600mm，一般装设两个底坑急停开关，上端的底坑急停开关应装在爬梯一侧距离厅门 75cm 以内，高度为厅门踏板水平面以上 1.0~1.5m 处的井道壁上，下端的底坑急停开关应装在爬梯一侧距离底坑底约 1.0~1.5m 处的井道壁上。

6. 井道内固定照明安装

《电梯制造与安装安全规范》GB 7588—2003 对电梯井道照明规定如下：

（1）井道应设置永久性电气照明装置，即使在所有的门关闭时，在轿顶面以上和底坑地面以上 1m 处的照度均至少为 50lx。对于部分封闭井道，如果井道附近有足够的电气照明，井道内可以不设照明。照明应这样设置：距井道最高和最低点 0.50m 以内各装设一盏灯，再设中间灯，（一般要装时按间隔不超过 7m）。

（2）井道照明开关（或等效装置）应在机房和底坑分别装设，以便这两个地方均能控制井道照明。

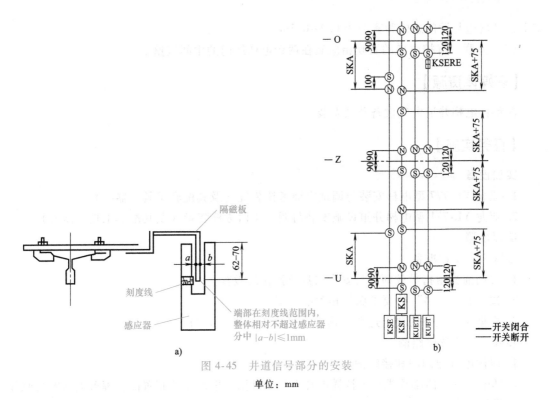

a)

b)

图 4-45　井道信号部分的安装

单位：mm

a)

b)

图 4-46　隔磁板的安装

井道内固定照明安装线路图如图 4-47 所示。

7. 召唤箱安装

根据安装平面图的要求，把各层站的召唤箱安装在各层站厅门右侧，召唤箱经安装调整校正后，面板应垂直水平，凸出墙壁 2~3mm。召唤箱的安装应符合下列规定：

（1）盒体应平正、牢固，不变形；埋入墙内的盒口不应突出装饰面。

（2）面板安装后应与墙面贴实，不得有明显的凹凸变形和歪斜。

（3）安装位置当无设计规定时，应符合：召唤箱安装在各层站厅门右侧距离地面 1.2~1.4m 的墙

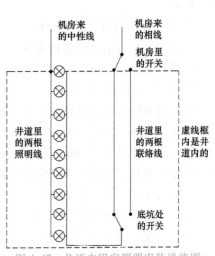

图 4-47　井道内固定照明安装线路图

壁上，且盒边与厅门边的距离应为 0.2~0.3m。

（4）并联、群控电梯的召唤箱应装在两台电梯厅门的中间墙壁上。

【多媒体资源】

演示：电梯井道电气设备及其安装。

【任务实施】

实训设备

1. 亚龙 YL-777 型电梯安装与调试实训考核装置（及其配套工具、器材）。

2. 亚龙 YL-771 型电梯井道设施安装与调试实训考核装置（及其配套工具、器材）。

实训步骤

步骤一：实训准备

1. 实训前先由指导教师进行安全与规范操作的教育。

2. 按"任务 1.4"的要求做好相关准备工作。

3. 根据实训任务的要求选取工具（可见表 4-1 和表 4-2）。

步骤二：研读电路图

1. 研读电气原理图和接线图。

电梯电气安装前必须先认真读懂电梯电气原理图、电缆接线布置图，理解电梯电气原理图及电缆接线布置图是正确安装井道电气设备的重要保证。

2. 研读井道线缆布置图。

亚龙 YL-777 型电梯井道线缆布置图可见该设备相关图纸。

步骤三：设备复核

1. 复核井道照明线。

2. 复核圆电缆、随行电缆的长度、规格。

亚龙 YL-777 型电梯的层站数为 2 层 2 站，将发来的控制圆电缆（预制线）根据楼层数与分线盒要保持一致的要求以及门锁线长度和楼层高度一致的要求进行校对。

3. 复核各电气开关的有效性。

步骤四：井道电气设备的安装

1. 井道电气设备安装工艺流程（见图 4-48）。

2. 安装井道内固定照明。

从井道顶沿着井道壁铺设塑料线槽直至底坑，在机房沿着塑料线槽放置照明线，亚龙 YL-777 型电梯井道照明装设三盏照明灯，距井道最高和最低点 0.50m 以内各装设一盏灯，在井道一半高度处再装设一盏灯，分别在对应位置固定好灯座，然后把照明线连接至各灯座接线端，最后装上照明灯泡。

3. 安装控制圆电缆和随行电缆。

（1）安装控制圆电缆。按照"知识准备"中的要求，对照布置图，进行控制圆电缆的布线。布线时注意：强电与弱电控制圆电

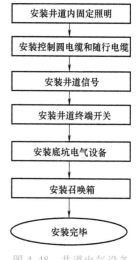

图 4-48　井道电气设备
安装工艺流程图

缆要分开敷设。

控制圆电缆的控制信号线应包括：厅门锁信号线、消防信号线、外召信号线、底坑对讲机信号线、底坑安全回路信号线等。

固定电缆线：

第一步：用大的 R 型固定夹将外召预制线固定；

第二步：将其余主线分别用两根扎带与外召信号电缆扎在一起，如图 4-49 所示；

第三步：下放剩余的电缆至底坑，每 1.5m 固定一次。

（2）安装随行电缆。在井道内井道壁上固定随行电缆悬挂装置；将随行电缆线搬运至顶层厅门，将随行电缆线的上端固定到悬挂件上，端头引到机房，确保电缆足够长并能够到达控制柜内所有的接线端头；解开随行电缆并放到井道中，确保随行电缆有印字的

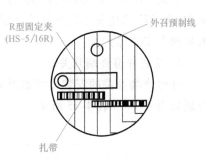

图 4-49　控制圆电缆的固定图

一面朝外悬挂、电缆没有扭曲；将到达机房随行电缆的插头连到控制柜的端子上，接地线连接到控制柜的地线端子上，如图 4-50 所示。

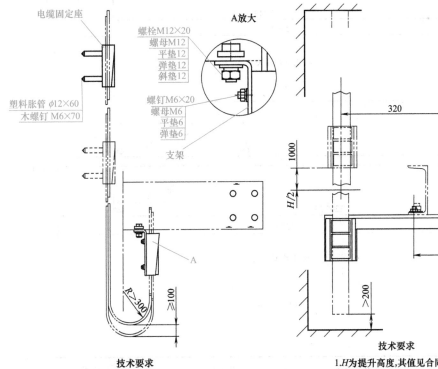

a) 随行电缆悬挂系统安装示意图1

b) 随行电缆悬挂系统安装示意图2

图 4-50　随行电缆安装示意图

单位：mm

下放至井道的随行电缆长度能挂在轿厢下，确保有足够的长度到达轿顶接线盒内的端子，并确保轿厢下没有任何多余长度的电缆。

4. 安装井道信号。

亚龙 YL-777 型电梯门区信号通过装在轿顶的感应器和装在井道各层站的遮光板组成，亚龙 YL-777 型电梯的层站数为 2 层 2 站，根据安装图纸，在井道一楼和二楼门区对应位置的导轨上安装遮光板。

5. 安装井道终端开关。

井道终端开关的安装尺寸如图 4-51 所示。图中各开关代号的名称和各开关的安装尺寸分别如表 4-14 和表 4-15 所示。

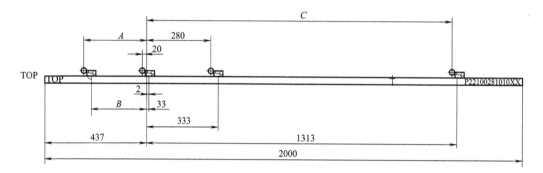

a) 上终端开关

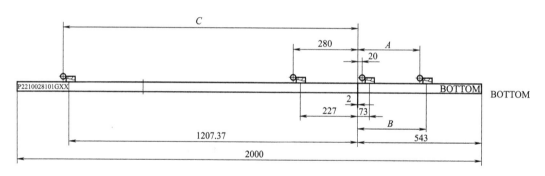

b) 下终端开关

图 4-51 终端开关安装示意图

单位：mm

表 4-14 井道终端开关代号表

开关代号	开关名称	开关代号	开关名称
UOT	上极限开关	DOT	下极限开关
UL	上限位开关	DL	下限位开关
USR	上强迫减速开关	DSR	下强迫减速开关
USRA	上强迫减速开关（第二级）	DSRA	下强迫减速开关（第二级）

表 4-15 各开关的安装尺寸表 （单位：mm）

	A	B	C
TOP（上）	270	217	1260
BOTTON（下）		323	

根据安装图尺寸安装上、下强迫减速开关，上、下限位开关和上、下极限开关。安装好的开关如图 4-52 所示。

6. 安装底坑电器。

（1）安装井道底坑安全回路。在井道底坑内安装缓冲器开关、张紧装置开关、底坑急停开关等。

1）在轿厢（或对重）底部撞板中心放一线锤，移动缓冲器使其中心对准线锤，拧紧螺钉固定缓冲器，将电缆线与缓冲器开关触点连接。

2）根据安装图给定尺寸安装固定限速器张紧装置，将电缆线与张紧轮开关触点连接。

3）根据安装图给定尺寸固定上、下底坑急停盒，将电缆线与急停开关触点连接。

a) 上终端开关　　　b) 下终端开关

图 4-52 终端开关安装效果图

（2）安装井道底坑对讲机。在靠近井道信号电缆总线侧安装底坑对讲机，将电缆线与对讲机对接。

7. 安装召唤箱。根据安装平面图的要求，把各层站的召唤箱安装在各层站厅门右侧。

步骤五：井道电气设备安装自检

井道电气设备安装后需经过安装小组长的自检，以确保各电气设备安装符合要求。井道电气设备综合检查如表 4-16 所示。

表 4-16 井道电气设备综合检查表

序号	检查项目	质量要求	检查记录
1	井道照明 （敷设塑料线槽）	井道最高和最低点 0.50m 以内各装设一盏灯	
		中间各灯间隔不大于 7m	
		接地良好	
2	圆电缆	用"Ω"码或铁带码固定	
3	护缆铁线的安装	符合要求	
4	顶部、中间挂线架安装	符合要求（紧固、位置尺寸符合图纸要求）	

（续）

序号	检查项目	质 量 要 求	检查记录
5	随行电缆	垂弧直径、离地高度、绑扎、敷设固定良好且没有扭曲	
		机房转入井道位需敷设 30～100mm 线槽保护随行电缆	
6	上、下限位开关动作行程	20～50mm	
7	井道终端开关	滚轮与轿厢上的打板配合良好	
8	召唤箱的安装	符合要求，无歪斜、损伤	

【习题】

一、填空题

1. 井道内的主要电气设备有电梯外呼层显控制圆电缆、_____、_____、井道信号、底坑电梯停止开关及_____、召唤箱、中间接线盒（如有）、泊梯开关（如有）、消防开关（如有）等。

2. 随行电缆经电缆支架后连接到轿厢底部固定牢固，应使电梯运行至下端站时，随行电缆能避开缓冲器且保持与缓冲器顶不小于_____ mm 的垂直距离。

3. 当电梯失控运行至端站时，首先要碰撞_____，该开关在正常换速点相应位置动作，以保证电梯有足够的换速距离。当电梯超过端站平层位置超过 100mm 时，碰撞第三级即极限开关，切断_____回路。

4. 安装井道终端开关时，应确保当碰铁脱离碰轮后，其开关应立即复位，碰轮距离碰铁边≥_____ mm。

5. 当感应器隔磁板的支架刚好位于导轨连接处时，应使用_____。

6. 当底坑高度超过 1600mm，一般装设两个底坑急停开关，上端的底坑急停开关应装在爬梯一侧距离厅门_____以内，高度为厅门踏板水平面以上 1.0～1.5m 处的井道壁上，下端的底坑急停开关应装在爬梯一侧距离底坑底约_____处的井道壁上。

7. GB 7588—2003 对电梯井道照明规定：距井道最高和最低点_____以内各装设一盏灯，再设中间灯，一般要求间隔不超过_____。

8. 召唤箱安装位置当无设计规定时，应符合：召唤箱安装在各层站厅门右侧距离地面_____的墙壁上，且盒边与厅门边的距离应为 0.2～0.3m。

二、选择题

1. 电梯上端站防越行程保护开关自上而下的排列顺序是（　　　）。
A. 强迫换速开关、极限开关、限位开关　　B. 极限开关、强迫换速开关、限位开关
C. 限位开关、极限开关、强迫换速开关　　D. 极限开关、限位开关、强迫换速开关

2. 以下属于井道电气设备的是（　　　）。
A. 平层感应器　　　B. 自动门机　　　C. 控制柜　　　D. 终端开关

3. 随行电缆中间固定支架的安装位置应满足（　　　）。

A. 从井道顶计算为（行程/2+1000mm）　　　B. 从井道底计算为（行程/2+1000mm）

C. 距离井道底坑底 0.5m　　　　　　　　　D. 在井道中间高度上方 300mm 处

4. 以下不属于机房电气设备的是（　　　）。

A. 保护接零　　　　B. 控制柜　　　　C. 导向轮　　　　D. 电源总控制盒

5. 控制柜屏距机械设备不小于（　　　）mm。

A. 200　　　　B. 500　　　　C. 600　　　　D. 750

6. 接地线的颜色为（　　）双色绝缘电线。

A. 红黄　　　　B. 蓝绿　　　　C. 黑白　　　　D. 黄绿

7. 线槽内导线总面积不大于线槽净面积的（　　　）。

A. 60%　　　　B. 50%　　　　C. 40%　　　　D. 30%

8. 当电气设备的绝缘电阻损坏，造成设备的外壳带电时，起防止人体碰触外壳而发生触电伤亡事故作用的是（　　　）。

A. 过载保护　　　　B. 过电流保护　　　　C. 接地和接零　　　　D. 稳压措施

9. 保护接地时，接地电阻不得大于（　　　）Ω。

A. 4　　　　B. 40　　　　C. 400　　　　D. 4k

三、判断题

1. 在电梯安装时，可以在井道内垂直上下同时进行机械及电气的安装作业。　（　　）

2. 电梯动力与控制线路应分离敷设。　（　　）

3. 各种设备的接地应串联后再接至地线柱上。　（　　）

4. 电梯主电源开关断开时，应切断电梯所有部分的电源。　（　　）

5. 某一已安装保护接零的电气设备，又应再安装保护接地，以确保该电气设备的安全。

（　　）

6. 随行电缆的长度保证在轿厢蹾底和冲顶时不使随行电缆拉紧，在正常运行时不蹾轿厢和地面，蹾底时随行电缆距地面 100~200mm 为宜。　（　　）

四、学习记录与分析

1. 小结电梯随行电缆安装的基本要求。

2. 小结电梯井道终端开关安装的基本要求及动作试验方法。

五、试叙述对井道电气设备安装操作的认识、收获与体会

任务 4.10

【任务目标】

应知

1. 认识电梯机房电气设备，理解各部件的作用。

2. 理解电梯机房电气设备的安装要求。

应会

1. 会正确使用工具完成电梯机房电气设备的安装。

2. 能对照相关国标的要求对机房电气设备的安装情况进行检测。

【建议学时】

6~8 学时。

【任务分析】

通过本任务的学习，认识电梯机房电气设备，理解各部件的作用，掌握电梯机房电气设备安装与检测的基本操作步骤和注意事项，养成良好的安全意识和职业素养。

【知识准备】

电梯机房电气设备的安装要求

机房电气设备包括控制柜、电源总控制盒（配电箱）、线槽、金属线管、保护接地等。

一、控制柜安装

控制柜是把各种电子器件和电器元件安装在一个有安全防护作用的柜形结构内的电控装置，一般放置在电梯机房内，无机房的电梯的控制柜放置在井道。电梯的控制柜是电梯的核心控制系统，其放置一般要求操作和维修方便，便于进出电线管、槽的敷设。

控制柜由制造厂家组装调试后送至安装工地，在现场先作整体定位安装，然后按图样规定的位置施工布线。如无规定，应按机房面积及型式做合理安排，且必须符合维修方便、巡视安全的原则。

1. 控制柜在安装时应满足以下要求

（1）与门、窗保持足够的距离，门、窗与控制柜的正面距离应不小于 1000mm。

（2）控制柜成排安装，且其宽度超过 5m 时，两端应留有出入通道，通道宽度应不小于 600mm。

（3）控制柜与机房内机械设备的安装距离不宜小于 500mm。

（4）控制柜安装后的垂直度误差应不大于 5/1000。

控制柜的周边尺寸要求如图 4-53 所示。

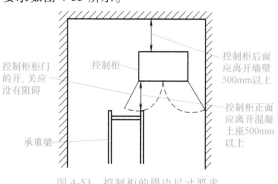

图 4-53　控制柜的周边尺寸要求

2. 为了防止机房积水，控制柜在安装时最好稳固在高约 100~150mm 的水泥墩子上

二、电源总控制盒（配电箱）的安装

在《电梯工程施工质量验收规范》GB 50310—2002、《电梯安装验收规范》GB 10060—2011、《电梯制造与安装安全规范》GB 7588—2003 中，均对电梯的配电箱提出了具体的安装技术要求：

（1）每台电梯应单独设有 1 个切断该电梯的主电源开关，并且应能从机房入口处方便、迅速地接近主开关的操作机构。

（2）电源总控制盒要安装在机房门口附近，以便于操作，高度距地面 1.3~1.5m。

（3）如几台电梯共用同一机房，各台电梯主电源开关的操作机构应易于识别。

（4）主电源开关的容量应能切断电梯正常使用情况的最大电流，但该开关不应切断下列供电电路：

1）轿厢照明和通风；

2）轿顶电源插座；

3）机房和滑轮间照明；

4）机房、滑轮间和底坑的电源插座；

5）电梯井道照明；

6）报警装置。

（5）主开关应具有稳定的断开和闭合位置，并且在断开位置时应能用挂锁或其他等效装置锁住，以确保不会出现误操作。

三、线槽安装（机房布线）

1. 线槽安装技术要求

（1）机房应按设备的安装情况进行配线。软线和无护套电缆应在导管、线槽或能确保起到等效防护作用的装置中使用。

（2）导管、线槽的敷设应横平竖直、整齐牢固；《电梯工程施工质量验收规范》GB 50310—2002 中规定：线槽内导线总面积不大于线槽净面积的 60%；导管内导线总面积不大于管内净面积的 40%。

（3）金属电线槽沿机房地面明设时，其壁厚不得小于 1.5mm，安装稳固，并且要有警惕标志，防止绊脚。

（4）在线槽敷设时，电梯的动力线与控制线始终分开敷设。

2. 线槽敷设方法

（1）线槽的数量。一般电梯制造厂家会按规定要求来配发线槽，在现场安装时要合理计划和布局，避免浪费。

（2）线槽安装工艺要求。

1）线槽采用射钉和膨胀螺栓固定，每根电线槽固定点应不少于两点。底脚压板螺栓应稳固，露出线槽不大于 10mm。

2）线槽安装后其水平度和垂直度误差应小于 2/1000，且全长偏差小于 20mm。

3）槽盖应齐全，盖好后应平整，无翘角，接口严密，槽盖应用螺栓固定。

4）出线口要用开孔器开孔，无毛刺，位置正确，并应有保护引出线的防护物，如橡胶衬套、软管接头等。

5）线槽并列安装时，应使线槽便于开启，接口应平直，接板应严密。

6）切断线槽需用手锯操作，不能用电气焊。拐弯处不允许锯直口，应沿穿线方向弯成直角保护口，以防划伤电线，所有弯角应有橡胶护垫保护，如图 4-54 所示。所有接口应封闭，转角应圆滑，固定牢固。

7）线槽连接处应做接地跨接，接地线应按要求用 1.5mm^2 黄绿双色绝缘铜线，如图 4-55 所示。

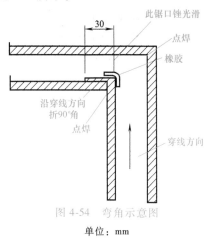

图 4-54　弯角示意图

单位：mm

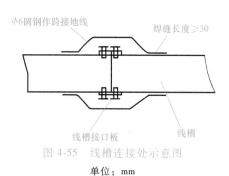

图 4-55　线槽连接处示意图

单位：mm

3. 机房需安装的线槽段

（1）配电箱→控制柜。

（2）控制柜→曳引机。

（3）控制柜→井道。

（4）控制柜→限速器。

某机房线槽敷设平面图如图 4-56 所示。

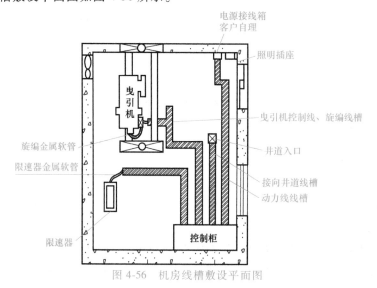

图 4-56　机房线槽敷设平面图

四、金属线管敷设

金属线管可分为金属管和金属软管两类。在敷设时，根据用途选用。

1．金属线管的敷设

金属线管是线槽与设备接线柱的连接部分，机房金属线管包括：控制柜线槽——电动机；控制柜线槽——制动器；控制柜线槽——旋转编码器；控制柜线槽——限速器；控制柜线槽——制动单元（如有）。某机房金属线管敷设如图4-57所示。

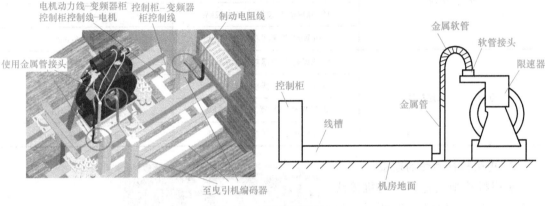

图 4-57　机房线管敷设

金属线管敷设工艺：

（1）金属线管的弯曲处，不应有折皱纹、凹陷和裂纹等。弯曲程度不大于管外径的10%，管内无铁屑及毛刺，金属线管不允许用电气焊切割，切断口应锉平，管口应倒角光滑。

（2）金属线管需设支架或管卡子固定，管子不能直接焊在支架或设备上，如图4-58所示。管与设备连接，要把管敷设到设备外壳的进线口内。

（3）设备表面上的明配管或金属软管应随设备外形敷设，以求美观。

2．金属软管的敷设

（1）金属软管不得有机械损伤、松散，敷设长度不应超过2m。

（2）金属软管安装应尽量平直，弯曲半径不应小于管外径的4倍。

图 4-58　金属线管与设备连接

（3）金属软管固定点要用管卡子固定，管卡子要用塑料胶塞固定。

五、保护接地安装

从进机房电源起中性线和接地线应始终分开，接地线的颜色为黄绿双色绝缘电线。除36V及其以下安全电压外的电气设备金属罩壳均应设有易于识别的接地端子，且应有良好的接地。接地线应分别直接接至地线柱上，不得互相串接后再接地。

1. 控制柜接地线的连接

国内电梯电源为三相五线制，端子为 A/B/C/N/PE，在车间装配时，已经预留电源五线端子以及电动机 U/V/W/PE 端子，需要使用表 4-17 对应功率随机用线进行连接。

表 4-17 控制柜接地线

线类别	变频器功率范围	线的颜色
电源 PE 线	5.5kW ≤ 变频器功率 ≤ 7.5kW	黄绿色 4mm²
	11kW ≤ 变频器功率 ≤ 15kW	黄绿色 6mm²
	18.5kW ≤ 变频器功率 ≤ 22kW	黄绿色 10mm²
	30kW ≤ 变频器功率 ≤ 37kW	黄绿色 16mm²
电源及电动机连接线	5.5kW ≤ 变频器功率 ≤ 7.5kW	红、蓝、黄或黑色 4mm²
	11kW ≤ 变频器功率 ≤ 15kW	红、蓝、黄或黑色 6mm²
	8.5kW ≤ 变频器功率 ≤ 22kW	红、蓝、黄或黑色 10mm²
	30kW ≤ 变频器功率 ≤ 37kW	红、蓝、黄或黑色 16mm²

2. 曳引机接地线的连接

曳引机接地线连接于电机接线盒内 PE 端子，如图 4-59 所示，连接后用兆欧表测量曳引机外壳与系统（控制柜接地铜牌）电阻值应小于 4Ω。

3. 曳引机底座与承重梁接地线的连接

使用随机 2.5mm² PE 接地线连接曳引机底座与承重梁，使二者之间电阻值小于 4Ω，如图 4-60 所示。

4. 线槽接地线的连接

线槽间及线槽与控制柜使用随机 2.5mm² PE 接地线连接，如图 4-61 所示。

图 4-59 曳引机接地线

图 4-60 曳引机底座与承重梁接地线的连接

图 4-61 线槽接地线的连接

单位：mm

【多媒体资源】

演示：1. 电梯机房的电气设备；2. 电梯机房电气设备安装与调整的基本操作步骤。

【任务实施】

实训设备

1. 亚龙 YL-777 型电梯安装与调试实训考核装置（及其配套工具、器材）。

2. 亚龙 YL-770 型电梯电气安装与调试实训考核装置（及其配套工具、器材）。

实训步骤

步骤一：实训准备

1. 实训前先由指导教师进行安全与规范操作的教育。

2. 按"任务 1.4"的要求做好相关准备工作。

3. 根据实训任务的要求选取工具（可见表 4-1 和表 4-2）。

步骤二：研读电路图

1. 研读电气原理图和接线图。

电梯电气安装前必须先认真读懂电梯电气原理图、电缆接线布置图，理解电梯电气原理图及电缆接线布置图是正确安装井道电气设备的重要保证。

2. 研读机房线缆布置图。

亚龙 YL-777 型电梯机房线缆布置图可见该设备相关图纸。

步骤三：设备复核

1. 复核动力线、信号线、地线的长度、规格。

2. 复核金属线槽的长度、规格。

亚龙 YL-777 型电梯的机房面积与小机房电梯相当，将发来的动力线、信号线、地线及金属线槽等按小机房电梯的尺寸要求进行复核。

步骤四：机房电气设备安装工作

（一）机房电气设备安装工艺流程（见图 4-62）

（二）控制柜安装

为防止控制柜被损坏，应保证其外包装在安装作业前的完整性。根据机房布局图，确定控制柜的安装位置。电梯验收时对控制柜的检验非常严格，故需严格按照知识准备中的尺寸要求进行安装固定。

1. 没有脚架控制柜的安装。稳固控制柜时，一般先用砖块把控制柜垫到需要的高度（100~150mm），然后敷设电线管或电线槽，待电线管或电线槽敷设完毕后，再浇灌水泥墩子，把控制柜稳固在水泥墩子上。

2. 有脚架控制柜的安装。

（1）控制柜脚架的安装。

1）将机房清扫干净，根据机房布局图，确定控制柜的安装位置，并且符合尺寸要求。

2）取下控制柜脚架的前盖板及侧盖板。

3）将控制柜脚架安装螺栓孔的位置标示在机房地面上。

4）在前面标示的位置打入 M12 的膨胀螺栓，然后将控制柜脚架固定在膨胀螺栓上。

5）控制柜脚架的水平度应为 5/1000，如不符合要求，则通过在机房地面与柜脚架之间放入垫片进行调整。

（2）控制柜的定位。

1）如图 4-63 所示，将事先吊入机房的控制柜利用滚轴小心地运至已安装好的控制柜脚架旁，小心放置在控制柜脚架上，用 4 支 M12 的螺栓将其固定。

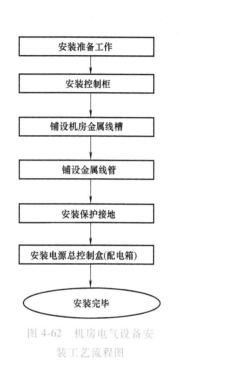

图 4-62　机房电气设备安装工艺流程图

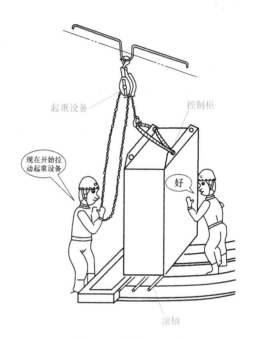

图 4-63　控制柜的吊装

2）控制柜的垂直度误差前后左右都应在 5/1000 以内，如不符合要求，则可在控制柜与控制柜脚架之间放入垫片进行调整，如图 4-64 所示。

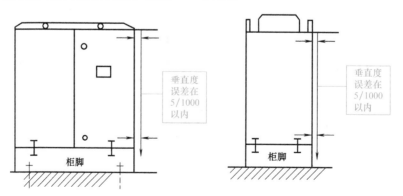

图 4-64　控制柜垂直度误差调整

3）现场安装时垂直度的测量方法如图 4-65 所示。

3. 铺设机房金属线槽。

（1）亚龙 YL-777 型电梯为单梯机房门前置的布局，机房线槽可按图 4-66、图 4-67 进行铺设。

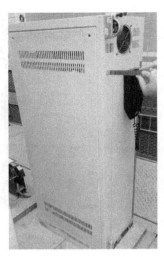

图 4-65　控制柜垂直度误差的测量

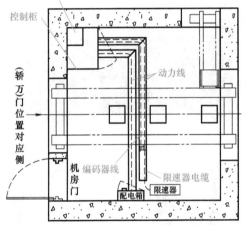

图 4-66　电梯机房金属线槽的铺设图

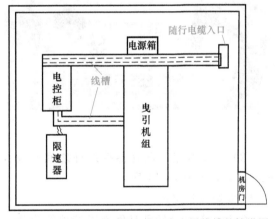

图 4-67　亚龙 YL-777 型电梯机房金属线槽的铺设图

　　（2）按照"知识准备"中的要求进行机房线槽的安装。在机房楼面上铺设金属线槽。机房金属线槽的安装应满足：

　　1）直线度与垂直度误差应小于 2/1000。

　　2）拼接处缝隙应小于 0.5mm。

　　3）拼接处台阶应小于 1mm。

　　4）线槽进出口与转角处应有可靠防护；

　　5）线槽与线槽间应有可靠跨接地线，接地线长度应大于 50mm，并用专用接线头固定，接地线无松动现象。

　　6）编码器信号线与高压线分开，且在线槽内应有可靠隔离。

　　线槽的拼接形式如图 4-68 所示。铺设好的机房金属线槽如图 4-69 所示。

　　4. 敷设金属线管。根据实际情况在金属线槽与设备接线柱之间敷设金属线管。

　　（1）金属线槽与曳引机接线柱之间敷设好的金属线管如图 4-70 所示。

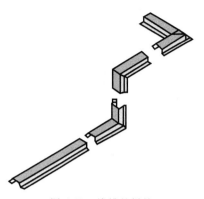

图 4-68　线槽的拼接

图 4-69　亚龙 YL-777 型电梯铺设好的机房金属线槽

图 4-70　亚龙 YL-777 型电梯曳引机部分的金属线管

（2）金属线槽与限速器接线柱之间敷设好的金属线管如图 4-71 所示。

5. 安装保护接地。

各设备分别用黄绿双色绝缘接地线直接接至地线柱上，不得互相串接后再接地。

6. 安装电源总控制盒（配电箱）。

按照"知识准备"中的要求，在安装图规定的位置固定好电源总控制盒。

图 4-71　亚龙 YL-777 型电梯限
速器部分的金属线管

（三）机房电气设备安装自检

机房电气设备安装后需经过安装小组长的自检，以确保各电气设备安装符合要求。机房电气设备综合检查如表 4-18 所示。

表 4-18　机房电气设备综合检查表

序号	检查项目	质量要求	检查记录
1	电梯照明电源	由独立开关操作	
2	动力线、接地线	线径、接点位置符合规格要求	
3	机房金属线槽转弯位或出线口位	按要求用防护套或胶皮防护	

（续）

序号	检查项目	质量要求	检查记录
4	主机接线盒、控制柜	线耳压接紧固且使用线耳压接	
		线耳固定螺钉紧固	
		闭端端子压接紧固	
		插接器无插接不良和接触端子松脱	
5	线耳、闭端端子压接	符合工艺要求（用专用工具压接）	
6	接地总线	有符合要求的独立接地总线，甲方电源柜和控制柜的接地总线可靠连接	
7	接地线	按要求使用黄绿双色塑料线	
8	电梯部件（限速器、金属线槽）	接地良好	
9	各回路绝缘	均符合标准	
10	熔断器	符合标准，严禁用铜丝代替	

【习题】

一、填空题

1. 机房电气设备包括_____、电源总控制盒（配电箱）、_____、金属线管、保护接地等。

2. 机房门、窗与控制柜的正面距离应不小于_____。

3. 控制柜与机房内机械设备的安装距离不宜小于_____。

4. 线槽安装后其水平度和垂直度误差应小于_____，且全长偏差小于20mm。

5. 线槽与设备接线柱之间的连接应用_____。

6. 从进机房电源起中性线和接地线应始终分开，接地线的颜色为_____双色绝缘电线。

二、选择题

1. 控制柜安装后的垂直度误差应不大于（　　　）。
A. 5　　　　　　　B. 6/1000　　　　　　　C. 5/1000　　　　　　　D. 5/100

2. GB 50310—2002 是指（　　　）。
A. 电梯工程施工质量验收规范　　　　　　B. 电梯试验方法
C. 电梯制造与安装安全规范　　　　　　　D. 电梯安装验收规范

3. 电源总控制盒要安装在机房门口附近，以便于操作，高度距地面（　　　）m。
A. 0.8~1　　　　　B. 1~1.2　　　　　　　C. 1.2~1.3　　　　　　D. 1.3~1.5

4. 控制柜的垂直度误差前后左右都应在（　　　）以内，如不符合要求，则可在控制柜与控制柜脚架之间放入垫片进行调整。
A. 5/100　　　　　B. 5/1000　　　　　　C. 6/1000　　　　　　D. 5

5. 机房金属线槽的安装时，拼接处台阶应小于（　　　）mm。
A. 0.5　　　　　　B. 0.8　　　　　　　　C. 1　　　　　　　　　D. 2

三、判断题

1. 把各种电子器件和电器元件安装在一个有安全防护作用的柜形结构内的电控装置，起核心控制作用的部件是电梯控制柜。　　　　　　　　　　　　　　（　　）

2. 电梯控制柜的安装一般要遵循操作和维修方便，便于进出电线管、槽的敷设的原则进行。　　　　　　　　　　　　　　　　　　　　　　　　　　　　（　　）

3. 控制柜在安装时直接固定在机房楼板上。　　　　　　　　　　　　　（　　）

4. 电梯主电源开关的容量应能切断电梯正常使用情况的最大电流，该开关断开时，应保留以下供电：轿厢照明和通风，轿顶电源插座，机房和滑轮间照明，机房、滑轮间和底坑的电源插座，电梯井道照明。　　　　　　　　　　　　　　　　　　　（　　）

5. 线槽连接处应做接地跨接，接地线应用 1.5mm² 黄绿双色绝缘铜线。　（　　）

6. 切断线槽可用电气焊，线槽所有弯角不需作特殊保护措施。　　　　　（　　）

四、学习记录与分析

1. 小结机房控制柜安装的基本要求。
2. 小结机房金属线槽的铺设原则。

五、试叙述对机房电气设备安装操作的认识、收获与体会。

任务 4.11

【任务目标】

应知
认识电梯开关门控制要求。
应会
1. 学会正确使用工具完成电梯开关门的调试。
2. 能对照相关国标的要求对电梯的开关门性能进行检测。

【建议学时】

6~8 学时。

【任务分析】

通过本任务的学习，认识电梯开关控制要求，会对电梯的开关门进行调试，并能对照相关国标的要求对电梯的开关门性能进行检测。

【知识准备】

电梯的门系统及安装调试要求
电梯有厅门（也叫层门）和轿厢门（简称轿门），厅门设在层站入口处，根据需要，井道在每层楼设一个或两个出入口,不设层站出入口的层楼称为盲层。厅门数与层站出入口相对应。轿门与轿厢随动,是主动门,装有开门机的电梯门,称自动门,此时厅门是由轿门带动,因此厅门又称被动门。

电梯门系统起隔离轿厢与井道、层站与井道以及供乘客和物品进出轿厢的作用,是电梯的重要安全保护装置。电梯门机系统除了能自动开、关电梯门,还应具有自动调速的功能,以使开关门柔和及避免在开、关门终端时发生撞击。电梯门系统是整梯系统中动作最频繁的部件,其性能直接影响到整梯的性能。

电梯门系统是指实现电梯开、关运动的部件组合,主要包括厅门(见图 4-72)、轿门及自动门机(见图 4-73)。

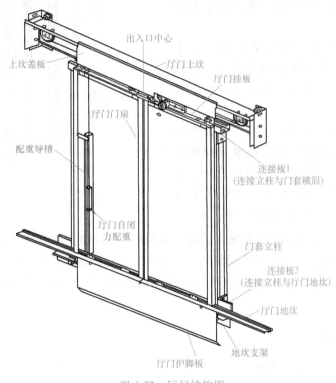

图 4-72　厅门结构图

一、基本要求

门系统的基本要求叙述如下:

(1)厅门地坎至轿厢地坎之间的水平距离偏差为 0~3mm,且最大距离不能超过 35mm。如果安装时超出下偏差,厅门地坎至轿厢地坎之间的间隙过小,容易造成轿门门刀与厅门地坎或厅门门锁与轿门地坎发生碰撞。厅门地坎至轿厢地坎之间的间隙过大时,对于乘客电梯容易造成脚部扭伤,对于货梯则不利于使用运输工具装卸货物。

(2)厅门强迫关门装置必须动作正常。厅门安装完成后,已开启的厅门在开启方向上如没有外力作用,强迫关门装置应能使厅门自行关闭,防止人员误坠入井道发生伤亡事故。

(3)动力操纵的水平滑动门在关门开始的 1/3 行程之后,阻止关门的力不能超过 150N。

动力操纵的水平滑动门的关门速度曲线类似于正弦曲线，从 1/3 行程、1/2 行程到 2/3 行程范围内，是其速度值较大的区域，也是动能较大的区域，故在 1/3 行程到 2/3 行程区域撞击或夹伤乘客的可能性最大。安装施工人员在安装调整门机速度时，应注意在上述范围内检查此项要求。

《电梯制造与安装安全规范》GB 7588—2003 要求动力驱动的自动门在关门运行中，轿厢控制板应该有一种装置，能使处于关闭的门逆转。

电梯门在设计中，当门受的阻力大于 150N 或由近门保护装置检测出门区有人或物体时，门控制装置使门机停转，并反方向旋转，使门重新开启。

（4）厅门锁钩必须动作灵活，在证实锁紧的电气安全装置动作之前，锁紧元件的最小啮合深度为 7mm。厅门锁钩动作灵活：其一，是指除外力作用的情况外，锁钩应能从任何位置回到设计要求的锁紧位置；其二，

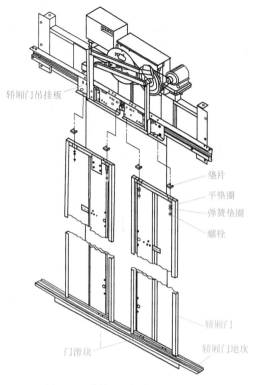

图 4-73　轿门及自动门机结构图

是指轿门门刀带动门锁或用专用锁匙开锁时，锁钩组件应实现开锁动作且在设计要求的运动范围内应没有卡阻现象。证实门锁锁紧的电气安全装置动作前，锁紧元件之间应达到了最小的 7mm 啮合尺寸，反之，当用门刀或专用锁匙开门锁时，锁紧元件之间脱离啮合之前，电气安全装置应已动作。

二、一般要求

门系统的一般要求叙述如下：

（1）轿门门刀与厅门地坎、厅门门锁滚轮与轿厢地坎之间的间隙不应小于 5mm（参考值 5~10mm）。

（2）厅门地坎水平度误差不得大于 2/1000，层门地坎高出装饰地面 2~5mm。

（3）厅门门扇与门扇、门扇与门套、门扇与门楣、门扇与门口处轿壁、门扇下端与地坎的间隙，乘客电梯不大于 6mm，载货电梯不大于 8mm。

（4）厅门、轿门门扇的垂直度小于 2mm。

（5）厅门或轿门滑轮组件上的挡轮与门导轨间隙，应符合企业标准要求（参考值 0.3~0.7mm）。

（6）轿门地坎水平度误差不得大于 1/1000。

（7）在电梯发生故障或停电时，在轿厢内应能用手将轿门扒开，所需的力不超过 300N。

三、自动门机的安装

因为许多门机构的门电机、门导轨、活动臂、门挂板等，在出厂前已装成一个整体，如图 4-74 所示。所以这类型开门机构在装上支撑件和开门机构后，首先要求确定门导轨的高度，同时保证它的水平度，其次是调整机架，使门导轨正面与轿厢地坎槽内侧垂直（也就是从门导机两端吊垂线至轿厢地坎槽内侧）。第三，调整好门机本身的垂直度。检查方法就是线垂吊传动带轮，或线垂吊门机架与门导轨两端接板使之垂直，调整好后拧紧联接螺钉。

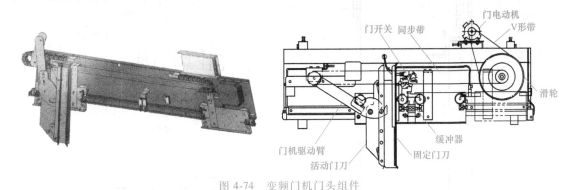

图 4-74　变频门机门头组件

【任务实施】

实训设备

1. 亚龙 YL-777 型电梯安装与调试实训考核装置。

2. 亚龙 YL-772 型电梯门机构安装与调试实训考核装置。

实训步骤

步骤一：准备工作

安全准备。

（1）注意：只有持有有效合格操作证的人员才可以进行安装工作。

（2）安全防护主要措施

① 确保工作不会影响工地周边作业人员安全。

② 如发现工作区有危险状况，应立即报告给主管、安全负责人或其他负责人。

③ 在使用前检查工具的状况。个人安全防护设备必须能用且按要求使用。

④ 带电作业时必须特别小心遵从带电作业程序，并使用适当的工具，穿着防护服。

（3）准备安全用具和工具器材（见表 4-1、表 4-2）。

步骤二：轿门的检查与调整

1. 门扇的检查与调整。

（1）确认轿门导轨中心与轿门地坎槽的中心线对齐，中心偏移在 1mm 以内。

（2）检查轿门门扇的垂直度，保证在 2mm 以内。

（3）检查门扇下端与地坎、门扇与轿厢前壁板的间隙均在 6mm 以内。

（4）检查轿门滑轮组件上的挡轮与门导轨间隙在 0.3~0.7mm 范围内。

轿门门扇的安装如图 4-75 所示。

2. 中分式轿门门扇关闭时的检查与调整。对于中分门，完全关闭两扇轿门，确认轿门闭合端位置与地坎中线重合，中心线的偏移量在 1mm 以内；确认门扇与门扇之间的间隙保证在 2mm 以内；确认两扇门的平行度误差不大于 0.5mm，如图 4-76 所示。

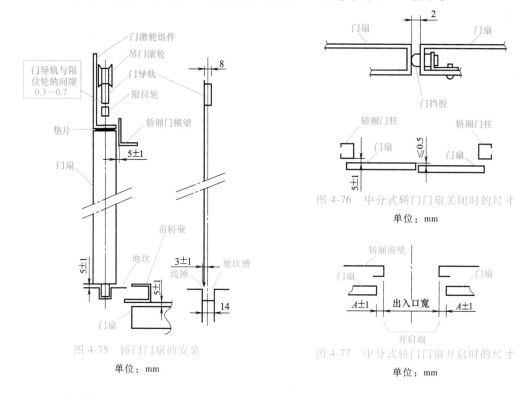

图 4-75 轿门门扇的安装

单位：mm

图 4-76 中分式轿门门扇关闭时的尺寸

单位：mm

图 4-77 中分式轿门门扇开启时的尺寸

单位：mm

3. 中分式轿门开启时的检查与调整。对于中分门，完全打开轿门，确认轿门开启位置，也就是门扇凹入轿厢前壁的尺寸左右要一致，如图 4-77 所示。调整时，在止停橡胶和止停支承轻轻接触的状态下，调整左右开启距离，要比轿厢前壁超出 A，A 具体尺寸参考厂家的规定。

4. 轿门门刀（系合装置）的检查与调整。

（1）检查门刀伸出轿门地坎尺寸符合要求，如伸出量达不到则在门刀和刀片之间增加垫片。

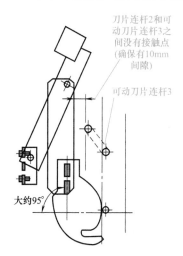

图 4-78 门刀连杆角度的检查

（2）检查门刀端面和侧面的垂直度误差均不大于0.5mm，并且达到厂家规定的其他要求。

（3）检查门刀连杆角度是否符合要求，如图4-78所示。

5. 近门安全保护装置的检查与调整。亚龙YL-777型电梯的近门安全保护装置采用光幕。检查在整个光幕高度内信号检测是否灵敏。光幕的安装如图4-79所示。

步骤三：厅门的检查与调整

1. 厅门的检查与调整（见图4-80）。

（1）检查并调整厅门导轨的垂直度（参考值±1mm）。

（2）检查并调整厅门关闭后，门扇之间、门扇与立柱、门扇与门楣、门扇与地坎之间的间隙，全部间隙均≤6mm。

（3）检查和调整门扇的垂直度（见图4-81，参考值≤2mm）。

（4）检查调整厅门滑轮组件上的挡轮与导轨间隙，应符合企业标准要求（参考值0.3~0.7mm）。

（5）检查并调整厅门自闭装置。

2. 厅门门锁装置的检查与调整（见图4-82）。

（1）检查调整厅门锁钩与定位挡块之间的间隙（参考值2~3mm）。

图 4-79 亚龙 YL-777 型
电梯所用的光幕

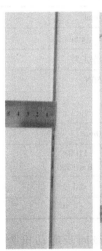   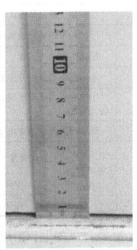

图 4-80 厅门各间隙检查

（2）检查调整锁钩与定位挡块之间的啮合，在电气安全装置作用之前，锁紧元件的最小啮合深度为7mm。

（3）检查调整门锁装置电气触点的接触可靠性（参考值：超行程2~4mm）。

（4）检查锁紧元件电气触点是否符合安全触点要求。

步骤四：电梯门系统综合检验

鉴于电梯门系统的特殊性，为了确保电梯运行过程中轿门配件与厅门配件不会碰撞，以及保证电梯在门区范围能由轿门带动厅门实现开、关，完成轿门、厅门的单独检查后，还需对电梯门系统进行综合检查。按表4-19对电梯门系统进行综合检查。

图4-81 厅门门扇垂直度检查

图4-82 厅门门锁装置

表4-19 电梯门系统综合检查表

序号	项目			质量要求		检查记录
1	轿门、厅门地坎水平度			≤2/1000		
2	厅门地坎高出装饰地面			2~5mm		
3	厅门地坎到轿厢地坎间距/偏差			≤35/0~3mm		
4	厅门强迫关门装置			必须动作正常		
5	水平滑动门关门开始1/3行程之后,阻止关门的力			≤150N		
6	厅门锁紧在证实锁紧的电气安全装置动作之前,锁紧元件的最小啮合深度			≥7mm		
7	轿门门刀与厅门地坎,厅门门锁滚轮与轿厢地坎间隙			5~10mm		
8	开关门时间/s	开门宽度 B/mm	B≤800	800<B≤1000	1000<B≤1100	1100<B≤1300
		中分	≤3.2	≤4.0	≤4.3	≤4.9
		旁开	≤3.7	≤4.3	≤4.9	≤5.9

亚龙YL-777型电梯采用Jarless-Con中分双折永磁变频门机以永磁同步电动机为动力，采用同步带传动，通过变频无级调速控制技术来控制开关门动作。同步带带动门挂板运动，轿门与挂板连接，从而控制轿门的开、关门动作。

1. 开门动作：同步门刀安装在门机挂板上，在轿门动作时，两扇刀片在同步带的作用下同时夹紧厅门锁钩的滚轮，打开厅门门锁装置，从而带动厅门运动。

2. 关门动作：门运动过程中，门刀始终夹紧滚轮，关门到位后，在门刀附件作用下张开，此时轿厢可离开厅门。

步骤五：电气调试

1. 亚龙YL-777型电梯门机变频器的接线方式（见图4-83）。

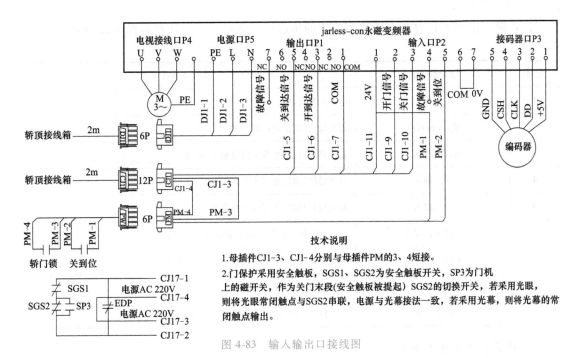

技术说明

1.母插件CJ1-3、CJ1-4分别与母插件PM的3、4短接。

2.门保护采用安全触板，SGS1、SGS2为安全触板开关，SP3为门机上的磁开关，作为关门末段(安全触板被提起)SGS2的切换开关，若采用光眼，则将光眼常闭触点与SGS2串联，电源与光幕接法一致，若采用光幕，则将光幕的常闭触点输出。

图 4-83 输入输出口接线图

2. 输入输出口定义和说明如表 4-20 所示。

表 4-20 I/O 端口定义

端子名称	端子定义	端子名称	端子定义
P1-1	输出继电器的公共端	P2-1	24V
P1-2	开到位的常开点输出	P2-2	开门信号
P1-3	开到位的常闭点输出	P2-3	关门信号
P1-4	关到位的常开点输出	P2-4	安全感应信号
P1-5	关到位的常闭点输出	P2-5	关门到达磁开关信号
P1-6	故障信号的常开点输出	P2-6	COM
P1-7	故障信号的常闭点输出	P2-7	0V

3. 控制器面板图（图 4-84）。

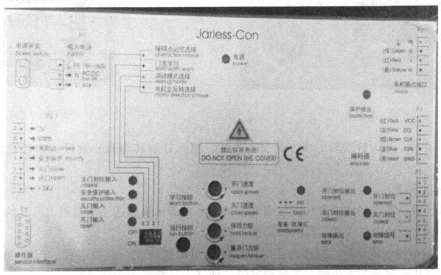

图 4-84 控制器面板图

注：图上的圆圈代表各个功能所对应的指示灯。各指示灯的状态如表 4-21 所示。

表 4-21 指示灯状态表

序号	指示灯名称	指示灯状态
1	电源	电源正常时常亮
2	准备/故障灯	正常时闪烁,出现故障时常亮
3	关门到位输入	关门到位时,到位开关信号输入,灯亮
4	开门输入	有开门信号时,开门信号灯常亮
5	关门输入	有关门信号时,关门信号灯常亮
6	开门到位输出	开门到位后,灯亮,变频器输出开门到位信号
7	关门到位输出	关门到位后,灯亮,变频器输出关门到位信号
8	故障输出	出现故障后,灯亮,变频器输出故障信号
9	保护输出	无电机输出时灯灭,有电机输出时常亮

4. 按钮、拨码开关及旋钮。

（1）按钮和拨码开关：拨码开关从左到右依次为 SW1、SW2、SW3、SW4，如图 4-85 所示。

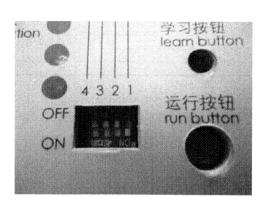

图 4-85 按钮和拨码开关

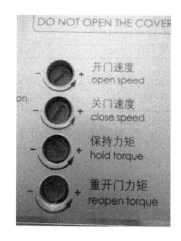

图 4-86 旋钮

（2）旋钮：逆时针旋转为增大速度或力矩，顺时针旋转为减小速度或力矩，如图 4-85 所示。

5. 调试步骤。

调试步骤分基本调试步骤和高级调试步骤。基本调试步骤适用于整机出厂时的调试。高级调试步骤为更换电机或变频器后的调试步骤。

（1）基本调试步骤。门机在出厂时，已完成电动机定位、参数选择、门宽自学习、演示运行、模式更改等基本步骤，工地调试时，调试人员按以下步骤进行：

1) 自学习：SW2、SW3 拨 ON，按 learn button 按钮，此时门开始运行，方向为关门-关到位-开门-开到位-关门-关到位，自学习完成。

2) 演示运行：SW2、SW3 拨 ON，按 run button，门先关门到位，然后再按 run button 一次，门开始往复运行。

3) 正常模式设置：把模式选择开关 SW2 拨到 OFF，门开始关门直到关门到位。等待控制系统发开关门命令。

(2) 高级调试步骤。更换电动机或变频器时，或门机运行不正常时，按照以下调试步骤进行：

1) 参数选择：电动机参数选择：翻到菜单 F2-0，根据实际电动机的大小选择 43.5W 或 94.3W。门刀参数选择：翻到菜单 F4-18，异步门刀选择 0，同步门刀选择 1。

2) 定位：在门板较轻的情况下可以带轿门板定位，但是门板较重时，如玻璃门，则需要电动机空载定位，带轿门定位时，不能把轿门放在开关门到位的位置，防止定位不准确，定位方法为：把 SW2 拨到 ON，SW3 拨到 OFF，然后按 learn button 键，此时，电动机将稍微旋转一定角度，5s 过后，定位完成。

3) 自学习：把门放在中间位置，把 SW2、SW3 拨到 ON，然后按 learn button 键，此时，自学习开始，门将向关门方向运动，若门向开门方向运动，则把 SW1 的状态拨到相反的位（即：如果 SW1 为 ON，则拨到 OFF，如果 SW1 为 OFF，则拨到 ON）。

4) 演示运行：把 SW2、SW3 拨到 ON，然后按 run button 键，此时，门将向关门方向运动，直到关门到位。然后再按一次 run button 键，此时门机将反复开关门演示运行。

5) 正常模式设置：用操作器把 F0-2 的值设置为 3（操作器使用方法见图 4-87），把 SW2 拨到 OFF，门机关门到位并有力矩保持。此时，调试完成，门机等待控制系统发开关门命令。

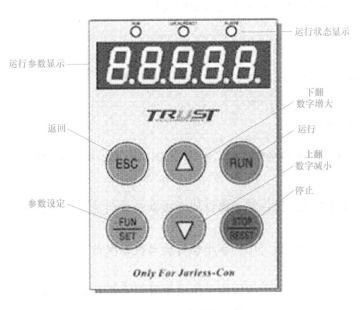

图 4-87 操作器界面

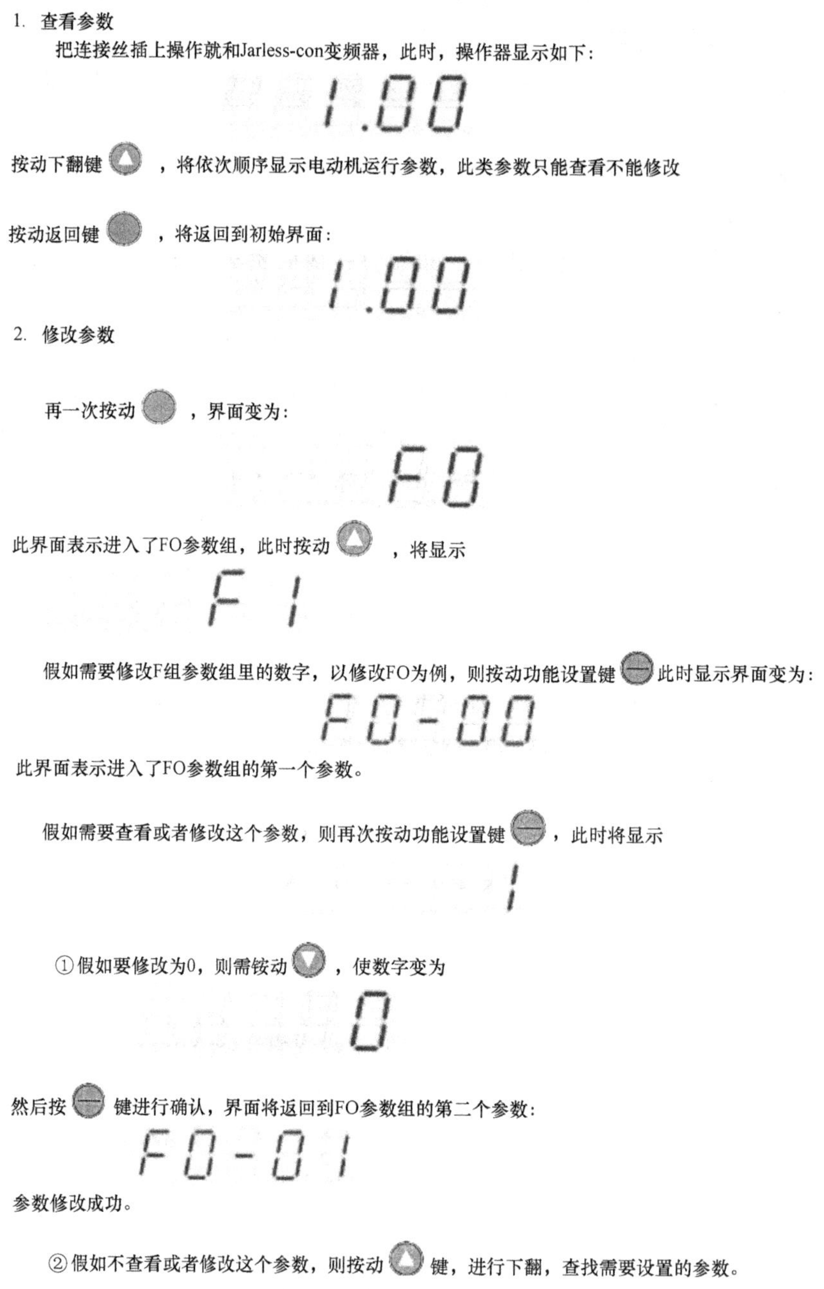

1. 查看参数

把连接丝插上操作就和Jarless-con变频器，此时，操作器显示如下：

按动下翻键 ⬆ ，将依次顺序显示电动机运行参数，此类参数只能查看不能修改

按动返回键 ⬤ ，将返回到初始界面：

1.00

2. 修改参数

再一次按动 ⬤ ，界面变为：

F0

此界面表示进入了F0参数组，此时按动 ⬆ ，将显示

F1

假如需要修改F组参数组里的数字，以修改F0为例，则按动功能设置键 ⬤ 此时显示界面变为：

F0-00

此界面表示进入了F0参数组的第一个参数。

假如需要查看或者修改这个参数，则再次按动功能设置键 ⬤ ，此时将显示

1

①假如要修改为0，则需铵动 ⬇ ，使数字变为

0

然后按 ⬤ 键进行确认，界面将返回到F0参数组的第二个参数：

F0-01

参数修改成功。

②假如不查看或者修改这个参数，则按动 键，进行下翻，查找需要设置的参数。

图 4-88 变频器参数设置

（3）开关门速度调试。用一字小螺钉旋具拨动开关门速度旋钮，门机的运行速度会作相应的变化。

（4）开关门保持力矩调整。用一字小螺钉旋具拨动保持力矩旋钮，门机的保持力矩会作相应的变化。

（5）重开门力矩。用一字小螺钉旋具拨动重开门力矩旋钮，门机的重开门力矩会作相应的变化。（重开门力矩应在 150N 之内）。

（6）参数初始化。在调试时误改了参数后或门机运行不正常时，可以进行参数初始化，把 SW2 拨到 ON，然后同时按下 learn button 和 run button 2s，开门到位、关门到位显示灯闪 3 下，初始化完成。初始化后，按照高级调试步骤进行重新调试。

（7）操作器使用方法。操作器界面如图 4-86 所示。

变频器参数设置如图 4-88 所示：

6. 开关门曲线的设置。

（1）开门曲线（见图 4-89）。

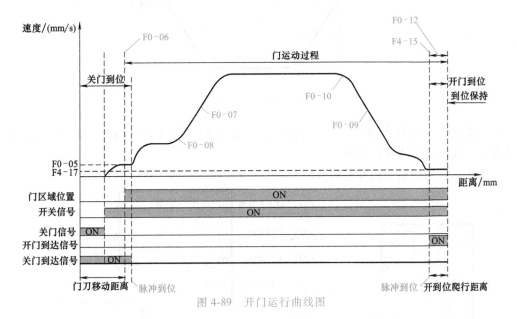

图 4-89 开门运行曲线图

（2）关门曲线（见图 4-90）。

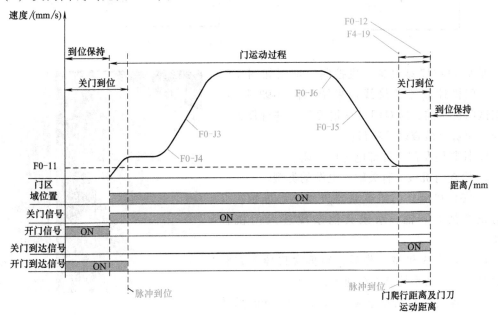

图 4-90 关门运行曲线图

（3）重开门曲线（见图 4-91）。

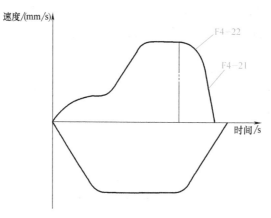

图 4-91　重开门运行曲线图

7. 参数表。为了使电梯开、关门符合要求，亚龙 YL-777 型电梯门机变频器需设置相应的参数，参数表请参阅相关资料。

步骤六：自动门机的检查和确认

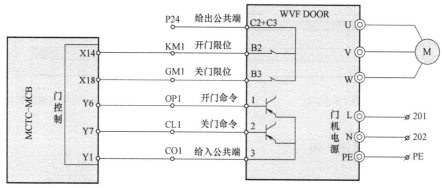

图 4-92　亚龙 YL-777 型电梯门机控制原理图

亚龙 YL-777 型电梯门机控制原理图如图 4-92 所示，门机控制器及接线效果图如图 4-93 所示，在调试门机之前，应对门机及相关部件进行仔细地检查。应重点检查以下项目：

1. 控制柜及门机外部电源应关闭。

2. 检查门机板上有关输入电源的类型。

3. 安装和操作门机变频器皆须小心谨慎。尤其防止金属片、油、水或其他杂质进入门机控制器。

4. 一旦完成机械工作后，须再次移掉覆盖物以确保轿门驱动系统能安全地运行。

5. 确保门机控制器电源已切断至少 2min 后才开始接线。

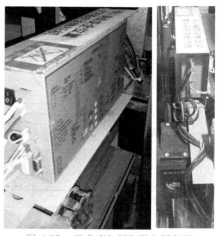

图 4-93　亚龙 YL-777 型电梯门机
控制器及接线效果图

6. 检查安全开关电路（急停开关）是否正常。

7. 确保所有电气部件正确接地，接地电阻必须小于或等于 10Ω，接地线截面必须不小于 1.5 mm²。

8. 确保门机控制器电源接线正确。否则，可能发生设备或其他电气部件损坏，甚至引起火灾。

9. 确保门机接线正确，接线要尽可能短，而且控制线要与电动机的电源线分开。

10. 严禁将总电源接到门机控制器的控制线端子或电动机端子，否则会导致设备损坏。

11. 电源、控制和电动机线路中都要配置一个封闭式铁氧环。

步骤七：门机的初始化

1. 检查接线。再次检查门机控制器的接线，尤其要注意总电源线和电机线是否正确连接。（注意：总电源线和电动机线的接地线不得穿过铁氧环。）

特别注意防止短路，并且正确组装铁氧环。

检查门机控制器输出继电器的开关条件是否符合电梯控制柜的要求。

2. 检查总电源。检查现场电压是否符合门机控制器的电源要求（AC220V，50/60Hz）。

注意：出厂预设额定电压为 220V ±20%。

3. 将轿门定位到半开状态。用手将轿门拉到半开状态，以便接通电源和输入指令后确定门的运动方向。

4. 接通电源，检查门运动方向。接通电源。屏幕首先简单显示软件版本号码，然后显示 "-···"。

按变频器面板上的正转键几次，注意轿门是否向关门方向移动。如果轿门向关门方向移动，则说明电动机接线正确。如果轿门向开门方向移动，则必须交换两个相线来改变电动机的转向。

5. 启动自学习运行。检查电动机转向后可启动自学习运行。

自学习运行方法：按下变频器面板上的正转键，直至门完全关闭，然后又完全打开，或通过"开门"指令，门首先完全关闭，然后又完全打开。

自学习顺利完成后，自动转到正常方式（或手动或自动方式）。门的位置以门宽度的百分比显示。

6. 检查门指令和输出继电器开关状态的指示。在控制输入端子区域和继电器旁边的发光二极管可显示当前输入和输出状态。

步骤八：光幕接线正确性检查

红外光幕的发射端 TX 上部有两个红色的 LED 指示灯，用来指示光幕的工作状态。图 4-94 为亚龙 YL-777 型电梯门光幕接线图。表 4-22 为 LED 指示灯状态表，对照此表可判断光幕是否处于正常工作状态及可能出现的问题。

表 4-22　LED 指示灯状态表

LED 状态	状态描述	可能原因
○ ○	上、下 LED 均无发光	发射端电源未接(红色线) 或中性线未接(橙色线)
☼ ○	上 LED 闪烁 下 LED 不亮	发射与接收信号线断路(白色线) 或中性线断路(橙色线)

（续）

LED 状态	状态描述	可能原因
● ○	上 LED 亮 下 LED 不亮	光幕光束范围内有阻挡物
● ●	上、下 LED 均亮	光幕正常扫描、无阻挡物
● ☼	上 LED 亮 下 LED 闪烁	有光束被旁路,光幕延时复位功能启动,光幕正常扫描

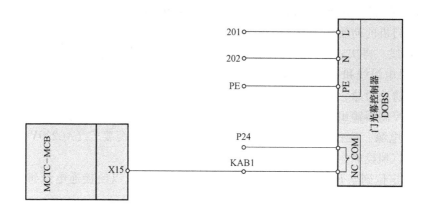

图 4-94　亚龙 YL-777 型电梯门光幕接线图

【习题】

一、填空题

1. 电梯门系统是指实现电梯开、关运动的部件组合，主要包括 _____、轿门及_____。

2. 厅门地坎至轿厢地坎之间的水平距离偏差_____ mm，且最大距离不能超过 35mm。

3. 厅门锁钩必须动作灵活，在证实锁紧的电气安全装置动作之前，锁紧元件的最小啮合深度为 7mm。

4. 厅门调整时，厅门门扇的垂直度误差应≤_____ mm。

5. 轿门门刀端面和侧面的垂直度误差均不大于_____ mm。

二、选择题

1. 动力操纵的水平滑动门在关门开始的 1/3 行程之后，阻止关门的力不能超过 (   )N。

A. 30　　　　　B. 50　　　　　C. 100　　　　　D. 150

2. 轿门门刀与厅门地坎、厅门门锁滚轮与轿厢地坎之间的间隙应调整为 (   ) mm。

A. 3~4　　　　B. 4~5　　　　C. 5~10　　　　D. 10~15

3. 厅门或轿门滑轮组件上的挡轮与门导轨间隙应在 (   ) mm 范围内。

A. 0.3~0.7　　B. 0.7　　　　C. 0.7~0.9　　　D. 0.3~1

4. 厅门门锁装置的检查与调整时，门锁钩与定位挡块之间的间隙应为（　　）mm。

A. 1~2　　　　　　B. 2~3　　　　　　C. 4~5　　　　　　D. 5~6

三、判断题

1. 厅门安装完成后，已开启的厅门在开启方向上如没有外力作用，自动门锁应能使厅门自行关闭，防止人员误坠入井道发生伤亡事故。（　　）

2. 厅门门扇与门扇、门扇与门套、门扇与门楣、门扇与门口处轿壁、门扇下端与地坎的间隙，乘客电梯不大于 6mm，载货电梯不大于 8mm。（　　）

3. 中分门轿门，完全关闭两扇轿门，两扇门的平行度应不大于 0.5mm。（　　）

4. 为了确保厅门门锁装置电气触点的接触可靠性，在锁钩与定位挡块之间的最小啮合深度 7mm 的基础上应超行程 2~4mm，即锁钩啮合深度应达到 9~11mm。（　　）

5. 亚龙 YL-777 型电梯关门动作时，门刀始终夹紧滚轮，关门到位后，在门刀附件作用下张开，此时轿厢可离开厅门。（　　）

四、学习记录与分析

1. 小结电梯厅门的检查与调整步骤。
2. 小结亚龙 YL-777 型电梯门机的调试步骤。
3. 小结电梯开关门调试的方法。

五、试叙述对电梯开关门调试的认识、收获与体会

任务 4.12

【任务目标】

应知

认识电梯整机调试的项目。

应会

1. 学会正确使用工具进行电梯整机调试工作。
2. 能对照相关随机资料，根据国标的要求完成电梯的整机调试。

【建议学时】

6~8 学时。

【任务分析】

通过本任务的学习，通过对照电梯调试资料（电梯技术规格、井道土建图及井道布置图、电梯使用说明书、电气接线图）制定调试计划方案和调试进度表，并根据特种设备安全规范（TSG T7001—2004）、电梯试验方法（GB/T 10059—2009）和曳引电梯调试、试运行工艺标准（Ⅶ109）开展现场电梯运行调试。在规定时间内完成电梯整机的调试后，试运

行的电梯需经调试小组进行自检并验收合格。在上述作业过程中，调试人员要自觉遵守安全作业，遵守 6S 的工作要求。

【知识准备】

电梯的整机调试

电梯调试是电梯安装过程中不可缺少的一个重要环节。调试工作分为机械调整和电气调试两大部分。电梯调试是对电梯安装质量的全面检查和精心调整。通过认真、仔细的调试，可以修正和弥补产品设计过程中存在的某些缺陷和安装的不足，使电梯系统能稳定、安全、可靠地工作，达到国家标准对电梯的要求。

一、电梯调试的要求

1. 安全可靠

电梯在运行过程中，乘客及货物的安全是必须绝对保证的。因此，在调试过程中对各种安全装置、闭锁装置、保护装置都必须认真地调整和反复校验，彻底消除各种隐患，保证电梯正常、可靠、安全地运行。

2. 乘坐舒适

电梯运行的启动、稳速运行，尤其是制动过程应平稳舒适。使电梯运行速度变换平滑，即无级变速，只有不超出人们正常的生理适应能力，乘客才会感到舒服。调速系统是由许多电子部件组成的，目前现场调试的工具、仪器和测试手段还有待改进，为了提高调试质量，调试人员应掌握系统调试步骤、故障分析和处理的基本方法。

3. 功能正确

电梯中有很多功能，一般在合同的《产品技术要求》栏中有较详细说明。但是，任何类型的电梯都必须具备国家标准所要求的基本功能。另外，根据实际需要，用户可能选择有一些特殊功能要求（如：防捣乱功能、消防员功能、密码识别功能、上班高峰期功能、断电自动平层功能等）。在调试过程中，应根据合同要求逐项进行确认、试验、调整，使各种功能充分地反映出来，发挥电梯应有的作用。

二、电梯调试前的准备工作

（1）随机文件的有关图纸、说明书齐全。调试人员必须掌握电梯调试大纲的内容、熟悉该电梯的性能特点和测试仪器仪表的使用方法，并严格做好调试前的安全检查工作。

（2）对导轨、厅门等机械、电气设备进行清洁除尘。

（3）对全部机械设备的润滑系统，均应按规定加好润滑油。

三、安全用具和调试工量具的准备

可见表 4-1 和表 4-2。

【任务实施】

实训设备

亚龙 YL-777 型电梯安装、维修与保养实训考核装置。

实训步骤

4.12.1 电气线路检查试验

步骤一：总体检查

1. 电气系统的安装接线必须严格按照厂方提供的电气原理图和接线图进行，要求正确无误，连接牢固，编号齐全准确，不得随意变更线路标号，如发现错误或必须变更时，必须在安装图上标注并向生产厂家备案。

2. 用绝缘电阻测试仪（见图 4-95）测试曳引电动机、门电动机、电磁制动器、限速器、电源总控制盒等电气设备及拖动电路、拖动控制电路制动电路等线路的绝缘电阻值均不应小于 0.5MΩ，并做好测试记录。

3. 所有电气设备的的金属外壳均有良好的接地装置，且接地电阻小于等于 4Ω。用接地电阻测量仪（见图 4-96）测量曳引电动机、门电动机、电磁制动器、限速器、电源总控制盒等电气设备的接地电阻，并做好测试记录。

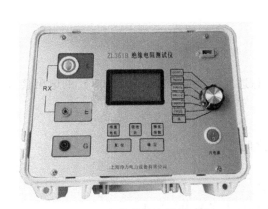

图 4-95 智能绝缘电阻测试仪

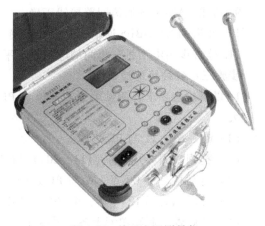

图 4-96 接地电阻测量仪

4. 测试曳引电动机过电流短路等保护装置的整定值，并应符合设计和产品要求。

5. 检查控制柜内各电器、元件应外观良好，标志齐全，安装牢固，所有接线接点应接触良好无松动，继电器、接触器动作灵活可靠。微型计算机插件的电子元器件应不松动、无损伤，各焊点无虚焊、漏焊现象。插接件的插拔力适当，接触可靠，插接后锁定正常，标志符号清晰齐全。

6. 检查轿厢所有电气线路（包括轿顶、轿内操纵箱、轿厢底）的配置及接线，并确认无误。

7. 检查校对机房内控制屏与轿厢之间的接线，接线螺栓均已拧紧且无松动现象，且轿厢内各电气装置的金属外壳均有良好的接地。

8. 检查机房内控制屏、旋转编码器、安全保护开关等与井道内各层楼的召唤按钮箱、厅门外指示灯、门锁电气触点等之间的接线，确信无疑，接线螺栓均已拧紧且无松动现象。

9. 机房内各电气机械部件、轿厢内的各电气部件、井道及各层站的电气部件均处于干燥而无受潮或受水浸湿、浸泡现象。

10. 在机房控制柜处，取掉曳引机接线，采用手动吸合继电器、短接开关、按钮开关控制导线等方法模拟选层按钮。注意开关门的相应动作，观察控制柜上的信号显示、继电器及接触器的吸合状况，检查电梯的选层、定向、换速、载车、平层、停止等各种动作程序是否正确；门锁、安全开关、限位开关是否在系统中起作用；继电器、接触器的机械、电气联锁是否正常；电动机起动、换速、制动的延时是否符合要求，以及电器元件动作是否正常可靠，有无不正常的振动、噪声、过热、粘接、接触不良等现象。

步骤二：电气装配检查及确认

1. 变频器电源进线 R、S、T 和变频器到电机出线 U、V、W 千万不要接反了。

2. 主机抱闸线圈至控制柜中 ZQ1、ZQ2 接线是否正确。

3. 编码器到变频器内的 PG-B2 中的 12V、0V、A、B 间接线是否正确。

4. 变频器内的 PG-B2 到电梯控制器 X0、X1、GND 的接线是否正确。

5. 安全回路是否通路。

6. 门锁回路是否通路。

7. 轿顶接线是否正确。

8. 检修回路通断逻辑是否正确。

9. 轿厢 CAN-BUS 通信回路接线正确。

10. 井道的 CAN-BUS 通信回路接线正确。

11. 检查曳引电动机三相间的电阻是否平衡。

步骤三：各种接地检查

1. 以下检查要求各测量端子及部位与 PE（总进线接地端，以下简称 PE）的电阻接近无穷大。

（1）R1、S1、T1 与 PE 之间。

（2）抱闸线圈 ZQ 两端（111、202）与 PE 之间。

（3）电动机三相 U、V、W 与 PE 之间。

（4）旋转编码器 12V、A、B、0V 与 PE 之间。

（5）变频器及制动单元上各信号端子及动力电气端子与 PE 之间。

（6）安全回路及门锁回路中的中间接线端子与 PE 之间。

（7）检修回路中的端子与 PE 之间。

以上检查中若发现电阻值偏小，请立即检查，找出故障，修复后才能继续调试。

2. 以下检查要求各测量端子及部位与 PE 的电阻值尽可能小。

（1）电网电源接地点与 PE 之间。

（2）电动机接地点与 PE 之间。

（3）旋转编码器线缆屏蔽层与 PE 之间。

（4）旋转编码器线缆外用金属软管进柜端与 PE 之间。

（5）变频器接地点与 PE 之间。

（6）开关电源与 PE 之间。

（7）抱闸接地点与 PE 之间。

（8）控制柜壁及门与 PE 之间。

（9）线槽最末端与 PE 之间

（10）限速器与 PE 之间。

（11）轿厢与 PE 之间。

（12）厅门电气门锁与 PE 之间。

（13）井道底坑由各安全开关接地点与 PE 之间。

注：在调试之前，请务必确认工地提供的电源中的接地良好，符合国家标准。

步骤四：编码器的检查（见图 4-97）

1. 检查编码器的固定应牢固，编码器轴与主机延伸轴之间的连轴器应连接固定良好。

2. 编码器连线最好直接从编码器引入控制柜。

3. 编码器屏蔽线接在控制柜的接地端子上。

4. 编码器线缆必须在金属软管中排布，金属软管从编码器一直排布至控制柜中，如长度不够需增加，则两端接头需可靠相连，且金属软管进柜端必须接地。

若发现编码器屏蔽线原本接地，则该屏蔽线可悬空不接，但应保证不能与任何有电端子或接地外壳相连接。

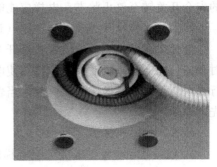

图 4-97　亚龙 YL-777 型电梯的编码器

4.12.2　安全装置检查试验

步骤一：过负荷及短路保护

1. 电源主开关应具有切断电梯正常使用情况下最大电流的能力，其电流整定值、熔体规格应符合负荷要求，开关的零部件应完整无损伤。

2. 电源主开关不应切断轿厢照明、通风、机房照明、电源插座、井道照明、报警装置等供电电路。

3. 开关的接线应正确可靠，位置标高及编号标志应符合要求。

步骤二：相序与断相保护

三相电源的错相可能引起电梯冲顶、底或超速运行，电源断相会使电动机缺相运行而烧毁。要求错相和断相保护必须可靠。亚龙 YL-777 型电梯采用变频调速，只需进行断相试验即可，不用进行错相试验。

步骤三：电动机过热保护

一般电动机绕组装设了热敏元件，以检测温升。当温升大于规定值即切断电梯的控制电路，使电梯停止运行，当温度下降至规定值以下时，则自动接通控制电路，电梯又可启动运行。

步骤四：机械联锁保护

运行方向接触器及开关门继电器机械联锁保护应灵活可靠。

步骤五：端站越程保护

端站越程保护包括强迫换速开关、限位开关及极限开关。这三个开关的安装位置应根据电梯的额定速度、减速时间及制停距离而定，具体安装位置应按制造厂方的安装说明及规范要求来确定。

1. 强迫换速开关保护。试验时置电梯于端站的前一层站，使端站的正常平层减速失灵，当电梯快车运行，碰铁接触开关碰轮时，电梯应减速运行至端站平层停靠。

2. 限位开关（越程）保护。在轿厢地坎超越上、下端站地坎平面 50mm 至极限开关动作之前，电梯应停止运行。

3. 极限开关保护。应在轿厢或对重接触缓冲器之前极限开关起保护作用，在缓冲器被压缩期间保持极限开关处于断开状态，极限开关不应与限位开关同时动作。

步骤六：安全（急停）开关

电梯应在机房、轿顶及底坑设置使电梯立即停止的安全开关。电梯在运行过程中使相应的安全开关转至停止状态，电梯应能够立即停止运行，且安全开关应为手动复位的。

步骤七：检修开关及操作按钮（慢上、慢下）

电梯应在轿顶及轿内设置检修开关及操作按钮（慢上、慢下）。检修开关转至检修状态时，应只能通过按压任一操作按钮使电梯检修运行，松开按钮，电梯应能立即停止运行，运行方向应与按压的操作按钮对应。当轿顶、轿内及机房均设这一装置时，应确保轿顶控制优先的原则。

步骤八：限速保护

1. 限速器动作保护开关。当电梯超速运行达到限速器的电气动作速度时，该开关应能可靠地切断电动机和制动器的电源，使曳引机停止运转。

2. 安全钳动作保护开关。安全钳联动机构动作后，带动安全钳动作保护开关动作，切断电动机和制动器的电源，使曳引机停止运转。

3. 限速器钢丝绳张紧保护开关。当限速器张紧装置的配重轮下落大于50mm或限速器钢丝绳断开时，张紧保护开关应能立即断开，使电梯停止运行。

以上三类开关均须采用人工复位的形式。

步骤九：液压缓冲器压缩保护开关（见图4-98）

缓冲器动作后恢复到其正常伸长位置后电梯才能正常运行，为检查缓冲器的正常复位所用的装置应是一个符合规定的电气安全装置。液压缓冲器被压缩时，该开关应能可靠地切断安全回路，并在缓冲器恢复到其正常伸长位置后采用人工复位的形式复位该开关。

步骤十：安全触板、近门保护、关门力限制保护

在轿门关闭期间，如有人被门撞击或检测到门区有障碍物时，应有一个灵敏的保护装置自动地使门重新开启。阻止关门所需的力不得超过150N。

图4-98　液压缓冲器压缩保护开关

4.12.3　曳引能力试验

步骤一：平衡系数测定与调整（平衡系数试验）

电梯平衡系数是保证电梯运行的重要参数之一。

1. 平衡系数的测定依据。交流电梯的曳引力矩主要由曳引电动机的驱动电流值来反映，同时与曳引电动机的转速有关。当电梯在一定的载荷下运行，并且对重和轿厢处于同等高度时，假如此时的电梯上行曳引力矩等于下行曳引力矩，说明电梯轿厢与对重是平衡的，则认定该载荷率（一般为40%～50%）即为该电梯的平衡系数。

为了能正确地反映曳引力矩与载荷率的变化规律，在《电梯试验方法》GB/T 10059—2009中规定，电梯应分别在空载、25%、40%、50%、75%、100%、110%的额定载荷下，测量其上行和下行时对重和轿厢在同一水平位置时的电流值或电压值。通过绘制上行时的电

流（电压）——负载曲线和下行时的电流（电压）——负载曲线，找出这两条曲线的相交点，该交点所对应的载荷率即为该电梯平衡系数。鉴于亚龙 YL-777 型电梯属于 VVVF 控制的交流电梯，测试用的钳形电流表必须夹持在靠近变频器的进线端。如果测试结果表明电梯的平衡系数不在 40%~50%，由于电梯的额定载荷已定，就应该调整对重块的数量，再做同样的测试，直到平衡系数达到要求为止。

2. 平衡系数粗略测定方法。给轿厢加入额定载重量的 50%，将电梯运行到提升高度的一半处停止后，在机房关掉电源总开关，盘车设法使轿厢与对重在同一水平面上。由两人配合，一人松闸，一人用手紧握盘车手轮并转动，如果左右转动感觉用力相当，并且轻松、自如，在手松开时电梯不向任何方向溜车，说明平衡系数差不多；否则，应该调整对重块数量使之达到平衡。

3. 平衡系数精确测定方法。下面介绍测试亚龙 YL-777 型电梯平衡系数的步骤：

（1）将电梯运行到提升高度的中间位置，使轿厢与对重在同一水平面上。此时，在曳引轮中的钢丝绳上用粉笔作一个较明显的记号。

（2）绘制好数据记录表格（上行——负载、下行——负载），如表 4-23、表 4-24 所示。

表 4-23　上行——负载表

项目	上行	上行	上行	上行	上行	上行	上行
额载百分数	0%	25%	40%	50%	75%	100%	110%
电流值/A							

表 4-24　下行——负载表

项目	下行	下行	下行	下行	下行	下行	下行
额载百分数	0%	25%	40%	50%	75%	100%	110%
电流值/A							

由 4 人配合：2 人在机房（1 人记录和看曳引轮上标记；1 人用钳形电流表测量电流值）；2 人在底层搬运配重块（兼操纵电梯）。

（3）轿厢空载：使电梯从底层上行至顶层，当轿厢运行到与对重同一水平位置时，立即读取此时电动机某相的电流值，填入上行——负载表中；当电梯从顶层下行至底层，同样当轿厢运行到与对重同一水平位置时，立即读取此时电动机某相的电流值，填入下行——负载表中。

（4）在底层，给轿厢加入 25% 的额定载重量，重复上述步骤，读取在此负载情况下的两个电流值，分别填入表 4-23 和表 4-24 中。

（5）重复以上步骤的做法，分别给轿厢加入额定载重量的 40%、50%、75%、100%、110%，读取每个不同负载时的上行和下行电流值，填入相应的表中。

（6）以负载量的额定百分比为横坐标，以电流大小为纵坐标，绘制出电梯平衡系数坐标图如图 4-99 所示。

根据记录的数据分别画出上行——负载曲线和下行——负载曲线。两条曲线得交点所对应的横坐标值就是平衡系数值，如图 4-100 所示。

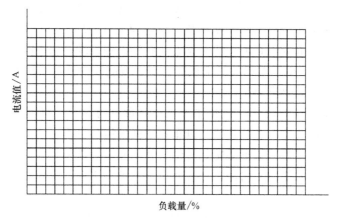

图 4-99　电梯平衡系数坐标图

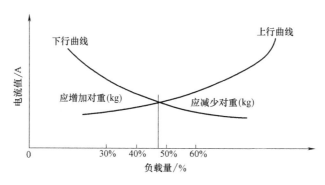

图 4-100　平衡系数试验图

4. 平衡系数的调整。如果平衡系数偏小（低于40%），说明电梯的载重量偏小，应该增加对重的重量；由不足的百分比和额定载重量换算出对重块的数量，加到对重架上。反之，平衡系数偏大，应该减少对重的重量。在调整了对重大小以后，应重复3的步骤再做一次测试，重新画出调整后的曲线，直到平衡系数达到要求为止。

步骤二：空载上行试验

首先将空载电梯运行到顶层，然后切断电梯总电源，手动松闸，使电梯慢慢上行，直到对重承压在被压缩的缓冲器上时，短接极限、对重缓冲器安全开关，合上总电源，使电梯以检修速度上行，空载轿厢不能被曳引绳提起，曳引钢丝绳在曳引轮绳槽上打滑。

注：必须严格遵守安全操作规程。

步骤三：额定载荷的125%曳引试验

在电梯的行程范围内，轿厢中加入额定载重量的125%负载下行，分别停3次以上，轿厢应被可靠地制停（不考核平层精度）。

使电梯运行到底层，用粉笔在机房曳引轮和钢丝绳上划线作记号。再将电梯运行到顶层，在载荷125%额定负载下以正常运行速度下行，当电梯下行到提升高度的下半部分时，切断电动机和制动器供电，与此同时用粉笔开始在钢丝绳上画线，当轿厢完全被可靠制动以后，用卷尺测量所画钢丝绳的长度。不同的运行速度制停距离要求也不同。最后，使电梯运行到底层，测量曳引钢丝绳与曳引轮之间的滑动距离，记下这两个数据，它们之和就是该电梯的制停距离。

注：也可是电梯空载上行，在电梯运行到提升高度的上半部分时进行试验。

4.12.4　安全试验

步骤一：限速器——安全钳试验

1. 对限速器的检查。限速器的作用是当轿厢超速下行时，迫使电梯曳引机停止运行，并且带动安全钳动作将轿厢或对重（若对重侧设安全钳）停滞于导轨上。限速器的动作值在出厂时已经确定，并且加铅封和漆封，禁止除生产厂以外任何人私自改动（必须强调试验记录应在随机文件中）。

安装现场对限速器的检验主要包括以下工作：

（1）外观检查。核对限速器的铭牌、型号规格、编号等应与出厂试验记录一致。出厂标定的动作值与电梯额定运行速度匹配（动作速度应大于电梯额定运行速度的115%）。检查调节部位的铅封应完好无损，心轴润滑良好，抛块移动灵活，无锈蚀、卡阻现象。

（2）手动模拟动作试验。用手动托起限速器抛球，使楔块夹持住限速器钢丝绳。轿厢继续下行时，安全开关应可靠动作并切断曳引电动机的电源和制动器电源，迫使曳引机停止运转，同时限速钢丝绳提起安全钳拉杆，安全钳楔块应可靠地将轿厢（或对重）夹持在导轨上。

（3）限速器动作后，其联锁的电气安全装置是不能自动复位的，在限速器复位前，电气安全装置应绝对保证电梯不能再启动，需要时只能手动复位。

（4）如果要现场验证限速器的动作值时，采用速度可调节的动力装置来带动限速器绳轮，以便测定其实际动作速度。

2. 安全钳动作试验及要求。

（1）安全钳试验前检查。轿厢两侧的安全钳楔块与导轨两侧顶面的间隙应均匀，牵动安全钳与限速器连接的绳头拉紧时，轿厢两侧安全钳两边的楔块应同时接触导轨的工作面。

（2）安全钳的试验是为了检查其安装是否正确、调整是否合理以及轿厢、安全钳、导轨与建筑物各连接件是否坚固。亚龙 YL-777 型电梯所用的安全钳为渐进式，轿厢侧安全钳是检测轿厢下行超速时起作用的，试验应在轿厢向下运行时进行。当安全钳动作时，安全钳的楔块应将轿厢紧紧地卡在两列导轨上。如果曳引轮继续动作，曳引钢丝绳也应在曳引轮绳槽上打滑，电梯绝对不能再继续向下运行。

3. 限速器——安全钳试验方法。

（1）瞬时式安全钳装置，轿厢装载额定载重量，以检修速度向下运行，进行试验。

（2）渐进式安全钳装置，轿厢应载有均匀分布的125%额定载重量，安全钳装置的动作应在较低的速度（即平层速度或检修速度）进行试验：

1）人在机房，将电梯运行到提升高度的下半部分，使电梯处于检修状态，以检修速度下行。试验时，手动使限速器动作，限速器电气开关动作，此时电机停转；短接限速器电气安全开关，使电梯继续下行，限速器使限速器钢丝绳制动并提起安全钳拉杆装置，此时，安全钳电气开关也应动作，再次使电动机停转；然后短接安全钳电气开关，使电梯继续下行，安全钳应动作，将轿厢紧紧地夹在导轨上。轿厢一旦被制停，曳引钢丝绳在曳引轮上打滑，且在载荷试验后，轿厢底倾斜度不大于5%。

2）将电梯以检修速度上行一段距离，安全钳应自动脱开、恢复（安全钳电气安全开关可以是自动复位的），人为恢复限速器电气安全开关和机械装置，上行一段距离后使电梯再继续下行，安全钳不应该再动作。

3）恢复限速器上的电气安全开关后，电梯可以正常运行。

4）试验完成以后，检查导轨有无被划伤，必要时要进行打磨、修光到正常状态；将电梯开到底层，在底坑检查安全钳的楔块应无损坏、无变形。

5）当对重侧设有安全钳时（用于底坑下面是空的时候），其检查和试验方法与轿厢侧安全钳的检查和试验方法相似，但是，要注意电梯的运行方向正好相反！另外，当对重侧安装限速器时，对重限速器的动作速度应略高于轿厢侧限速器的动作速度，但不应超过10%，从而保证对重安全钳略滞后于轿厢安全钳动作。

由于安全钳的动作试验会对导轨造成不同程度的损伤，试验后必须对导轨的卡痕进行修复。应引起注意的是：此类试验次数不宜过多，以免对电梯造成不必要的伤害！

鉴于亚龙YL-777型电梯配置渐进式安全钳，故限速器—安全钳试验选用方法（2）。

步骤二：缓冲器负荷试验

亚龙YL-777型电梯配置的缓冲器安装在井道、底坑、轿厢和对重行程的极限位置。当轿厢失控蹾底（超越下终端开关）或冲顶（超越上终端开关）时，缓冲器对轿厢起缓冲保护作用。缓冲器根据电梯额定运行速度正确选用。

缓冲器的检测内容包括负荷特性试验和复位试验两个方面。

1. 缓冲器的负荷特性试验。缓冲器负荷特性是指缓冲器被轿厢以特定的运行撞击时，其变形（压缩量）的规律。试验时，检查缓冲器的压缩量应与制造厂提供的特性曲线相符。各有关零部件应牢固、无损伤、无变形等影响电梯正常运行的现象。这里强调指出的是蓄能型缓冲器（弹簧式）仅适用于电梯额定运行速度小于1m/s的电梯，而耗能型（液压式）缓冲器适用于任何速度类型的电梯。

2. 缓冲器复位试验。复位试验只对耗能型（液压）缓冲器有用，对蓄能型缓冲器不作规定。试验时，轿厢以额定载重量和较低的速度使缓冲器全压缩，然后使轿厢脱离缓冲器，缓冲器应恢复到正常位置。恢复的时间是指：从轿厢离开缓冲器瞬间起到缓冲器完全恢复原状态，该时间应少于120s。

检查缓冲器开关，应是自动（保证在缓冲器未恢复前此开关不起作用）、或非自动复位的安全触点开关。电气开关动作时，电梯不能运行，亚龙YL-777型电梯的缓冲器开关是非自动复位的安全触点开关。

4.12.5 运行可靠性试验

步骤一：电梯运行速度测试

电梯安装完以后，其满速运行速度是否达到设计要求，必要时可以验证电梯运行速度。具体测试方法如下：

1. 首先用转速表（如图4-101所示）测出曳引电动机在正常满速情况下的转速，要求测量两次以上，保证数据的准确性。

2. 根据式（4-1）计算出轿厢的运行速度。

$$V_1 = \frac{\pi Dn}{1000 \times 60 i_1 i_2} \tag{4-1}$$

式中　V_1——轿厢的运行速度（m/s）；

　　　　D——曳引轮节圆直径（mm）；

　　　　n——实测电动机转速（r/min）；

　　　　i_1——曳引机减速比；

　　　　i_2——曳引比。

通过以上计算，得出轿厢的运行速度 V_1，还可以按式（4-2）计算出电梯实际运行速度与额定速度（设计速度）的偏差大小：

$$速度偏差值 = \frac{运行速度 - 额定速度}{额定速度} \times 100\% \tag{4-2}$$

轿厢的运行速度也可以用测速装置（见图 4-101）直接测量曳引钢丝绳的线速度而得出，由于亚龙 YL-777 型电梯是 2:1 绕法，所测的数据应该除以 2 才是轿厢的实际运行速度。

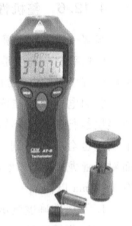

图 4-101　手持接触/非接触式转速表

步骤二：电梯运行试验

电梯运行试验是综合考核曳引机、制动器、门机、电气装置等部件质量和安装质量的综合试验。

1. 电梯运行试验应分别在空载、平衡载荷（根据平衡系数测定时的平衡载荷率确定，一般为 40%～50%）和满载三种状态下，以通电持续率大于 40% 以上，往复运行，历时 1.5h，电梯应运行平稳、制动可靠、曳引电动机的温升小于 60℃。

注意：通电持续率是指在单位时间里，曳引电动机通电运行时间相对总试验时间的百分比。例如：通电持续率为 40%，即在 1.5h 内，曳引电动机通电运行的累计时间应为 36min。

2. 运行试验过程中的检测内容。

（1）轿厢运行时振动的检测：包括启动、运行和制动过程的加、减速度的测定。

（2）制动器工作状态检查：电梯运行时，制动闸皮应均匀离开制动轮，不产生摩擦。当电梯制动时，制动闸皮应均匀紧贴在制动轮上（能将载以 150% 额定载荷的轿厢可靠地制动）。

（3）曳引机及减速箱检查：曳引机在运行中不应明显地跳动或振动，减速箱不应有冲击声或异常摩擦声。

（4）曳引电动机电流及电梯速度的测量：电梯空载下行或满载上行时（两个最大曳引力矩状态），曳引电动机的最大工作电流不应超过其额定电流（电梯启动电流不应超过曳引电动机额定电流的 2.5 倍）；电梯以平衡负载作上、下运行时，其上行电流与下行电流应基本相同，差值不应超过 5%；电梯以正常速度运行时，其曳引速度应接近电梯额定速度（可略低于额定速度 5%）。

（5）电梯控制系统功能的确认：电梯控制功能应能达到设计要求功能，运行平稳、制动可靠。

（6）试运行后的检测内容：对制动器的温升以及各轴承的温升一般不允许超过 60℃（温升是指实测的温度值减去环境温度值的差值），最高温度不超过 85℃。

步骤三：电梯超载试验

电梯超载试验是指在电梯运行试验正常后，对其超载能力进行的检验。超载试验不属于曳引试验。

1. 超载试验前，若电梯设有超载保护安全装置，应先将超载保护装置移开。轿厢内载以110%的额定载荷，在通电持续率为40%的条件下，电梯作上升、下降运行，在全程内启动、运行、制动30次。电梯应能可靠地启动、运行和停止（平层可以不考虑），曳引机工作无异常，制动器可靠制动。

2. 超载保护安全装置的检验。超载保护安全装置是乘客电梯必备的功能，如果电梯载重量超过额定载重量的110%时，自动运行状态下的电梯应不关门，不走梯，超载灯亮，超载蜂鸣器响。此状态一直维持到减轻载荷到规定重量以内为止。

4.12.6　整机性能检测

步骤一：平层准确度检查

电梯平层准确度是指电梯到站后，轿厢地坎上平面与厅门地坎上平面的水平误差，平层准确度直接影响电梯的安全性。

影响电梯平层准确度的因素较多，特别是调试质量的好坏影响较大。由于电梯单层或多层运行的速度不同，上行与下行的曳引力矩不同，满载与空载的惯量不同，其平层准确度也会有所不同。因此，对老式的交流双速电梯而言，平层准确度一般比较难调；而对于亚龙 YL-777 型电梯（电脑控制的 VVVF 电梯），平层准确度可以调到很小（误差在 $1 \sim 2mm$ 以内）。

1. 平层准确度测试方法。

（1）测量工具：两把钢直尺（或深度游标卡尺）。

（2）测量楼层、位置。

1）底层的上一层、中间楼层、顶层的下一层；上、下运行；单层运行（短楼距）、多层运行（长楼距）。

2）在踏板中间位置测量。

鉴于亚龙 YL-777 型电梯只设 2 层站，故只需测试 1 楼上行至 2 楼、2 楼下行至 1 楼两种情况。

（3）测量工况：空载、额定载重。

2. 平层准确度的评定标准。平层准确度的评定应从所有层站所测量的数据中找出最大偏差值，不能超过表4-25 的规定值。

表 4-25　平层准确度的评定标准　　　　　　　　　　　（单位：mm）

电梯种类	合格品	一等品	二等品
交流双速（$V<0.63m/s$）	±15	±12	±10
交流双速（$V<1.00m/s$）	±30	±20	±15
交直流调速（$V<2.50m/s$）	±15	±10	±5
VVVF 电梯（$V<2.50m/s$）	±5	±3	±2

步骤二：噪声测定

电梯运行时产生的噪声，如果超过一定程度后会给乘客带来极不舒适的感觉。因此，电梯投入运行前应使用专门仪器（如图 4-102 所示）对噪声进行测定，并加以控制。

电梯噪声的测定包括电梯运行时轿厢内的噪声、开关门过程的噪声和机房内的噪声三个方面。

1. 电梯运行时轿厢内的噪声测定。当电梯以额定速度上行和下行运行时所产生的噪声，取其最大值，测试位置为轿厢中心1.5m处。

2. 开关门过程的噪声。开关门过程应分别对轿门和厅门的噪声进行测量，而且每层站都要测量，记录其噪声峰值。

3. 机房内的噪声测定。机房内的噪声测定应在电动机运行过程中进行，在声源的前、后、左、右和上方1m处共取五点，然后计算其平均值。

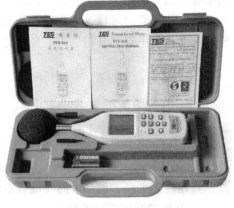

图4-102 测试噪声所用的数字声级计

噪声等级评定应符合表4-26的要求。

表4-26 电梯噪声的评定标准 （单位：dB）

项　　目	合格品（国标要求）	一等品	二等品
机房噪声	≤80	≤75	≤70
运行中轿厢内噪声	≤55	≤52	≤48
开、关门过程噪声	≤65	≤60	≤50

步骤三：门联锁装置

电梯每套厅门必须设置闭锁装置。在正常情况时，各层如不借厅外开锁钥匙，则闭锁装置应始终保持厅门处于关闭锁定状态，厅门平时是不可开启的，唯独轿厢到达本层以后，本厅门才能被打开。闭锁装置的检验应包括以下内容：

1. 厅门联锁装置可靠性检查。厅门联锁装置应能承受不大于150N外力的作用，保持门扇在锁紧状态，门扇闭合时，门锁锁紧件的机械啮合深度不小于7mm，在此基础上，门联锁上的电气触点才接通。

2. 电气闭锁装置检查。厅门电气开关装置必须保证只有所有厅门都安全关闭，且在机械啮合深度达到7mm以后，电梯才能够启动运行，而正在运行中的电梯，任何一层的厅门被人为打开，电梯都必须立刻停止运行，只有被打开的厅门完全关闭后，电梯方可继续运行。门电气接点的通断必须是直接的，绝不允许用间接的电路代替或用导线直接短接，防止触点粘连。

步骤四：报警装置及电源中断应急装置检验

1. 为方便乘客在电梯万一发生故障时能够及时向外界求援，电梯轿厢内都安装有乘客容易识别和方便触及的紧急报警装置（包括：紧急按钮、警铃、对讲电话、应急照明、可视系统等）。该装置的供电应来自可自动充电的备用电源（如：蓄电池组），并且能在正常电源中断后至少维持工作1h以上。一旦轿内发出紧急呼救信号后，大厦内的消防或保安值班室应能及时、有效地给予应答，并采取紧急救援措施将乘客及时救出。

2. 电源中断应急装置属于电梯业主自选配置项目。电源中断应急装置的功能是当外界供电系统出现故障，电梯处于两个楼层之间而乘客无法逃出时，电梯应急装置启动，在备用电池的驱动下，经过电源逆变器提供电梯主控板电源，使电梯控制系统正常工作，并实际判别电梯上或下的最小电流方向，然后松闸，在最小负载的前提下将轿厢自动就近平层，然后开门放人，实验时可以人为在轿厢运行到两楼层之间时突然切断电梯供电电源，稍停片刻，轿厢自动找回平层，开门放人，随后处于待命状态。

【习题】

一、填空题

1. 调试工作分为机械调整和_____两大部分。

2. 曳引电动机、门电动机、电磁制动器、限速器、电源总控制盒等电气设备及拖动电路、拖动控制电路、制动电路等线路的绝缘电阻值均不应小于_____。

3. 电梯端站越程保护包括_____、_____及_____。

4. 当限速器张紧装置的配重轮下落大于_____ mm 或限速器钢丝绳断开时，张紧保护开关应能立即断开，使电梯停止运行。

5. 电梯超速时限速器动作速度应大于电梯额定运行速度的_____%。

6. 耗能型（液压）缓冲器复位试验时，从轿厢离开缓冲器瞬间起到缓冲器完全恢复原状态，该时间应少于_____ s。

7. 电梯运行试验后，制动器的温升一般不允许超过_____℃，最高温度不超过_____℃。

8. 平层准确度的评定应从所有层站所测量的数据中找出最大偏差值，对于额定速度小于 2.5m/s 的 VVVF 电梯，平层准确度不应大于_____ mm。

9. 厅门联锁装置可靠性检查，厅门联锁装置应能承受不大于_____ N 外力的作用，保持门扇在锁紧状态，门扇闭合时，门锁锁紧件的机械啮合深度不小于_____ mm，在此基础上，门联锁上的电气触点才接通。

10. 当外界供电系统出现故障，电梯处于两个楼层之间，能将轿厢自动就近平层，开门放人的设备是电梯的_____。

二、选择题

1. 电气设备的金属外壳均有良好的接地装置，且接地电阻小于等于（　　）Ω。

A. 0.5M　　　　　　　B. 0.25M　　　　　　　C. 1000　　　　　　　D. 4

2. 当轿厢地坎超越上、下端站地坎平面（　　）mm 至极限开关动作之前，限位开关应动作，电梯应停止运行。

A. 30　　　　　　　　B. 50　　　　　　　　C. 100　　　　　　　　D. 120

3. 电梯的平衡系数一般为（　　）。

A. 40%~45%　　　　　B. 40%~50%　　　　　C. 45%~55%　　　　　D. 以上都不对

4. 安全钳动作试验时，当安全钳动作，安全钳楔块紧紧地夹在导轨上，使轿厢被制停，曳引钢丝绳在曳引轮上打滑。且在载荷试验后，轿厢底倾斜度不大于（　　）。

A. 1%　　　　　　　　B. 3%　　　　　　　　C. 5%　　　　　　　　D. 5‰

5. 国标 GB 10059—2009 是指（　　）。

A. 电梯技术条件　　　　　　　　　　　B. 电梯试验方法

C. 电梯制造与安装安全规范　　　　　　D. 电梯安装验收规范

6. 2∶1 绕法的电梯，轿厢的运行速度应为曳引钢丝绳线速度的（　　　）。

A. 2 倍　　　　　　B. 1 倍　　　　　　C. 1/3　　　　　　D. 1/2

7. 某电梯的通电持续率为 40%，即在 2h 内，曳引电动机通电运行的累计时间应为（　　　） min。

A. 36　　　　　　B. 80　　　　　　C. 48　　　　　　D. 0.8

8. 电梯运行时轿厢内的噪声不应超过（　　　） dB。

A. 85　　　　　　B. 80　　　　　　C. 65　　　　　　D. 55

三、判断题

1. 接地检查时，要求电动机三相 U、V、W 端子与 PE（总进线接地端，以下简称 PE）的电阻接近无穷大。　　　　　（　　）

2. 接地检查时，要求电网电源接地点与 PE 的电阻值尽可能小。　　　　（　　）

3. 电源主开关断开时，切断轿厢照明、通风、机房照明、电源插座、井道照明、报警装置等供电电路。　　　　　（　　）

4. 亚龙 YL-777 型电梯需要进行断相试验和错相试验。　　　　（　　）

5. 当轿顶、轿内及机房均设检修开关及操作按钮这一装置时，应确保轿顶控制优先的原则。　　　　（　　）

6. 限速器动作保护开关、安全钳动作保护开关及限速器钢丝绳张紧保护开关均是自动复位的开关。　　　　（　　）

7. 电梯平衡系数测试时，如果平衡系数偏小（低于 40%），说明电梯的载重量变小，应该增加对重的重量；反之，平衡系数偏大（高 50%），应该减少对重的重量。　（　　）

8. 电梯超载试验是指将超载保护装置移开，轿厢内载以 110% 的额定载荷，在通电持续率为 40% 的条件下，电梯作上升、下降运行，在全程内启动、运行、制动 30 次。电梯应能可靠地启动、运行和停止（平层可以不考虑），曳引机工作无异常，制动器可靠制动。

（　　）

四、学习记录与分析

1. 小结电梯调试的要求。
2. 小结电梯安全装置检查试验的项目。
3. 小结电梯限速器——安全钳试验方法。

五、试叙述对电梯整机调试的认识、收获与体会

项 目 总 结

本项目介绍了 12 个电梯安装实训任务，包括有：电梯样板制作、样板固定与挂基准线、导轨支架和导轨的安装与调整、电梯厅门及自动门锁安装与调整、承重梁和曳引机的安装与

调整、电梯轿厢的组装、电梯轿门的安装与调整、对重和曳引绳的安装、井道机械设备的安装、缓冲器的安装、限速器安全装置的安装、行程终端安全保护开关的安装与调整、井道电气设备的安装、机房电气设备的安装、电梯开关门的调试和电梯的整机调试。在完成了这12个实训任务后，应对电梯的安装与调试操作步骤与工艺要求有较全面、系统地掌握；但应注意还需要到电梯安装企业进行综合实训，在现场对电梯的安装系统地跟班操作一次以上，才能做到全面掌握电梯安装的操作技能。

项目5

自动扶梯实训

项 目 概 述

　　本项目为"自动扶梯实训"，共13个学习任务，主要内容包括自动扶梯（包括自动人行道）基本结构与运行原理的认识、安全操作规程的学习与应急救援演练、自动扶梯的安全操作与使用管理、自动扶梯梯级的拆装、梯级轮与梯级链的检查与更换、梯级链张紧装置的调整、扶手带的调整与更换、自动扶梯电气故障的维修、自动扶梯维保制度的学习、自动扶梯润滑系统的检查与保养，以及自动扶梯的日常保养项目等。通过完成这13个实训任务，应能基本掌握自动扶梯（自动人行道）的日常维修保养操作技能。

任务 5.1

【任务目标】

应知

了解自动扶梯与自动人行道的特点、分类和主要参数。

应会

能够认识各类自动扶梯与自动人行道。

【建议学时】

4学时。

【任务描述】

　　本任务通过观察不同类型、品牌的自动扶梯与自动人行道，了解各种自动扶梯与自动人行道的特点和分类以及主要参数。

【知识准备】

自动扶梯与自动人行道

可阅读相关教材中有关自动扶梯（自动人行道）的特点、分类和主要参数等内容，如

"自动扶梯运行与维保"任务 1.1。

【多媒体资源】

演示各种自动扶梯与自动人行道。

【任务实施】

实训设备

公共场所中各种实用的自动扶梯与自动人行道。

实训步骤

步骤一：实训准备

1. 指导教师先到准备组织学生参观的自动扶梯和自动人行道所在场所"踩点"，了解周边环境、交通路线等，事先做好预案（参观路线、学生分组等）。

2. 对学生进行参观前的安全教育（详见"相关链接：参观注意事项"）。

步骤二：参观自动扶梯与自动人行道

组织到有关场所（公共场所如商场、写字楼和机场、车站、地铁站等）参观自动扶梯与自动人行道，将观察结果记录于表 5-1 中（也可自行设计记录表格）。

表 5-1　自动扶梯（自动人行道）参观记录表

类型	自动扶梯　水平型自动人行道　倾斜型自动人行道
安装位置	宾馆酒店　商场　写字楼　机场　车站　地铁站　人行天桥　其他场所：
主要用途	载客　货运　观光　其他用途：
运行方向	单向　双向
提升高度	小　中　高
型号	
运行速度	恒速　变速
参观的其他记录	

步骤三：讨论和总结

学生分组讨论：

1. 学生分组，每个人口述所参观的电梯的类型、用途、基本功能等。

2. 交换角色，反复进行。

【相关链接】

参观注意事项

1. 参观首先一定要注意安全。在参观前必须要进行安全教育，强调绝对不能乱动、碰任何控制电器。在组织参观前要做好联系工作，事先了解现场环境，安排好参观位置，不要影响现场秩序，防止发生事故。

2. 参观现场若比较狭窄，可分组分批轮流或交叉参观，每组人数根据实际情况确定，以保证安全、不影响现场秩序为前提，以确保教学效果为原则。

【习题】

一、填空题

1. 自动扶梯的倾斜角有 _____、_____、_____ 三种，常用的有 _____ 和 _____ 两种。

2. 自动人行道按用途分有 _____ 型和 _____ 型两种；按规格分有 _____、_____ 和 _____ 三种；按倾斜角度分有 _____ 型和 _____ 型两种；按结构形式分为 _____ 式、_____ 式和 _____ 式三种。

3. 自动扶梯的额定速度通常有 _____ m/s、_____ m/s 和 _____ m/s 三种，最常用的为 _____ m/s；当倾斜角为35°时，其额定速度只能为 _____ m/s。

4. 自动人行道的额定速度通常有 _____ m/s、_____ m/s、_____ m/s 和 _____ m/s 四种。

5. 自动人行道头部与尾部 _____ 点之间的距离称为自动人行道的名义长度。

二、选择题

1. 自动扶梯是一种带有循环梯路向上或向下与地面成（   ）倾斜角输送乘客的运输设备。

   A. 15.3°~30°   B. 27.3°~35°   C. 0°~27.3°

2. 自动扶梯和自动人行道适合于（   ）的场所。

   A. 人流量大且垂直距离不高   B. 人流量大且垂直距离高   C. 人流量小且垂直距离高

3. 自动人行道的倾斜角在（   ）之间。

   A. 0°~10°   B. 0°~12°   C. 0°~30°

4. 在同样长度下，（   ）的驱动功率要相对较大。

   A. 自动扶梯   B. 自动人行道   C. 两者一样

5. 两者相比较，（   ）的安全性能要更好。

   A. 自动扶梯   B. 自动人行道   C. 两者一样

6. 提升高度是指自动扶梯进出口两楼层板之间的（   ）。

   A. 水平距离   B. 垂直距离   C. 直线长度

7. 土建提升高度是指自动人行道上下前沿板两水平面间的（   ）。

   A. 水平距离   B. 垂直距离   C. 直线长度

8. 倾斜角是指自动扶梯（自动人行道）梯级、踏板或胶带运行方向与水平面构成的（   ）。

   A. 最小角度   B. 平均角度   C. 最大角度

9. 自动扶梯与自动人行道理论上每（   ）能够输送的人数称为其理论输送能力。

   A. 分钟   B. 小时   C. 天

三、判断题

1. 自动人行道一般在水平方向运行，也可以有一定的倾斜度。   （   ）

2. 名义速度即额定速度，是指自动扶梯设计所规定的运行速度。　　　（　　）

3. 自动扶梯在运行时，倾斜部分是台阶状，像楼梯；而自动人行道承载用的踏板之间是平的，没有台阶。　　　（　　）

4. 当停电或因故障不能使用时，自动扶梯可做普通楼梯使用，不影响交通。　（　　）

四、综合题

1. 试述自动扶梯的分类。

2. 试述自动扶梯和自动人行道与电梯比较的缺点。

3. 试述自动扶梯的基本结构及各部件的作用。

五、学习记录与分析

1. 小结观察自动扶梯特点收获与体会。

2. 分析表 5-1 的内容，小结认识各种自动扶梯理论输送能力的计算和体会。

3. 分析表 5-2 中记录的内容，小结参观自动扶梯（自动人行道）的主要收获与体会。

六、试叙述对本项目与实训操作的认识、收获与体会

任务 5.2

【任务目标】

应知

1. 掌握自动扶梯与自动人行道的基本结构。

2. 理解自动扶梯与自动人行道的运行原理。

应会

1. 能够划分自动扶梯（自动人行道）的空间结构与功能。

2. 能够讲出自动扶梯（自动人行道）机械、电气系统中各部分的名称与作用。

【建议学时】

8 学时。

【任务分析】

本项目可采用亚龙 YL-778 型自动扶梯维修与保养实训考核装置（以下简称"亚龙 YL-778 型自动扶梯"）组织学习，并通过接触不同类型、品牌的自动扶梯，掌握自动扶梯的基本结构，理解其运行原理。

【知识准备】

自动扶梯的基本结构

可阅读相关教材中有关自动扶梯（自动人行道）基本结构的内容，如"自动扶梯运行

与维保"任务 1.2。

【多媒体资源】

演示自动扶梯基本结构的各个主要组成部分。

【任务实施】

实训设备

1. 亚龙 YL-778 型自动扶梯（及其配套工具、器材）。

2. 自动扶梯（自动人行道）维修调试通用的工、量具可见表 5-2（推荐器材，仅供参考，下同）。

表 5-2　自动扶梯维修调试通用的工、量具

序号	名称	规格	序号	名称	规格
1	套筒扳手		24	一字螺钉旋具	4″、6″、8″、10″
2	活扳手	8″10″12″	25	十字螺钉旋具	4″、6″、8″
3	钳工锤	1.5 磅、2 磅	26	电工刀	
4	橡皮锤	2 磅	27	尖嘴钳	6″
5	钢锯架		28	斜嘴钳	6″
6	手虎钳	2″	29	剥线钳	8″
7	锉刀	板、圆、半圆、8″、10″	30	蜂鸣器	
8	整形锉		31	低压验电器	
9	C 形轧头	2″、4″、6″	32	电铬铁	35W
10	挡圈钳	6″	33	线锤	0.5kg
11	梅花扳手		34	水平尺	300mm　0.5/1000
12	扁凿	8mm、10mm、12mm	35	角尺	200mm、300mm
13	黄油枪		36	深度游标卡尺	300mm
14	机油枪		37	游标卡尺	150mm
15	螺纹扳牙架	M3～M16	38	厚薄规	0.02～2.00mm
16	螺纹扳牙	M3～M16	39	钢直尺	150mm、300mm、500mm
17	直柄麻花钻	φ2.5～φ14	40	钢卷尺	2m、3m、5m
18	攻螺纹	M3～M16	41	分贝仪	
19	角向磨光机	φ120	42	秒表	
20	手枪电钻	φ1.5～φ6mm	43	钳形电流表	
21	电钻	φ3～φ13mm	44	兆欧表	
22	手电筒		45	转速表	
23	手灯	36V	46	万用表	

实训步骤

步骤一：实训准备

1. 指导教师事先了解准备组织学生观察的自动扶梯的周边环境等，事先做好预案（参观路线、学生分组等）。

2. 先由指导教师对操作的安全规范要求作简单介绍。

步骤二：观察自动扶梯结构

学生以 3~6 人为一组，在指导教师的带领下全面、系统地观察自动扶梯的基本结构，认识扶梯的各个系统和主要部件的安装位置以及作用。可由部件名称去确定位置，找出部件，然后将观察情况记录于表 5-3 中。

表 5-3 自动扶梯部件的功能及位置学习记录表

序号	部件名称	主要功能	安装位置	备注
1				
2				
3				
4				
5				
6				
7				
8				
9				

注意：1. 以观察亚龙 YL-778 型自动扶梯为主，如有条件也可辅助观察其他类型的自动扶梯（自动人行道）；

2. 观察过程要注意安全。

步骤三：实训总结

学生分组，每个人口述所观察的自动扶梯的基本结构和主要部件功能。要求做到能说出部件的主要作用、功能及安装位置；再交换角色，重复进行。

【习题】

一、填空题

1. 自动扶梯由_____、_____、_____、_____系统和_____系统等主要部件组成。

2. 自动扶梯的桁架有_____式和_____式两种。

3. 按照国家标准的规定：对于普通自动扶梯，根据 $5000N/m^2$ 的载荷计算或实测的最大挠度，不应超过支承距离的_____；对于公共交通型自动扶梯，根据 $5000N/m^2$ 的载荷计算或实测的最大挠度，不应超过支承距离的_____。为了避免金属桁架挠度超出最大限度值，当自动扶梯提升高度超过_____时，需在金属桁架与建筑物之间安装中间支承（通常两支承点间的距离不应超过_____），用以加强金属桁架的刚度。

4. 自动扶梯的梯级有_____式梯级与_____式梯级两类。

5. 驱动装置的作用是将动力传递给_____系统以及_____系统。

6. 按照自动扶梯驱动装置所在位置，可分为_____驱动、_____驱动和_____驱动三种。

7. 扶梯的电动机通过链条带动_____主轴，主轴上装有两个_____、两个扶手驱动轮、传动链轮以及_____等。

8. 自动扶梯的牵引构件是传递牵引力的构件，主要有牵引_____条和牵引_____条两种。

9. 自动扶梯扶手带的驱动装置一般有两种形式，一种是_____式驱动，另一种是_____式驱动。

10. 扶梯的自动润滑系统由_____、_____、_____及_____等组成。

11. 自动扶梯需要自动加油润滑的部件主要有_____链、_____链、_____装置和_____驱动链等。

12. 自动扶梯非操纵逆转保护装置的作用是在_____时自动停止运行。

13. 在扶手_____的扶手带_____处最容易将乘客的手指拖入，因此需要在这些部位设置保护装置。

二、选择题

1. 梳齿和梳齿板装设在扶梯的（   ）。

A. 扶手   B. 出入口   C. 梯级

2. 楼层板装设在扶梯的（   ）。

A. 扶手上   B. 梯级下部   C. 出入口处

3. 小提升高度的扶梯可由（   ）台驱动机驱动，中提升高度的扶梯可由（   ）台驱动机驱动。

A. 一   B. 二   C. 三

4. 自动扶梯的梯级是特殊结构形式的四轮小车，有（   ）。

A. 4个主轮   B. 4个副轮   C. 2个主轮和2个副轮

5. 端部驱动式自动扶梯采用（   ）式驱动。

A. 链条   B. 齿条   C. 带

6. 一旦发现自动扶梯的梳齿损坏应（   ）。

A. 安排修理   B. 立即修理   C. 在大修时才修理

7. 自动扶梯在空载和有载向下运行时的制停距离应满足：当速度 $v=0.5\text{m/s}$ 时，制停距离为（   ）；当速度 $v=0.65\text{m/s}$ 时，制停距离为（   ）；当速度 $v=0.75\text{m/s}$ 时，制停距离为（   ）。

A. 0.2~1m   B. 0.3~1.3m   C. 0.4~1.5m

8. 扶手驱动装置通过驱动环绕扶手带导轨和导轮，来实现扶手带与梯级（   ）循环运动的。

A. 异步   B. 同步   C. 差步

9. 扶手带相对梯级同步运行速度的允许偏差为（   ）。

A. 0~2%   B. 0~±2%   C. 0~5%

10. 自动扶梯超速保护装置动作后，（   ）。

A. 只能手动复位   B. 可以自动复位   C. 可随意复位

11. 当自动扶梯梯级或踏板的任何部分下陷时，（   ）装置应动作。

A. 超速保护   B. 梯级或踏板的缺失保护   C. 梯级塌陷保护

12. 当出现扶手带速度低于正常速度的（　　　）并持续 15s 时，扶手带速度偏离保护装置应切断自动扶梯的电源使其立即停止运行。

A. 80%　　　　　　　　　　B. 85%　　　　　　　　　　C. 90%

13. 自动扶梯的扶手带系统不包括（　　　）。

A. 驱动系统　　　　　　　　B. 栏杆　　　　　　　　C. 制动器

三、判断题

1. 梳齿上的齿槽应与梯级上的齿槽啮合。　　　　　　　　　　　　　　　（　　　）

2. 张紧装置通过调整压力弹簧使封闭循环运动梯级链条具有一定的张紧力，使挂在链条上的梯级实现匀速运动。　　　　　　　　　　　　　　　　　　　　　　（　　　）

四、综合题

1. 试述自动扶梯的基本结构、各部件的作用与运行原理。

2. 试述自动扶梯的安全保护系统主要由哪些保护装置所组成。

五、学习记录与分析

1. 小结学习各种自动扶梯结构，以及自动扶梯空间结构的划分和功能的区分。

2. 分析表 5-3 中记录的内容，小结观察自动扶梯的基本结构与主要部件的过程、步骤、要点和基本要求。

六、试叙述对本项目与实训操作的认识、收获与体会

任务 5.3

【任务目标】

应知

熟悉自动扶梯的安全操作规程。

应会

1. 能够掌握自动扶梯的操作规程。

2. 能够掌握自动扶梯的各种应急预案以及救援方法。

【建议学时】

4 学时。

【任务描述】

通过本任务的学习、掌握自动扶梯在维保工作中的安全操作规范以及使用时所要注意的事项养成良好的安全意识和职业素养。

【知识准备】

自动扶梯的安全操作规程

可阅读相关教材中有关自动扶梯安全操作规程的内容，如"自动扶梯运行与维保"项目二。

【多媒体资源】

演示自动扶梯的安全操作规程。

【任务实施】

实训设备

亚龙 YL-778 型自动扶梯（及其配套工具、器材）。

实训步骤

步骤一：学习安全操作规程

1. 由指导教师讲解自动扶梯的安全操作规程（可辅以多媒体教学资源）。

2. 学生分组讨论：可每个人口述自动扶梯安全操作规程的要点；再交换角色，重复进行。

步骤二：演练自动扶梯部件故障的应急救援

1. 学生分组，在教师指导下模拟演练自动扶梯某个部件发生故障时的应急救援过程，并将救援过程记录于表 5-4 中（可自行设计记录表格，下同）。

2. 演练后分组讨论，每个人口述自动扶梯部件故障应急救援工作的主要任务、工作过程、基本要求与要点；再交换角色，重复进行。

表 5-4　自动扶梯部件故障应急救援步骤记录表

步骤	主要工作	备注
步骤 1		
步骤 2		
步骤 3		
步骤 4		
步骤 5		
步骤 6		

步骤三：演练自动扶梯发生夹持事故的应急救援

1. 学生分组，在教师指导下模拟演练自动扶梯某个部位发生夹持事故时的应急救援过程，并将救援过程记录于记录表中（可参照表 5-4，也可自行设计记录表格）。

2. 演练后分组讨论，每个人口述自动扶梯发生夹持事故应急救援工作的主要任务、工作过程、基本要求与要点；再交换角色，重复进行。

【习题】

一、填空题

1. 乘坐自动扶梯时，乘客应＿＿＿＿扶梯的运行方向，靠＿＿＿＿侧站立。

2. 自动扶梯发生夹持事件时救援人员应在_____人以上。

二、选择题

1. 起动自动扶梯前应先（   ）后方可起动。

A. 确认扶梯上无人　　　　B. 确认扶梯上有人　　　　C. 确认扶梯无货物

2. 当有人在桁架内作业时，（   ）检修运行及自动运行。

A. 允许　　　　　　　　　B. 禁止　　　　　　　　　C. 可视情况是否允许

3. （   ）单人在自动扶梯开口部位或开口部位周边及桁架内进行单独作业。

A. 允许　　　　　　　　　B. 禁止　　　　　　　　　C. 可视情况是否允许

4. 自动扶梯在检修运行时，如果在拆除梯级的状态下运行（   ）从空梯级上通过。

A. 可以　　　　　　　　　B. 不可以　　　　　　　　C. 可视情况是否允许

5. （   ）在相邻扶手装置之间或扶手装置和邻近的建筑结构之间放置货物。

A. 允许　　　　　　　　　B. 禁止　　　　　　　　　C. 可视情况是否允许

三、判断题

1. 自动扶梯与自动人行道的起动钥匙可由多人共同保管。　　　　　　　　（　　　）

2. 为了提高设备的利用率，在不载运乘客时可以用自动扶梯载运货物。　　（　　　）

四、综合题

1. 试述自动扶梯的安全操作规程以及使用时的注意的事项。

2. 试述自动扶梯的应急救援步骤。

五、学习记录与分析

1. 分析在使用自动扶梯时须注意的事项，小结学习自动扶梯安全操作规程的收获与体会。

2. 分析自动扶梯部件故障应急救援方法，小结自动扶梯部件故障时会出现的应急方法。

六、试叙述对本项目与实训操作的认识、收获与体会

任务 5.4

【任务目标】

应知

1. 了解自动扶梯的安全使用知识。

2. 认识管理扶梯的相关规定。

应会

1. 能够掌握自动扶梯各种安全使用方法。

2. 能够掌握自动扶梯的日常管理。

【建议学时】

6 学时。

【任务分析】

通过本任务的学习，认识自动扶梯的日常使用方法，对自动扶梯的各种管理方法有系统地了解。

【知识准备】

自动扶梯使用和管理方法

可阅读相关教材中有关自动扶梯使用和管理方法的内容，如"自动扶梯运行与维保"项目二。

【多媒体资源】

演示自动扶梯的使用和管理办法。

【任务实施】

实训设备

亚龙 YL-778 型自动扶梯（及其配套工具、器材）。

实训步骤

步骤一：实训准备

1. 设置安全防护栏及安全警示标志；

2. 检查学生穿戴的安全防护用品包括长袖工作服、工作帽、安全鞋。

3. 由指导老师对自动扶梯的安全操作规定进行讲解。

步骤二：自动扶梯安全操作

1. 起动自动扶梯的操作，填写表 5-5。

表 5-5 起动自动扶梯操作步骤记录表

序号	操作步骤	注意事项
1		
2		
3		
4		
5		
6		

2. 停止自动扶梯的操作，填写表 5-6。

表 5-6 停止自动扶梯操作步骤记录表

序号	操作步骤	注意事项
1		
2		
3		
4		
5		
6		

3. 改变自动扶梯运行方向的操作，填写表 5-7。

表 5-7　改变自动扶梯运行方向操作步骤记录表

序号	操作步骤	注意事项
1		
2		
3		
4		
5		
6		

步骤三：总结和讨论

1. 学生分组讨论自动扶梯安全操作的结果与记录，口述所观察的自动扶梯的操作方法。

2. 再互相提问，反复进行。

【阅读材料】

阅读材料 5-1：加强自动扶梯管理的必要性

自动扶梯不同于垂直升降电梯，其大部分安装在地铁、机场、大型医院及购物中心等人流集中之处，这也使得媒体和公众对于其安全性的关注较垂直升降电梯更高。一旦发生事故，前者媒体曝光率远大于后者。虽然自动扶梯事故死亡率较电梯低，但由此对伤者产生的身体伤害以及心理阴影是巨大的，在社会上的不良影响也是非常严重的。以发达城市为例，自动扶梯事故频发，尤其是 2010 年和 2011 年在深圳、北京地铁内分别发生的两次自动扶梯逆转事故，一时间引发了社会各方面的热烈讨论，引起了全社会的极大关注。至于事故发生原因，通过对这些年来自动扶梯事故统计数据可以得知，导致自动扶梯事故率高主要是因为乘客使用不当，常表现为乘客的自身疏忽和非故意的误操作。这类原因导致的意外大约占事故总数的 92%。以广州地铁二号线" 广州火车站" 站换乘五号线的自动扶梯停运事件为例，并不是扶梯电力问题或其他设备及管理问题，仅仅是一名约 7 岁男孩按下紧急按钮而引发的。通过现场监控录像回放发现，该男童引发扶梯停运后，工作人员迅速安抚住乘客，有效避免了踩踏事故的发生。因此，加强自动扶梯的管理十分重要，从下面两个事故案例也可以看出加强自动扶梯管理的必要性：

事故案例分析（一）

1. 事故经过

2005 年某月某日晚，11 岁的斌斌（化名）随母亲到书城购书。当母亲在 3 楼购书时，斌斌独自在自动扶梯上玩耍，当从 3 楼上 4 楼时，突然意外地从扶梯上翻出直坠至 1 楼而死亡。

2. 事故原因分析

（1）家长没有对儿童起监护作用，让小孩独自在自动扶梯上玩耍；小孩在乘坐自动扶梯时身体伸出梯外造成坠落。

（2）设备有安全隐患：该书城的每个楼层与自动扶梯之间均有 2 米宽的空隙，从 1 楼直通 4 楼，且扶手两侧没有任何防护装置。斌斌正是从这个空隙中从 3 楼直坠至 1 楼而死亡的。

事故案例分析（二）

1. 事故经过

2005 年某月某日，某购物商场由于大量人员为抢购廉价商品而涌入由 1 楼上 2 楼的扶梯上，使向上运行的扶梯突然逆转向下运行，造成大量乘客在下出入口挤压，有 14 人被送往医院，其中 1 名 38 岁的妇女因胸椎骨折而高位截瘫。

2. 事故原因分析

（1）直接的原因是扶梯严重超载运行，其动力不能满足负载的制动力矩而发生逆转，制动器也无法停止运行而导致溜车。

（2）商场的管理者没有履行管理职责采取有效措施防止扶梯超载。

【习题】

一、填空题

1. 使用单位必须按期向自动扶梯与自动人行道所在地的特种设备检验机构申请_____，及时更换安全检验合格标志中的有关内容。

2. 对于自动扶梯维修人员的维修资质，要求维修人员必须持有质检部门核发的《_____》才能上岗。

3. _____标志超过有效期的自动扶梯与自动人行道不得使用。

4. 每台扶梯的上部和下部都各有一个_____按钮，如遇有紧急情况可按下按钮扶梯立即停止运行。

二、选择题

1. 儿童（　　）独自乘坐自动扶梯。

A. 可以　　　　　　　　　B. 不可以　　　　　　　　　C. 随意

2. 乘坐自动扶梯时，乘客的手应该（　　）扶梯右侧的扶手。

A. 握住　　　　　　　　　B. 不要握住　　　　　　　　C. 随意

3. 在对自动扶梯的各个部件进行清洁和维护保养时，应该（　　）。

A. 严禁烟火　　　　　　　B. 不禁烟火　　　　　　　　C. 随意

4. 有人喜欢在向下运行中的自动扶梯上逆行向上跑步，认为这是提高自己的跑步水平和锻炼自己反应能力的好方法。您认为这（　　）。

A. 确实是一种锻炼身体的好方法

B. 是一种对自己和他人都会造成危害的行为

C. 只要不影响他人就没有关系

5. 应急救援时应确认在扶梯上（下）入口处已有维修人员进行监护，并设置（　　）。

A. 安全警示牌　　　　　B. 阻拦物　　　　　　　　　C. 粘贴安全警告贴纸

6. 自动扶梯与自动人行道的定期检验周期为（　　）。

A. 半年　　　　　　　　　B. 一年　　　　　　　　　　C. 两年

7. （　　）特种设备检验机构对自动扶梯与自动人行道的检验报告书、每次维修记录以及发生事故记录也应相应建立档案。

A. 每年　　　　　　　　　B. 每月　　　　　　　　　　C. 每季度

8. 值班人员要将自动扶梯运行情况、设备发生的（　　）详细填写在交接班记录本上。

A. 载货数量　　　　　　　B. 故障及处理过程　　　　　C. 人流量

9. 维保作业中同一井道及同一时间内，不允许有立体交叉作业，且不得多于（　　）。

A. 一名操作人员　　　　　B. 两名操作人员　　　　　C. 三名操作人员

10. 电梯维修人员必须是（　　）的人员。

A. 有电工维修经验　　　B. 有司机操作证　　　C. 经过专门培训并取得维修操作证

三、判断题

1. 婴儿车、手推车、自行车等不能直接推上自动扶梯。　　　　　　　　　　（　　）

2. 在正常情况下不能按动紧急制动按钮，严禁恶作剧，以免乘客因毫无防备发生事故。

（　　）

3. 维修保养人员必须经过培训考核，必须并取得国家级质量技术监督部门颁发的资格证书，才能工作。　　　　　　　　　　　　　　　　　　　　　　　　　　（　　）

4. 在自动扶梯上，不能将头部、四肢伸出梯级以外，以免受到障碍物、天花板、相邻的自动扶梯的撞击。　　　　　　　　　　　　　　　　　　　　　　　　　（　　）

四、综合题

1. 试述自动扶梯和自动人行道的使用方法。

2. 试述自动扶梯和自动人行道的各种管理措施。

五、学习记录与分析

1. 分析自动扶梯的使用与管理办法，小结学习体会。

2. 分析表 5-5、表 5-6、表 5-7 中记录的内容，小结学习安全操作自动扶梯的主要收获与体会，并试述自动扶梯起动、停止、转向的工作步骤。

六、试叙述对本项目与实训操作的认识、收获与体会

任务 5.5

【任务目标】

应知

1. 理解自动扶梯机械系统的组成、构造和基本工作原理。

2. 了解梯级的结构与工作原理，掌握梯级拆装的安全操作规程。

应会

1. 熟悉自动扶梯机械系统各部件的安装位置和动作过程。

2. 了解自动扶梯机械故障的类型，学会常见机械故障的诊断与排除方法。

3. 学会梯级的拆装。

【建议学时】

4 学时。

【任务描述】

本任务主要学习自动扶梯机械系统的维修，掌握自动扶梯机械系统常见故障的诊断与排除方法。同时通过本任务的学习，掌握自动扶梯梯级的基本结构和功能与原理，学会拆装梯级。

【知识准备】

自动扶梯机械系统的检查、维修和调整

一、驱动系统的检查与调整

自动扶梯的驱动系统包括曳引机、控制箱、扶手驱动、梯级曳引链条等部件组成，检查该系统时需卸下上部前沿板，为了维修方便，电气控制箱可卸下螺栓提出机房，如图 5-1 所示。

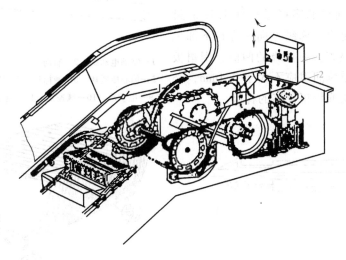

图 5-1 自动扶梯驱动系统

1—控制箱 2—驱动器

1. 链条张紧力的检查与调整

检查各种规格链条的张紧力，曳引机输出轴双排链条的张紧，可先松开曳引机的底角螺栓，调节螺栓将曳引机向后顶出，凸轮可以调整双排链条适当的张紧力，双排链条调整张紧力不宜过松或过紧，双排链条的下垂调整至不大于 15mm，并调整驱动链断链保护开关有效。扶手转轴的链条张力，可调整扶梯主轴侧板上的调整螺栓，链条的下垂不大于 10mm，此时需拆下 3 个梯级与链条罩壳方可调整。在调整链条张力的同时应检查链条与链轮的平行度。

2. 曳引机的检查与调整

曳引机位于自动扶梯的上部机房内。由图 5-2 可见：由电动机 9 通过联轴器 8 带动减速器 10，减速箱通过链轮 11 和驱动链条 12 带动驱动主轴运动，从而带动梯级运动，在电动机的上部装有机电式制动器，制动轮与制动带松闸时的间隙不应大于 0.7mm，且制动器开关有效，制动器未松闸时电动机不应起动，传动系统的制动器应有足够的制动力矩，制停距离的调整按空载、负载上下运行的制停距离调整为 0.2~1.0m 范围之内。

二、梯级的检查与调整

1. 梯级导向块的检查与调整

（1）梯级是供乘客站立的循环运动的部件，两侧装有尼龙导向块，如果梯级导向块被磨损，则梯级会碰击梯级导轨，梯级也会与围裙板发生摩擦，应定期检查导向块的磨损程度，至少拆下三个以上导向块测量，导向块的厚度公称尺寸为 7mm，如图 5-3 所示。

（2）如果导向块的磨损量达到 1.2mm 最大值时，则必须更换。梯级导向块应在下部机房内给予不定期检查。在梯级的两侧，围裙板与梯级导向块的单侧间隙应不大于 0.4mm，必要时可调节围裙板或校正位移的梯级。

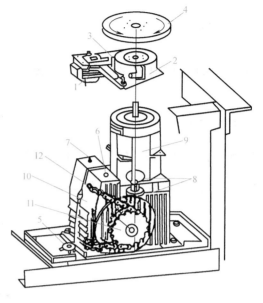

图 5-2 曳引机

1—制动电动机 2—制动带 3—制动弹簧 4—飞轮
5—偏心压紧块 6—油标尺 7—透气孔 8—联轴节
9—电动机 10—减速机 11—链轮 12—驱动链条

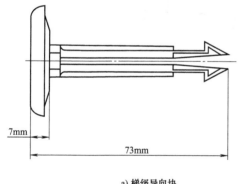

a) 梯级导向块

b) 安装位置

图 5-3 梯级导向块及其安装位置

2. 梳齿定中心装置的检查与调整（见图 5-4）。

（1）梳齿板位于扶梯的出入口处，梳齿板由螺钉固定在梳齿板的前端与梯级的齿槽相啮合，并能使每个梯级与梳齿板同时啮合时顺利通过。

（2）梳齿板的两侧装有导向板，后端装有梳齿板安全开关。当梯级与梳齿板啮合运动有异物卡住时，梳齿板向后移动，切断梳齿安全开关电源，扶梯停止运动。

（3）检查与调整梳齿板两端与导向板配合情况，梳齿板两侧的间隙每边不应大于 0.4mm，梳齿板向后移动时不应有阻碍，只需调整导向板两侧的调整螺栓，导向板槽内应有足够的润滑。

（4）梯级与梳齿板啮合的检查。梳齿板与梯级踏板面的啮合深度应不小于 6mm，梯级齿槽与梳齿板梳齿啮合时，梯级踏板表面至梳齿板梳齿根部的垂直距离应不大于 4mm，如

图 5-5 所示。

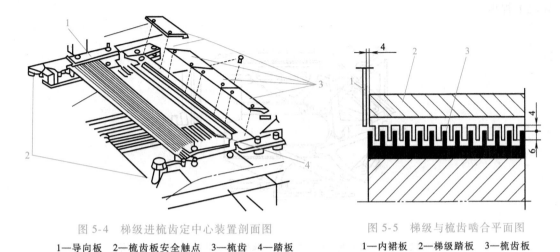

图 5-4 梯级进梳齿定中心装置剖面图
1—导向板 2—梳齿板安全触点 3—梳齿 4—踏板

图 5-5 梯级与梳齿啮合平面图
1—内裙板 2—梯级踏板 3—梳齿板

（5）梳齿板在设计和制造时就具有预定的断裂点，以防它严重损坏梯级，梳齿板经发现有缺陷，应及时更换。

（6）梯级在运行时应检查每个梯级是否与梳齿正确啮合。体积是否在没有侧向推力的情况下通过梯级导向轮，如果没有侧向力，有可能是梯级侧向导向块已磨损或梯级导向轮须加以调整。

三、梳齿板的调节和操作（见图 5-6）

1. 上、下梳板的检查

在检查上梳板和下梳板前，上下部前沿板应预先拆除。当梳板的中心有 100kg 水平力的时候梳齿异物保护开关应动作，扶梯停止运行。

2. 梳板操作力

在有些情况下，如在安装工地没有弹簧测力器去测得梳板经过调节的操作力，但因为需要不断检查梳板的活动距离，应进行以下各项检查：

（1）拆去两块梳齿板；

（2）把一个螺钉放入梳板前面的梯级间隙内；

（3）转动电动机的转子（松开制动器手盘车）；

（4）梳板通过阻力应能平滑地移动，并能操作开关动作；

图 5-6 梳板与保护开关的调节
1—梳齿板 2—梳板
3—梳齿异物保护开关

（5）手盘车将梯级向后移动，梳板应返回其正常位置，此时将开关手动复位。

四、梯级的拆除

（1）梯级拆除应在下部机房内进行，将要拆除的梯级点动运行至指定位置，必须由专人操作维修控制开关，三个梯级（检查用的）均应用红漆打上记号。

（2）用划针将梯级轴套在轴上的位置划上记号，松开夹紧螺钉，将夹子和梯级轴套推向梯级链条，将梯级向后倾（见图 5-7 箭头处）并将其提起，在转向壁的开口处将梯级从导轨上提出。

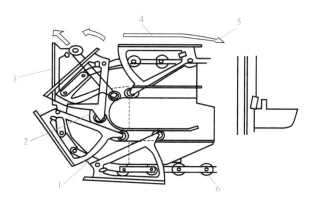

图 5-7　梯级拆除

1—梯级链条　2—转向壁　3—梯级　4—梳板　5—梳齿板　6—梯级副轮

（3）拆除梯级后重新安装只需按照相反的次序重新安装。在拧紧螺钉之前，将梯级对准轴上的记号，拧紧夹紧螺钉，慢慢地和仔细地运转下方的梯级，并检查梯级与梳齿的啮合情况。

五、梯级塌陷保护装置的调节

为防止自动扶梯的梯级经长期运行，产生疲劳变形甚至断裂损坏梯级及其他部件，所以自动扶梯的上部和下部装有梯级塌陷保护装置（见图 5-8），一旦发生梯级变形下陷或断裂，保护开关动作切断安全回路电源，扶梯停止运行。梯级塌陷保护装置的开关打杆垂直高度是可调节的，当梯级正常运行时，梯级的圆弧踢板通过开关打杆顶端的垂直距离为 5+0.50mm。

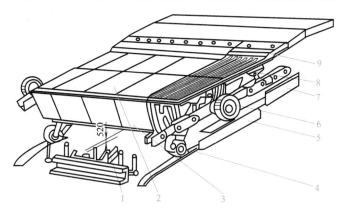

图 5-8　梯级塌陷保护装置

1—塌陷保护开关　2—梯级踏板　3—梯级圆弧踢板　4—梯级副轮　5—梯级导轨副轨
6—梯级主轮　7—梯级导轨主轨　8—梯级链条　9—梳齿板

六、前沿板的拆除

自动扶梯的上部机房和下部机房由预先成形的整体盖板盖住。盖板面上有防滑面板，为了在安装与维修易于拆装和搬运，前沿板被做成两部分。在拆除前沿板时，用专用工具插入预先加工的孔内，将前沿板提起拆下，如图 5-9 所示。

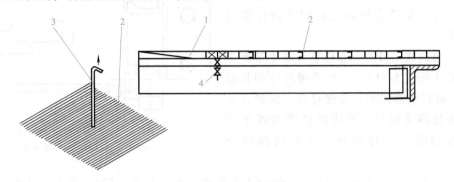

图 5-9　前沿板的拆除

1—盖板（小）　2—盖板（大）　3—盖板构件　4—可调支撑螺栓

七、扶手系统的维修、安装和调整

扶手系统装置由扶手驱动、栏板、扶手带出入口保护、围裙板、内外盖板、上下部转向端等部件组成。限于运输条件，扶手系统的全部部件不能装配在整台扶梯上出厂，扶手系统的装配须分两次完成：第一次在车间装配调试、检验、拆下包装；第二次在安装工地最终完成。扶手系统中的扶手带是供乘客手扶的运动件，并且要求与梯级的运动速度相一致，扶手带的运动速度还要求超前梯级的运动速度 0~2.0%，是用调节扶手驱动部分来达到的。

1. 扶手驱动系统

扶手驱动系统是驱动扶手带作循环运动的装置，如图 5-10 所示。

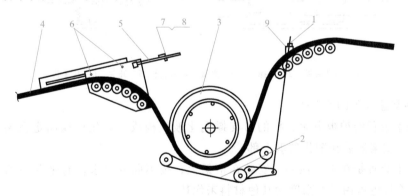

图 5-10　扶手带驱动系统

1—张紧螺杆　2—压紧带　3—摩擦轮　4—扶手带　5—张紧杆

6—螺杆　7—防松螺母　8—螺母　9—压缩弹簧

（1）扶手带由摩擦轮 3 带动，扶手带 4 的松紧可通过张紧杆 5 上的螺母 8 来达到，并可通过压紧带 2 对扶手带 4 压紧，压紧带的张紧度是依靠张紧螺杆 1 来调节的。

（2）扶手带的压紧带张紧合适，则摩擦轮将会带动扶手带正常运行，此时将要用较大的人力才能使扶手带停止运行，压紧带的张紧是靠一个弹簧 9 来连续保持的，在操作张紧杆 5 时，需拆除斜盖板和内盖板拧松螺杆 6，松开防松螺母 7，并用另一个螺母 8 来调节张紧杆，调节完毕切勿忘记重新拧紧防松螺母 7。

（3）每边扶手带的下部还装有扶手带断带保护开关（见图 5-11），当扶手带过分伸长或断裂时，碰到断带保护开关的打杆，保护开关动作，扶梯停止运行。两边的扶手带断带开关，只要切断某一边的开关电源扶梯停止运行。

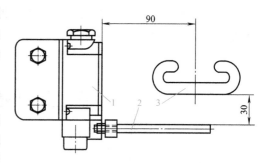

图 5-11　扶手带断带保护开关
1—开关　2—打杆　3—扶手带

（4）扶手带上下部出入口处，还装有手指保护开关（见图 5-12），当出入口处有异物或人的手指进入扶手带出入口时，触及保护开关使扶梯停止运行。手指保护开关的活动封板 1 两边可以摆动，当异物沿 R 方向夹入时，挡板 4 被拖动，脱离支撑块后在弹簧 3 的作用下，从支撑块 2 上滑下，活动封板张开，同时撞击开关 5，即切断电源扶梯停止运行。活动封板可张开 30mm 的间隙就不会夹手了。故障排除后，将挡板 4 向前上方拉，恢复原来的位置。

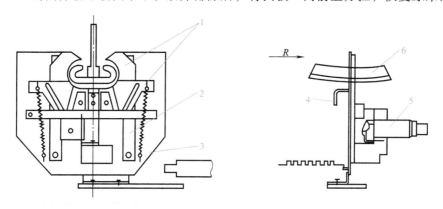

图 5-12　手指保护开关
1—活动封板　2—支撑块　3—弹簧　4—挡板　5—开关　6—扶手带

2. 扶手装置（见图 5-13）

（1）扶手装置的护板由无支柱的自支撑钢化玻璃构成。钢化玻璃固定在夹紧件内，扶手带导轨和其支架安装在钢化玻璃上部。

（2）扶手装置是在工厂预装后安装在桁架上，按不同的要求，有带照明和不带照明两种，钢化玻璃板也可用足够强度的其他材料来代替。

（3）钢化玻璃是整个扶手装置的主要支撑件，装在玻璃夹紧件内，并垫上衬垫，玻璃的安装应先从下部装起，可先装一块标准段的玻璃。定位后再装上下端部转弯段玻璃。其余直线段玻璃依次装上，每块玻璃之间应填上衬垫，使玻璃相邻之间有不大于 4mm 的间隙。补偿段玻璃每边上部有一块，在直线段玻璃装好后装上。补偿段玻璃装好后再装上下端部转弯段玻璃，在安装两边玻璃时，应检查玻璃的垂直度，其允差不大于 3mm，还应保证两玻璃之间的中心距离才能保证扶手带的中心距（可见图 5-13）。

（4）两边的玻璃装好后，装上扶手带转向端的扶手滑轮群带，每只滑轮应灵活，不得阻滞，以免影响扶手带的运行和摩擦发热等现象。扶手滑轮群带装在扶手支架的槽内。

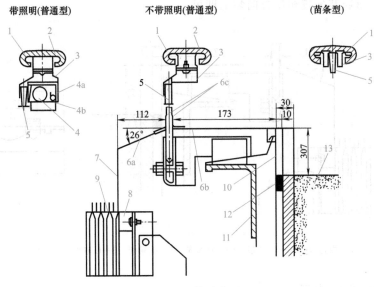

图 5-13　扶手装置

1—扶手带　2—扶手导轨　3—扶手支架　4a、4b—照明盖板　5—钢化玻璃

6a—内盖板　6b—外盖板　6c—夹紧条　7—围裙板　8—C-型件　9—梯级　10—外装饰板

11—桁架上弦杆　12—防震垫　13—建筑物楼面

（5）扶手支架是装在玻璃上部，并填上 U 型玻璃嵌条，扶手支架的接缝应严密平整，不允许有凸出现象，表面不允许擦伤与影响外观的现象。

（6）扶手带导轨是扶手带运行的导向件，装在扶手支架上，应检查其安装的直线度，接头应严密平整，并倒角，不使扶手带在运行时碰擦磨损。

（7）检查扶手带相关的运动组件与零件，必须灵活转动并位置正确可靠，才能将扶手带装入导轨与配合部位，并调节扶手带的松紧及运行情况，以及扶手带的运行速度。

（8）扶手带的运行是靠摩擦来驱动的，转动件、导向件较多，在扶手带正常运行前必须仔细检查每个环节，使两条扶手带的运行处于正常状态。

3．围裙板

（1）扶梯扶手下部两边内侧装有围裙板，一般用不锈钢制作，每边单侧与梯级之间的间隙不大于 4mm，围裙板与梯级之间两边间隙之和不大于 7mm。

（2）为防止围裙板之间夹有杂物，影响扶梯正常运行；尤其为防止穿有胶鞋的乘客将脚夹入梯级和围裙板之间的间隙，必须装有围裙板保护开关（见图 5-14）。一旦围裙板变形，则微动开关 3 起作用，扶梯停止运行。

4．内外盖板

（1）扶手带安装调试正常运行后，才能装上盖板，并且应先将内盖板装好，再将外盖板装上。

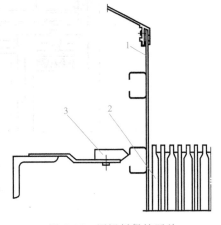

图 5-14　围裙板保护开关

1—围裙板　2—梯级　3—微动开关

（2）内外盖板的安装与卸下（见图 5-15），将内盖板向上部机房方向移动约 300mm 方可取下内盖板，重新装配按相反方向装上即可。

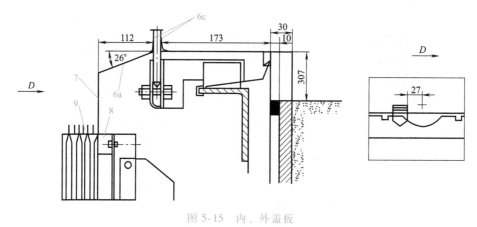

图 5-15 内、外盖板

6a—内盖板 6b—外盖板 6c—夹紧条 7—围裙板 8—C 型件 9—梯级

八、自动扶梯的支承

（1）自动扶梯的所有部件都装在支承桁架上，桁架由型钢焊接而成，分为整体和分体两种，高度不大时可以整体供货，高度较大时可采用分体结构，中间用螺栓连接。

（2）为确保自动扶梯的正常工作，桁架结构必须有足够的强度和刚度，其挠度一般为跨度的 1/1000，扶梯的上、下部支承在上下楼面的混凝土中，并经校准水平后加以固定。自动扶梯和建筑物的支承连接如图 5-16a 所示，当自动扶梯桁架膨胀或收缩时，尼龙板之间产生滑动，底下还垫有橡胶板，以减少振动的传递，扶梯和建筑物之间的间隙用胶泥封住，自动扶梯至少有一端采用这种活动支承。

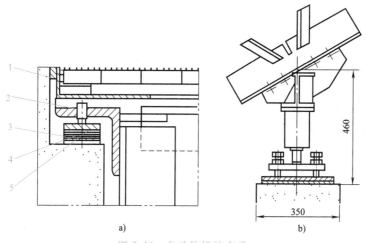

图 5-16 自动扶梯的支承

a）扶梯支承的固定 b）中间支承

1—胶泥 2—螺纹锁 3—尼龙板 4—橡胶垫 5—钢板

（3）当提升高度大于 6m 时，其挠度相应增大，此时必须设置中间支承（见图 5-16b）。

由于中间支承内装有弹簧，因而其对桁架起着弹性支承的作用，而且可以随桁架的膨胀和收缩自动进行调节。

九、自动扶梯维修后机械部分的调试

（1）自动扶梯维修完毕，清理现场并做好扶梯内、外部的清洁，当各项安全保护设施处于正常工作状态下，转动部位如曳引机、驱动、传动系统、梯级导轨、链条等有足够的润滑，才可将扶梯运行。将梯级上下整个行程运行一周，再检查是否有异常情况，方可连续运行。在扶梯连续运行的同时应对扶梯的运行性能，包括起动加速、减速、运行的平稳程度做出必要的调整。

（2）所有的梯级应能顺利通过梳齿板，间隙要求符合规定。

（3）所有梯级与围裙板不得发生摩擦现象，间隙要求符合规定。

（4）相邻两梯级之间的整个啮合过程无摩擦现象。

（5）检查自动扶梯梯级运行速度与扶手带运行速度的偏差是否符合要求。

1）在额定频率和电压下，梯级沿运行方向空载时的速度和额定速度的最大允许偏差为5%。

2）用相同的方法测量并计算扶手带的运行速度（上、下行方向各测一次）。相对梯级的运行速度，扶手带运行速度的允许偏差为0~2%。

梯级运行速度为设计速度，扶手带的运行速度是可调节的，当扶手带相对梯级的运行速度偏差超过0~2%时，可调节扶手带的运行速度。

（6）自动扶梯制动距离：空载向下运行的制停距离应在表5-8所列的范围之内。

表 5-8　自动扶梯制动距离

名义速度/（m/s）	制停距离/m
0.5	0.2~1.00
0.65	0.3~1.30
0.75	0.4~1.50

制停距离的测量应以电气制动装置动作时开始测量，制停距离的偏差可通过调节曳引机的制动器主压簧来实现。

（7）自动扶梯的各运行均应正常，无碰擦与异常的声响，空载运行时，在梯级及前沿板上方1.0m处测得的运行噪声应不超过65dB。

【多媒体资源】

演示各种自动扶梯机械系统的检查与调整方法。

【任务实施】

实训设备

亚龙 YL-778 型自动扶梯（及其配套工具、器材）。

实训步骤

步骤一：实训准备

1. 设置安全防护栏及安全警示标志。

2. 检查学生穿戴的安全防护用品包括长袖工作服、工作帽、安全鞋。

3. 拆装梯级的专用工具见表5-9，拆卸梯级的工具内六角匙如图5-17所示。

表5-9　拆装梯级的专用工具表

序号	工具名称	规格	数量
1	十字螺钉旋具	150mm	2把
2	一字螺钉旋具	150mm	2把
3	小榔头	1lb	1把
4	扳手	8~19	1套
5	卡簧钳	外卡型	1把
6	内六角匙	5mm	1把
7	活扳手	250mm×30mm	1把

步骤二：拆装梯级

1. 由两名学生合力拆卸上下入口的盖板，并摆放在指定的位置，如图5-18所示。

2. 在下机房接上检修控制盒并按下急停按钮，如图5-19所示。

3. 梯级拆除应在下部机房内进行，将要拆除的梯级点动运行到梯级嵌位处（必须由专人操作维修控制开关），然后断开扶梯总电源，如图5-20所示。

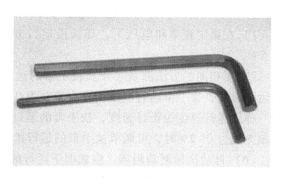

图5-17　内六角匙

图5-18　拆卸出入口盖板

4. 使用六角钥匙松开锁环，如图5-21所示。

5. 将卡块用一字螺钉旋具推出梯级套环，如图5-22所示。

6. 拆卸梯级并放置安全位置，如图5-23所示。

7. 安装时将梯级扣在梯级链轴上，如图5-24所示。

8. 将卡块套进梯级套环上，如图5-25所示。

9. 用六角钥匙锁紧卡环，如图5-26所示。

图 5-19 连接检修控制盒

图 5-20 关电挂警示牌

图 5-21 拆卸锁环

图 5-22 推出套环

图 5-23 摆放梯级

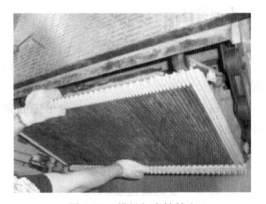

图 5-24 梯级扣在链轴上

10. 仔细运转下方的梯级,并检查梯级与梳齿的啮合情况,确认梯级装置安装好并运行无碍后,将所有开关回复正常状态,盖好扶梯出入口的踏板,收拾工具清理现场,如图 5-27所示。

图 5-25　推进套环

图 5-26　锁紧卡环

图 5-27　盖上踏板

【多媒体资源】

演示：1. 自动扶梯梯级结构的分解；2. 梯级拆装的过程。

【相关链接】

自动扶梯梯级拆装的必要性

梯级是自动扶梯用于承载乘客的运动部件，因此梯级质量对运行性能、舒适感和安全等有特别要求：

1. 制造进度高，梯级踏板与齿槽中心要对好，确保梯级运行过程中不相互擦碰。

2. 运行安全可靠，整体结构强度高。

3. 重量轻，便于安装和维修。

4. 具有一定防腐蚀性。

5. 较好的外观和质量。

由于自动扶梯结构紧密，大部分的安全保护装置都安装在桁架内，扶梯长期运行导致各部件会发生移位、松动和磨损，例如扶手带传动装置的传动链条、滚轮等。在日常维护保养

图 5-28　拆卸梯级进行检查示意图

时候就必须拆卸梯级，维保人员才能进入扶梯桁架内进行维护，如图5-28所示。

【习题】

一、选择题

梯级拆除应在（　　　）机房内进行。

A. 上部　　　　　　　　B. 中部　　　　　　　　C. 下部

二、学习记录与分析

试述拆装梯级的工作步骤与要点。

三、试叙述对本任务与实训操作的认识、收获与体会

任务5.6　　自动扶梯梯级轮的检查与更换

【任务目标】

应知

了解梯级的结构与工作原理，掌握更换梯级轮的安全操作规程。

应会

学会检查及更换梯级轮。

【建议学时】

2学时。

【任务描述】

通过本任务的学习，掌握自动扶梯梯级轮的基本结构和功能与原理，通过检查梯级轮时发现损坏的梯级轮，使用工具进行更换。

【知识准备】

自动扶梯梯级轮的结构与原理

可见任务5.2和任务5.5。

【任务实施】

实训设备

1. 亚龙YL-778型自动扶梯（及其配套工具、器材）。

2. 自动扶梯维修调试通用的工、量具（可见表5-2）。

实训步骤

步骤一：实训准备

1. 设置安全防护栏及安全警示标志。
2. 检查学生穿戴的安全防护用品包括长袖工作服、工作帽、安全鞋。
3. 更换梯级轮的专用工具（见表5-10）

表5-10　更换梯级轮的专用工具

序号	工具名称	规格	数量
1	十字螺钉旋具	150mm	2把
2	一字螺钉旋具	150mm	2把
3	小榔头	1磅	1把
4	大榔头	2磅	1把
5	扳手	8~30mm	1套
6	卡簧钳	外卡型	1把
7	内六角匙	9件套	1套
8	三角拉爪(三角拉马)	6寸150mm	1把
9	活扳手	250mm×30mm	1把
10	平嘴钳	6	2把

4. 卡簧钳的外形和使用如图5-29所示。

a) 卡簧钳(外卡型)的外形

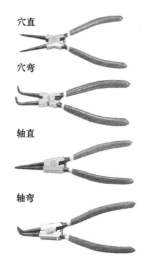

穴直
穴弯
轴直
轴弯

b) 卡簧钳的使用方法

图5-29　卡簧钳

步骤二：更换梯级轮的步骤

1. 由两名学生合力拆卸上下入口的盖板，并摆放在指定的位置（可见图5-18）。

2. 在下机房接上检修控制盒并按下急停按钮（可见图5-19）。

3. 在下机房中手持行灯，分别观察左右两边梯级轮是否有破裂和损坏，如图5-30所示。

4. 检查过程中必须按下急停开关，如图5-31所示。

图5-30　梯级辅轮损坏

图5-31　按下急停开关

　5. 发现梯级轮损坏需要更换，需将梯级移动到拆卸梯级轴套的位置，然后关闭电源，挂上如"有人工作，禁止合闸"警示标志牌，如图5-32所示。

　6. 拆卸梯级的步骤按照"任务5.5自动扶梯梯级的拆装"进行。

　7. 拆卸出来的梯级摆放在指定位置，使用卡簧钳将原有梯级轮上的卡簧取出，如图5-33所示。

图5-32　挂牌警示

图5-33　取出卡簧

　8. 用三角拉马将原梯级轮取出，如图5-34所示。

　9. 将新的轮子换上（将旧轮子垫在新轮子之上，用小榔头敲击使新的梯级轮受力均匀地装入，如图5-35所示。

　10. 使用卡簧钳将卡簧卡牢，如图5-36所示。

　11. 用手转动梯级轮，检查轮子转动顺畅无异响，如图5-37所示。

　12. 梯级安装操作程序见"任务5.5自动扶梯梯级的拆装"。

　注意：学生在操作过程中必须有专人监护，有明确的应答制度，确保所有人在安全的位置才可以检修速度运行扶梯。使用卡簧钳拆除卡簧时应用手盖住，防止卡出来时绷掉，如有绷掉，一定及时找回。

图 5-34 取出梯级轮

图 5-35 装配梯级轮

图 5-36 卡上卡簧

图 5-37 转动梯级轮示意图

【相关链接】

梯级轮的结构及其更换标准

1. 梯级轮结构。梯级轮一共有四个,两只铰接在梯级链上为主轮,两只直接装在梯级支架上为辅轮,为了减少运行中的噪声,达到平稳运行,轮圈材料一般采用橡胶、塑料和压制织物,轮圈与轴承的压制具有良好结合工艺保证,轮圈表面具有一定的硬度,如图 5-38 所示。

a) 梯级链条轮(主轮)

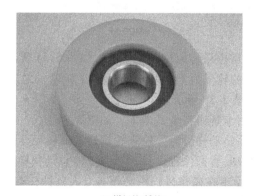

b) 梯级轮(辅轮)

图 5-38 梯级轮

2. 梯级轮更换的标准。梯级是循环运动的部件，而梯级轮是承托载重使梯级运行在梯级导轨上，梯级轮的运行转速不高，但工作载荷大，轮子的外形尺寸因受机构限制，故尺寸较小。一旦轮圈出现裂纹爆开、轴承爆裂会导致梯级失去承载力（见图5-39），梯级便会下陷失去平衡，轻则导致梯级碰撞梳齿造成故障，重则导致乘客因梯级不平衡站立不稳摔下受伤。

图5-39　损坏的梯级轮

【多媒体资源】

梯级轮的检查与更换。

【习题】

一、选择题

1. 自动扶梯制停距离的调整按空载、负载上下运行应调整为（　　）m 范围之内。

A. 0.2~0.5　　　　　　　B. 0.2~1.0　　　　　　　C. 0.2~1.5

2. 梯级导向块的磨损量达到（　　）mm 的最大值时必须更换。

A. 0.8　　　　　　　　　B. 1.0　　　　　　　　　C. 1.2

二、综合题

1. 试述自动扶梯驱动系统的结构与原理。
2. 试述自动扶梯梯级装置的结构与原理。

三、学习记录与分析

小结梯级轮检修与更换操作过程与要领。

四、试叙述对本项目与实训操作的认识、收获与体会

任务5.7　自动扶梯梯级链的检查与更换

【任务目标】

应知

1. 了解梯级链的结构与工作原理。
2. 掌握更换梯级链、链轮的安全操作规程。

应会

学会检查及更换梯级链、链轮。

【建议学时】

2 学时。

【任务描述】

通过本任务的学习，了解自动扶梯梯级链的基本结构和功能与原理，学会检查和更换梯级链、链轮的操作规程。

【知识准备】

自动扶梯梯级链的结构与原理

可见任务 5.2 和任务 5.5。

【任务实施】

实训设备

1. 亚龙 YL-778 型自动扶梯（及其配套工具、器材）。

2. 自动扶梯维修调试通用的工、量具（可见表 5-2）。

实训步骤

步骤一：实训准备

1. 设置安全防护栏及安全警示标志。

2. 检查学生穿戴的安全防护用品包括长袖工作服、工作帽、安全鞋。

3. 更换梯级链与链轮的专用工具（同表 5-10）。

步骤二：更换梯级链条的步骤

1. 由两名学生合力拆卸上下入口的盖板，并摆放在指定的位置（可见图 5-18）。

2. 在现场铺上施工地毯，以防油污弄脏地面，如图 5-40 所示。

3. 在下机房接上检修控制盒并按下急停按钮（可见图 5-31）。

4. 拆卸全部的梯级放置在指定安全位置，如图 5-41 所示。拆卸梯级的步骤按照"任务 5.5 自动扶梯梯级的拆装"进行。

图 5-40　防护措施

图 5-41　拆卸的梯级

5. 将梯级张紧装置的螺母用呆扳手松掉，同时将驱动轮盘往回敲，拆除 2 个梯级链断链开关，并且保持开关处于通路状态，如图 5-42 所示。

图 5-42　拆卸梯级链条张紧装置

6. 把梯级链从桁架中取出，将两段梯级链接头找到并取出，如图 5-43 所示。

图 5-43　拆卸链接头

7. 开始将梯级链取出，先将松掉接头的梯级链一段取出，一人用检修盒控制扶梯下行，其余人把梯级链向外拉，如图 5-44 所示。

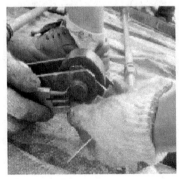
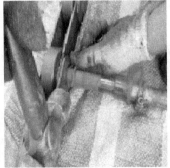

图 5-44　取出梯级链条

8. 将拉出来的梯级链另一处接头去掉，将梯级链与连接杆固定处的月亮销敲出，将连接杆与两根梯级链固定松除，如图 5-45 所示。

图 5-45　更换梯级链

9. 将拆卸下的旧链条盘好，放到一旁，如图 5-46 所示。

10. 将新的链条与连接杆一一接上，将固定销回敲，必须做到每个固定销的开口方向一致，做到每个连杆上都有固定销固定，如图 5-47 所示。

11. 新链条与旧链条连接，接头用卡簧固定，依靠与旧梯级链连接，检修下行，使新的梯级链拉回桁架，后几段梯级链依靠检修下行，从驱动轮盘头部拉出，松掉接头后，梯级链前后反转，再进行以上操作，全部的梯级链换过之后，重新纳入桁架，用接头连接好，试运行几圈，如图 5-48 所示。

12. 梯级安装操作程序见任务 5.5　自动扶梯梯级的拆装。

图 5-46　盘好链条

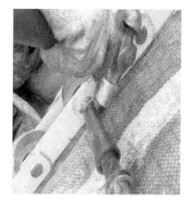

图 5-47　装配梯级链

注意：学生在操作过程中必须有专人监护，有明确的应答制度，确保所有人在安全的位置才可以检修速度运行扶梯。

图 5-48 旧链与新链连接

【相关链接】

牵引构件及其更换标准

1. 牵引构件。牵引链条是传递牵引力的构件，自动扶梯的牵引构件有牵引链条与牵引齿条两种。亚龙 YL-778 型自动扶梯是用牵引链条传动的，牵引链条的驱动装置是端部驱动装置。

梯级链是自动扶梯传递动力的主要部件，其质量的优劣对运行的平稳、噪声和安全性有很大的影响。自动扶梯的梯级链的基本结构由链片、销轴、主轮组成，如图 5-49 所示。主轮不仅作为梯级与梯级链轮轮齿的啮合部件，还是梯级在导轨上的承载滚动部件。梯级链滚轮的轮毂是用防油脂腐蚀的耐磨塑料制造而成，中间装嵌了一个高质量的滚珠轴承，这种特殊塑料的轮毂既可满足强度要求，又不会发出很大的噪声。每隔两个链销轴就有一个固定梯级轴的销轴，此销轴通过弹簧夹与梯级轴固定。梯级安装在梯级轴上并用塑料衬套隔开，而衬套滑入梯级的轴孔中，便于在维修保养时将其拆除。

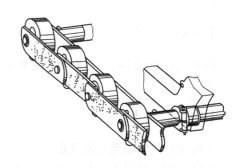

图 5-49 梯级链条

2. 梯级链条更换标准。由于梯级链在长期使用过程中会发生相对伸长，因此必须对梯级链张紧装置及安全开关打板的位置进行定期调整，若调整弹簧还不能保证梯级链有足够的张力（弹簧张力的调整可参见下面"任务 5.8 梯级链张紧装置的调整"图 5-50）。张力弹簧调整至极限，就必须更换牵引链条。

【多媒体资源】

梯级链、链轮的检查与更换。

【习题】

一、综合题

试述自动扶梯梯级链的结构与原理。

二、学习记录与分析

小结梯级链检修与更换操作过程与要领。

三、试叙述对本项目与实训操作的认识、收获与体会

任务 5.8

【任务目标】

应知

1. 了解梯级链的结构与工作原理。

2. 掌握调整梯级链张紧装置的安全操作规程。

应会

学会调整梯级链张紧装置。

【建议学时】

2 学时。

【任务描述】

通过本任务的学习，了解自动扶梯梯级链的基本结构和功能与原理，学会调整梯级链张紧装置。

【知识准备】

自动扶梯的梯级链张紧装置

可阅读相关教材中有关自动扶梯安全操作规程的内容，如"自动扶梯运行与维保"任务 3.1。

【多媒体资源】

梯级链张紧装置的调整。

【任务实施】

实训设备

1. 亚龙 YL-778 型自动扶梯（及其配套工具、器材）。

2. 自动扶梯维修调试通用的工、量具（可见表 5-2）。

实训步骤

步骤一：实训准备

1. 设置安全防护栏及安全警示标志。

2. 检查学生穿戴的安全防护用品包括长袖工作服、工作帽、安全鞋。

3. 梯级轮张紧装置调整的专用工具同表 5-10。

步骤二：调整张紧装置的步骤

1. 由两名学生合力拆卸上下入口的盖板，并摆放在指定的位置（可见图 5-18）。

2. 在下机房接上检修控制盒并按下急停按钮（可见图 5-19）。

3. 测量两边张力弹簧的尺寸，在扶梯下端检查梯级链张力，如表 5-11 所示为张力合适的弹簧长度。

表 5-11 张力合适的弹簧长度

提升高度	弹簧长度
$H < 4m$	$X = 135mm$
$4m < H < 6m$	$X = 130mm$
$H > 6m$	$X = 125mm$

4. 检查梯级是否直线进行梳齿，否则可稍微压紧或放松其中一边弹簧，直至大部梯级均成直线，如图 5-50 所示。

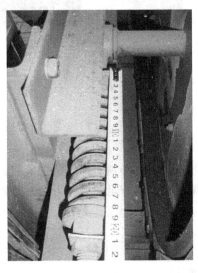

图 5-50 左右两边张力弹簧的调整

5. 使用扳手调整张紧装置拉力弹簧尺寸，两边弹簧的尺寸应相等，如图 5-51 所示。

6. 调整梯级链断链开关碰铁与行程开关的尺寸，如图 5-52 所示。

7. 试运行扶梯观察其张紧装置动作灵活，梯级链断链开关与压块距离符合标准。

注意：学生在操作过程中必须有专人监护，有明确的应答制度，确保所有人在安全的位置才可以检修速度运行扶梯。

图 5-51　拉力弹簧两边的调整

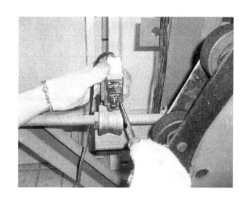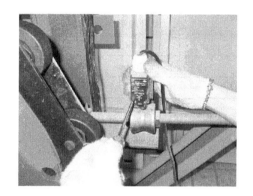

图 5-52　调整梯级链两边的断链开关

【习题】

一、判断题

由于梯级链在长期使用过程中会发生相对伸长，因此必须对梯级链张紧装置及安全开关打板的位置进行定期调整，若调整弹簧还不能保证梯级链有足够的张力，张力弹簧调整至极限，就必须更换牵引链条。（　　）

二、综合题

1. 试述自动扶梯梯链张紧装置的结构与原理。
2. 试述自动扶梯梯链张紧装置调节的相关尺寸和注意事项。

三、学习记录与分析

分析表 5-11 中记录的内容，小结梯链张紧装置检修与更换操作过程与要领。

四、试叙述对本项目与实训操作的认识、收获与体会

任务5.9　自动扶梯扶手带的调整与更换

【任务目标】

应知

1. 了解扶手带的结构与工作原理。

2. 掌握调整与更换扶手带的安全操作规程。

应会

学会调整与更换扶手带。

【建议学时】

2 学时。

【任务描述】

通过本任务的学习，了解自动扶梯扶手带的基本结构和功能与原理，学会调整与更换扶手带。

【知识准备】

自动扶梯扶手带的更换标准

扶手带调整和更换的标准

扶手带系统的零件较多，装配位置的稳定性较弱，因此装配要求高，扶手带的运行阻力很大。由此可能导致驱动装置负载增大，造成驱动装置的有关零件过早磨损，扶手带表面磨损严重。另外扶手带压力调整不当也会导致扶手带与扶手带导轨摩擦阻力增大，使扶手带磨损加剧，扶手带表面拉伤严重。扶手带需要更换的标准如图5-53所示。

【多媒体资源】

扶手带的调整与更换。

【任务实施】

实训设备

1. 亚龙 YL-778 型自动扶梯（及其配套工具、器材）。

2. 自动扶梯维修调试通用的工、量具（可见表5-2）。

实训步骤

步骤一：实训准备

1. 设置安全防护栏及安全警示标志。

2. 检查学生穿戴的安全防护用品包括长袖工作服、工作帽、安全鞋。

3. 自动扶梯扶手带的调整的专用工具同表5-10。

步骤二：故障排除

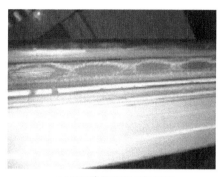

a) 滑动层磨损钢丝暴露需更换

b) 扶手带表面橡胶层磨损需更换

c) 扶手带唇口磨损起毛需更换

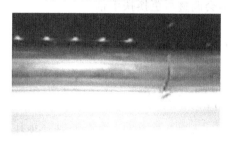

d) 扶手带任何处开裂需更换

图 5-53 扶手带更换的标准

1. 故障现象：自动扶梯向上运行，左边的扶手带在进入导轨前有向上拱起，左边扶手带表面发热。

2. 故障分析：扶手带因张力过小会导致扶手带前后窜动，有可能使扶手带脱轨，甚至造成事故。因左边扶手带张力装置张力过大，对扶手带施加的压力导致扶手带运行时与扶手带导轨摩擦力增大，导向系统内的摩擦力增大，从而扶手带温度升高，经检查有一段扶手带内部已经磨损需要更换。

3. 检修过程：

（1）由两名学生合力拆卸上下入口的盖板，并摆放在指定的位置（可见图 5-18）。

（2）在上机房接上检修控制盒并按下急停按钮（可见图 5-19）。

（3）拆卸 3 级梯级。

（4）检查扶手带张力装置，发现右边扶手带压力过小需要调整，分别对下滚轮的左右移动（见图 5-54 所示）和张紧装置的压力轮（见图 5-55）进行调整。调整完毕后以检修运行扶梯，使扶梯上行，尝试用手动方式将扶手带停下来，要求的力在 50~70kg 为宜。

（5）左边扶手带已磨损需要进行更换，如图 5-56 所示。

（6）首先要确保新的扶手带的长度与扶手框架的长度一致。

（7）拆卸左边所有的围裙板，如图 5-57 所示。

（8）将扶手带下滚轮群松离扶手带（见图 5-58），将扶梯下弯位的扶手带张紧装置向上调脱离扶手带（见图 5-59）。

（9）将左边上下两个扶手带入口保护开关拆卸下来，如图 5-60 所示。

（10）更换扶手带前同时检查扶手导向轮和滚轮是否需要更换。

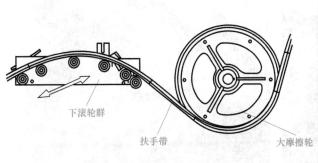

图 5-54 扶手带张力装置

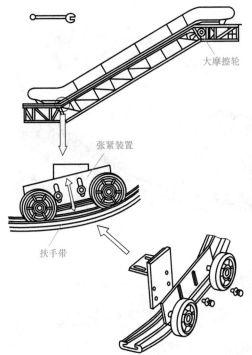

图 5-55 扶手带张紧装置

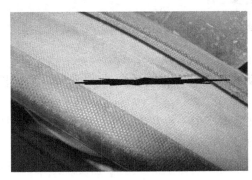

图 5-56 磨损的扶手带   图 5-57 拆卸左边的围裙板

图 5-58　拆松滚轮群并调整向下

（11）将扶手带向梯级方向逐步拉出，由四人一同搬运至空置的地方放好，并设置防护栏。

（12）使用真空吸尘器将扶手带导向槽及扶手带内部的灰尘去除。

（13）将新的扶手带套进扶手框架上，用手移动扶手带时如果感觉很紧，就应先检查安装位置是否在同一水平方向及垂直方向对齐。

（14）调整扶手带下滚轮与扶手带张紧装置，使扶手带有足够的张力。

（15）将扶手带入口保护开关安装和调整与扶手带的距离。

图 5-59　拆松扶手带张紧装置

图 5-60　拆卸扶手带入口保护开关

（16）检查安装位置正确张力足够，检修起动扶梯运行无异响后自动运行 5min 后，检查两边扶手带的速度是否相同。

（17）在初期运行时，由于扶手带内的帆布被摩擦产生一些灰尘，所以在运行一个星期后应将扶手带内部及扶手导向槽中的灰尘清除一次。

（18）在经过 2~3 天的运行测试，由于扶手带的可延长性会导致扶手带变长，应当再次检查扶手带的张紧度是否符合要求。

【习题】

一、填空题

1. 扶手系统的装配一般分两次完成：第一次在_____内装配调试、检验，第二次在_____最终完成。

2. 扶手带相对梯级的运行速度偏差应不超过_____%。

二、学习记录与分析

小结自动扶梯扶手带调整与更换操作过程与要领。

三、试叙述对本项目与实训操作的认识、收获与体会

任务 5.10　　自动扶梯电气系统的维修

【任务目标】

应知

理解自动扶梯电气系统的组成和基本工作原理。

应会

1. 熟悉自动扶梯机械电气各部件的安装位置和工作过程。

2. 了解自动扶梯电气故障的类型，学会常见电气故障的诊断与排除方法。

【建议学时】

8 学时。

【任务分析】

本任务学习自动扶梯电气系统的维修，掌握电气系统常见故障的诊断与排除方法。

【知识准备】

自动扶梯的电气系统

可阅读相关教材中有关自动扶梯电气系统的内容，如"自动扶梯运行与维保"任务 3.2。

【多媒体资源】

自动扶梯（自动人行道）的电气系统。

【任务实施】

实训设备

1. 亚龙 YL-778 型自动扶梯（及其配套工具、器材）。

2．自动扶梯维修保养通用的工、量具（可见表5-2）。

实训步骤

步骤一：实训准备

1．设置安全防护栏及安全警示标志。

2．检查学生穿戴的安全防护用品包括长袖工作服、工作帽、安全鞋。

3．电气故障维修的专用工具（见表5-12）。

表 5-12　电气故障维修的专用工具

序号	工具名称	规格	数量
1	一字螺钉旋具	5mm×75mm	2 把
2	十字螺钉旋具	5mm×75mm	2 把
3	万用表	华谊 MY60	1 件
4	低压验电器	—	1 支
5	记号笔	—	1 支
6	绝缘胶布	—	1 卷
7	尖嘴钳	6	1 把
8	斜口钳	6	1 把
9	呆扳手	9 件套	1 套

步骤二：电气故障诊断与排除的前期工作

1．在扶梯的上下出入口设置安全护栏和警示标志，禁止无关人员进入工作范围，打开上下踏板。如图5-61所示。

图 5-61　设置围栏与打开踏板

2．关闭扶梯的总电源开关，挂上"有人工作，禁止合闸"的警示牌，如图5-62所示。

3．将上机房检修控制盒的短接插头拔出，如图5-63所示。

4．在上机房连接检修控制盒并按下急停开关，如图5-64所示。

5．使用的工具摆放在工具箱内，不得随意乱放。

步骤三：排除故障

1．故障现象：自动扶梯运行过程中突然停止运行，查看控制柜内安全电路继电器不吸合。

图 5-62　关闭电源挂警示牌

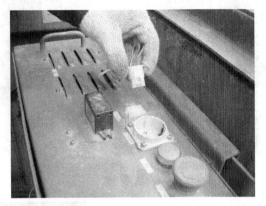

图 5-63　拔出插头

2. 故障分析：通过查看继电器吸合状态，判断是安全保护开关动作导致安全电路继电器不吸合，扶梯不能运行。

3. 检修过程：采用万用表电阻挡检查安全回路故障，其步骤如下：

（1）检测时，首先对整个安全电路进行测量，用万用表测量 AMP2-1 至安全接触器 A1，发现安全保护开关动作断路，如图 5-65 所示。

（2）对安全回路进行分段检查，检查下机房的保护开关，测量 APM2-1 至 AMP2-8，检查结果不导通。如图 5-66 所示。

（3）使用万用表逐一测量 APM2-1 至 APM2-8 插头接线的保护开关进行测量，发现右下梯级链断链保护开关动作，如图 5-67 所示。

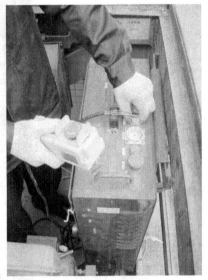

图 5-64　接上检修控制盒

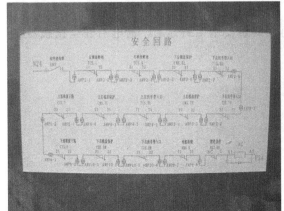

图 5-65　测量安全回路

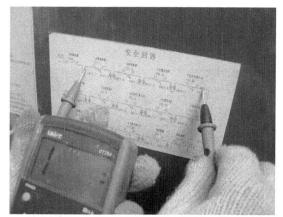

图 5-66 测量下机房的安全回路

图 5-67 梯级链断链保护开关动作

（4）将右下梯级链断链保护开关复位，再次测量安全回路导通，通电后安全接触器吸合，扶梯运行正常，如图 5-68 所示。

【多媒体资源】

自动扶梯电气系统的维修。

【习题】

一、填空题

1. 自动扶梯电气控制箱面板上有_____、_____、_____和_____。

图 5-68　将梯级链保护开关复位并测量安全回路

2. 在自动扶梯的上、下部都装有电源钥匙开关和一个_____按钮，如遇有紧急情况，可按下该按钮，自动扶梯立即_____。

3. 亚龙 YL-778 型自动扶梯运行控制方式有_____运行和_____运行。

4. 在自动扶梯的上、下机房中装有_____控制箱，将控制箱内的_____插头拔掉时，自动扶梯就处于检修状态。

二、选择题

1. 自动扶梯所有的电气控制元件都安装在一个控制箱内，位于（　　　）机房。

A. 上部　　　　　　　　B. 中部　　　　　　　　C. 下部

2. 在电气控制箱内装上一个（　　　）显示器。

A. 运行状态　　　　　B. 检修状态　　　　　C. 故障

3. 自动扶梯应有便携式检修控制装置，其连接电缆的长度应不小于（　　　）m。

A. 1　　　　　　　　B. 2　　　　　　　　C. 3

三、判断题

1. 在自动扶梯检修过程中必须按下急停开关。　　　　　　　　　　　　　（　　　）

2. 在自动扶梯检修过程中必须要有明确的应答制度，确保所有人在安全的位置才可以检修速度运行扶梯。　　　　　　　　　　　　　　　　　　　　　　　　　　（　　　）

3. 短接法只是用来检测触点是否正常的一种方法，须谨慎采用。当发现故障点后，应立即拆除短接线，不允许用短接线代替开关或开关触点的接通。短路法只能寻找电路中串联开关或触点的断点，而不能判断电器线圈是否损坏（断路）。　　　　　　　（　　　）

四、综合题

1. 试述自动扶梯电气系统的组成与原理。

2. 试述自动扶梯四种运行控制方式及其各自的特点。

3. 试述自动扶梯电气保护装置的功能及其各自的特点。

4. 简述电气维修时带电测试的安全注意事项。

五、学习记录与分析

1. 小结自动扶梯电气故障诊断与排除的操作过程与要领。

2. 小结自动扶梯故障维修操作过程的安全注意事项。

六、试叙述对本项目与实训操作的认识、收获与体会

任务 5.11

【任务目标】

应知

熟悉自动扶梯维护保养的有关制度规定。

应会

初步学会自动扶梯（自动人行道）半月维保项目的检查操作。

【建议学时】

4 学时。

【任务分析】

通过学习本任务，熟悉自动扶梯维护保养的有关制度规定。

【知识准备】

自动扶梯的维护保养制度

可阅读相关教材中有关自动扶梯维护保养制度的内容，如"自动扶梯运行与维保"任务 4.1。

注：自动扶梯（自动人行道）半月、季度、半年及年度维保的内容和要求可见《电梯使用管理与维护保养规则》（TSG/T 5001—2009）的附表 D-1~附表 D-4。

【任务实施】

实训设备

亚龙 YL-778 型自动扶梯（及其配套工具、器材）。

实训步骤

步骤一：实训准备

1. 设置安全防护栏及安全警示标志。

2. 检查学生穿戴的安全防护用品包括长袖工作服、工作帽、安全鞋。

3. 由指导老师对自动扶梯的维保制度进行讲解。

步骤二：自动扶梯维保制度的学习

1. 学生以 3~6 人为一组，在指导教师的带领下学习自动扶梯的维保制度。可结合自动扶梯半月维保的 31 个项目，在指导教师的带领下进行逐项检查（仅进行检查，加深认识），并将检查的项目与内容作记录（可自行设计记录表格）。

2. 总结和讨论：讨论检查维保项目的结果，可互相提问，交换进行。

【多媒体资源】

自动扶梯的维保制度。

【习题】

一、填空题

自动扶梯初装运行一个月后，需对减速箱作一次油量检查，当油面低于箱内蜗轮_____时，应补充加注适量的双曲线齿轮油。

二、选择题

1. 自动扶梯（自动人行道）的维护保养分为（　　　）、（　　　）、（　　　）和（　　　）维保。

A. 周　　　　　B. 半月　　　　　C. 季度　　　　　D. 半年　　　　　E. 年度

2. 电梯作业人员必须持（　　）操作证上岗。

A. 技能鉴定部门颁发的　　　　　B. 质量技术监督局颁发的

C. 相关企业颁发的

三、判断题

在进行维护保养时，必须停止自动扶梯的运行。　　　　　　　　　　（　　）

四、学习记录与分析

小结学习自动扶梯维保制度的收获与体会。

五、试叙述对本项目与实训操作的认识、收获与体会

任务 5.12　　自动扶梯的日常维护与保养项目

【任务目标】

应知

掌握自动扶梯各个系统日常保养维护的内容和要求。

应会

学会自动扶梯（自动人行道）维护保养的基本操作。

【建议学时】

6学时。

【任务分析】

通过学习本任务，掌握自动扶梯日常维护保养的基本操作。

【知识准备】

自动扶梯的日常维护保养

可阅读相关教材中有关自动扶梯日常维护保养项目的内容，如"自动扶梯运行与维保"任务4.2。

【多媒体资源】

自动扶梯（自动人行道）维护保养的内容与方法。

【任务实施】

实训设备

1. 亚龙 YL-778 型自动扶梯（及其配套工具、器材）。

2. 自动扶梯维修保养通用的工、量具（可见表5-2）。

实训步骤

步骤一：实训准备

1. 设置安全防护栏及安全警示标志。

2. 检查学生穿戴的安全防护用品包括长袖工作服、工作帽、安全鞋。

3. 自动扶梯维护保养的专用工具（见表5-13）。

表 5-13　自动扶梯维护保养的专用工具

序号	工具名称	规格	数量
1	一字螺钉旋具	5mm×75mm	2把
2	十字螺钉旋具	5mm×75mm	2把
3	万用表	华谊 MY60	1件
4	低压验电器	—	1支
5	记号笔	—	1支
6	绝缘胶布	—	1卷
7	电工钳	6	1把
8	尖嘴钳	6	1把
9	斜口钳	6	1把
10	呆扳手	9件套	1套
11	油扫	大号	1把

步骤二：维保的前期准备工作

1. 在扶梯的上下出入口设置安全护栏和警示标志，禁止无关人员进入工作范围，打开上下踏板（可见图 5-61）。

　　2. 关闭扶梯的总电源开关，挂上"有人工作，禁止合电"的警示牌（可见图 5-62）。

　　3. 向相关人员（如管理和乘用人员）说明情况，并按规范做好维修人员的安全保护措施。

　　4. 在上机房连接检修控制盒并按下急停开关（可见图 5-64）。

　　5. 准备相应的维保工具。使用的工具摆放在工具箱内，不得随意乱放。

　　步骤三：自动扶梯的日常清洁维保内容及方法

　　本任务以自动扶梯的日常清洁维保内容及方法为例，让学生初步了解自动扶梯的日常维护保养工作（见表 5-14）。

表 5-14　自动扶梯清洁和润滑的内容及方法

维护保养周期	位置	维护保养内容及方法
半月维护保养	上机房	1. 使用棉布将控制柜、制动器、电动机，并检查其接线
		2. 检查变速箱是否有漏油现象
		3. 使用油量尺检查变速箱油量是否合适，如缺少，则必须补充
		4. 检查自动润滑装置的油箱的油量是否足够
		5. 检查驱动链条表面的润滑程度及清洁表面的灰尘和沾上的污迹
	梯级和梳齿	1. 清洁梯级表面和梯级槽内的污迹与垃圾
		2. 拆卸梳齿清洁内藏的垃圾
	扶手带	1. 使用适量的专用清洁剂润湿抹布，用力在扶手带的外层擦拭
		2. 可用软布擦拭以增加其光亮程度
	下机房	1. 使用棉布清理下机房多余的润滑油
		2. 检查牵引链条张紧装置的润滑

　　步骤四：自动扶梯的日常维护保养的步骤、方法及要求

　　1. 检查自动润滑装置所设定润滑的时间和油量。

　　2. 变速箱的油位及漏油情况，液面高度应保存在最低油位线上。

　　3. 各部件应无锈蚀。

　　4. 上下机房各传动链条的张力应符合要求。

　　5. 上下机房各保护开关的尺寸应符合要求。

　　6. 电动机、变速箱和制动器工作温度正常。

　　步骤五：填写自动扶梯润滑和清洁维保记录表（表 5-15）。

表 5-15　自动扶梯维保记录表

序号	维保内容	维保要求	完成情况	备注
1	维保前工作	准备工作		
2	上机房	清洁干净无油污		
3		自动润滑装置正常		
4		传动链条润滑度足够		
5		电动机、变速箱、制动器工作温度正常		

（续）

序号	维保内容	维保要求	完成情况	备注
6	梯级和梳齿	清洁干净		
7		梯级与梳齿没有卡阻		
8	扶手带	表面清洁没有污迹		
9	下机房	清洁干净		
10		牵引链张紧装置润滑足够		

【习题】

一、填空题

按照有关标准规定，当梯级运行速度＝0.5m/s时，空载及有载向下运行的自动扶梯制停距离范围为0.2～_____ m。

二、选择题

1. 扶手带张紧弹簧的压缩量应调节在（　　）mm之间。
A. 20～30　　　　　　B. 30～40　　　　　　C. 40～50

2. 扶手带驱动链条的调整应使链条在空载条件下其下垂量为（　　）mm之间。
A. 5～15　　　　　　B. 10～20　　　　　　C. 15～25

3. 扶手带每边与驱动轮之间的空隙应大于（　　）mm。
A. 0.2　　　　　　　B. 0.3　　　　　　　C. 0.5

4. 自动扶梯在运行一段时间后，应检查驱动链条的悬垂度并予以调整，一般调整至（　　）mm为宜。
A. 20±5　　　　　　B. 30±5　　　　　　C. 30±10

5. 自动扶梯的驱动链条如果因磨损过大，而使链条过长，则允许拆下（　　）节链条。
A. 2　　　　　　　　B. 3　　　　　　　　C. 4

6. 梳齿齿部与梯级踏板齿槽的啮合深度为（　　）mm。
A. 2　　　　　　　　B. 4　　　　　　　　C. 6

7. 梯级导向轮与梯级侧隙应不大于（　　）mm。
A. 0.2　　　　　　　B. 0.3　　　　　　　C. 0.5

8. 自动扶梯和自动人行道的梯级踏板两端，与对应的围裙板的水平间隙，单边测量应不大于（　　）mm。
A. 2　　　　　　　　B. 3　　　　　　　　C. 4

三、判断题

1. 梯级尼龙挡块因磨损小于5mm时，必须更换。　　　　　　　　　　（　　）

2. 梳齿板的材质为塑料或铝合金，具有一个预定的断裂点，以防它严重损坏梯级。　（　　）

3. 自动扶梯三角传动带底面有1个位置以上的裂缝且已到芯线层时，应予更换。

（　　）

4. 自动扶梯的梳齿与梯级踏板相啮合，所以梳齿板应安装在自动扶梯的中段。（   ）

5. 可以在自动扶梯运行时进行扶手带的清洗。（   ）

四、综合题

试述自动扶梯半月维保的 31 个项目。

五、学习记录与分析

1. 分析表 5-14、表 5-15 的内容，小结自动扶梯半月维保实训的收获与体会。

2. 简述自动扶梯半月维保清洁和润滑的要求和清洁扶手带的注意事项。

3. 小结自动扶梯维护保养操作过程的安全注意事项。

六、试叙述对本项目与实训操作的认识、收获与体会

任务 5.13　自动扶梯润滑系统的检查与保养

【任务目标】

应知

了解自动扶梯润滑系统的结构与工作原理，掌握自动扶梯润滑系统检查与保养的安全操作规程。

应会

学会自动扶梯润滑系统的检查与保养。

【建议学时】

4 学时。

【任务描述】

通过本任务的学习，掌握自动扶梯润滑系统的基本结构和功能与原理，学会对自动扶梯润滑系统进行检查与保养。

【知识准备】

自动扶梯的润滑系统

可见任务 5.12。

【多媒体资源】

自动扶梯润滑系统的检查与保养。

【任务实施】

实训设备

1. 亚龙 YL-778 型自动扶梯（及其配套工具、器材）。

2. 自动扶梯维修保养通用的工、量具（可见表 5-2）。

实训步骤

步骤一：实训准备

1. 设置安全防护栏及安全警示标志。

2. 检查学生穿戴的安全防护用品包括长袖工作服、工作帽、安全鞋。

3. 自动扶梯维护保养的专用工具。

步骤二：维保的前期准备工作

1. 在扶梯的上下出入口设置安全护栏和警示标志，禁止无关人员进入工作范围，打开上下踏板（可见图 5-61）。

2. 关闭扶梯的总电源开关，挂上"有人工作，禁止合电"的警示牌（可见图 5-62）。

3. 向相关人员（如乘用和管理人员）说明情况，并按规范做好维修人员的安全保护措施。

4. 在上机房连接检修控制盒并按下急停开关（可见图 5-64）。

5. 准备相应的维保工具。使用的工具摆放在工具箱内，不得随意乱放。

步骤三：自动扶梯润滑系统的检查与保养

1. 检查润滑装置各部件的固定，如图 5-69 所示。

2. 检查油箱的油量加至液位线为宜，如图 5-70 所示油量不符合标准。

3. 检查润滑控制继电器 PJ，如图 5-71 所示。

图 5-69　润滑装置的固定

图 5-70　油箱油量不足

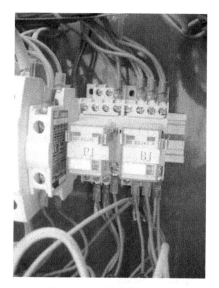

图 5-71　润滑控制继电器

4. 检查链条表面的润滑度是否足够，如图 5-72 所示。

5. 每二个月更换润滑油，并清洗容器和滤清器，如图 5-73 所示。

图 5-72　链条的润滑

图 5-73　检查并清理滤清器

6. 检查毛刷端点与被润滑点是接触非接触状态，如图 5-74 所示。

7. 检查各分配器、计量器与油管连接处不漏油，如图 5-75 所示。

图 5-74　检查毛刷

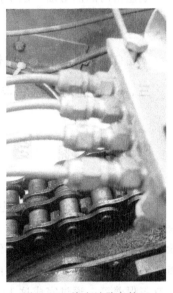

图 5-75　检查油路各接口

【相关链接】

自动扶梯润滑系统常见故障及排除方法（表 5-16）

表 5-16　自动扶梯润滑系统常见故障及其排除方法

序号	现象	原因	排除方法
1	电动机不运转	电源不正确	输入所要求对应的正确电压
		接线错误	按泵上的电气接线图接线

（续）

序号	现象	原因	排除方法
2	不出油	首次开机时间太短	首次开机时间应在 30s 以上
		润滑系统中空气未排净	调整排气阀,排尽润滑系统中空气
3	电动机运转 30s 仍不出油	油罐中油液过少	向油罐中加入干净的润滑油至液位线所示高度范围
		吸油口处堵塞	检查清洗或更换吸油口处滤油网
4	出油量少	旁路阀被打开	按使用要求调整或关闭旁路阀
5	压力不够	压力表损坏指示不正确	按压力范围要求更换合格压力表
		内部油管脱开或泄漏	修复或更换脱开油管

【习题】

一、填空题

减速箱内的润滑油一般情况下应_____个月更换一次。

二、综合题

试述自动扶梯润滑系统的构成和检查保养的操作步骤。

三、试叙述对本项目与实训操作的认识、收获与体会

项 目 总 结

本项目的 13 个学习任务主要内容包括自动扶梯基本结构与运行原理的认识、安全操作规程的学习与应急救援演练、自动扶梯的安全操作与使用管理、自动扶梯梯级的拆装、梯级轮与梯级链的检查与更换、梯级链张紧装置的调整、扶手带的调整与更换、自动扶梯电气故障的维修、自动扶梯维保制度的学习、自动扶梯的日常保养项目,以及自动扶梯润滑系统的检查与保养等。通过完成这 13 个实训任务,应能基本掌握自动扶梯(自动人行道)的日常维修保养操作技能。

1. 自动扶梯与自动人行道是一种与地面成 27.3°～35°倾斜角(自动人行道为 0°～12°)带有循环梯路的输送乘客的设备。由于自动扶梯与自动人行道是连续运行的,所以在人流量较大且垂直距离不高的公共场所(如机场、车站、商场等)被大量使用。

2. 自动扶梯的主要参数有提升高度、倾斜角、名义速度、梯级名义宽度、理论输送能力,自动人行道的主要参数有土建提升高度和名义长度。

3. 自动扶梯的基本结构主要由桁架、导轨、梯级、梳齿、梳齿板与楼层板、驱动系统、扶手带系统等部件所组成,应熟悉自动扶梯的基本结构,了解各个主要部件的作用、构成、分类与工作原理,在此基础上理解整梯的结构与运行原理。

4. 通过学习自动扶梯与自动人行道的安全操作规程与使用管理知识，要重视对自动扶梯的管理，建立并坚持贯彻严格切实可行的规章制度。

5. 自动扶梯的维修分为机械与电气系统分析、故障的诊断与排除方法。对故障的分析诊断，应建立在对自动扶梯各部分结构与原理的整体系统理解的基础上，并且应在工作过程中注意总结经验，探索规律，提高维修排障的能力。同时，要注重在工作中的操作标准与规范。

6. 自动扶梯（自动人行道）的维护保养分为半月、季度、半年和年度维保。应熟悉维保项目的内容和要求，养成严格规范操作的良好职业习惯。

参 考 文 献

［1］ 李乃夫. 电梯维修保养备赛指导 ［M］. 北京：高等教育出版社，2013.

［2］ 李乃夫. 电梯维修与保养 ［M］. 北京：机械工业出版社，2014.

［3］ 李乃夫. 自动扶梯运行与维保 ［M］. 北京：机械工业出版社，2015.

［4］ 叶安丽. 电梯控制技术 ［M］. 2 版. 北京：机械工业出版社，2007.

［5］ 张伯虎. 从零开始学电梯维修技术 ［M］. 北京：国防工业出版社，2009.

［6］ 陈家盛. 电梯结构原理及安装维修 ［M］. 5 版. 北京：机械工业出版社，2005.